Les abeille

Jean M. Pérez

Alpha Editions

This edition published in 2024

ISBN : 9789362996428

Design and Setting By
Alpha Editions
www.alphaedis.com
Email - info@alphaedis.com

As per information held with us this book is in Public Domain.
This book is a reproduction of an important historical work. Alpha Editions uses the best technology to reproduce historical work in the same manner it was first published to preserve its original nature. Any marks or number seen are left intentionally to preserve its true form.

Contents

AVANT-PROPOS ....- 1 -
INTRODUCTION ....- 2 -
QU'EST-CE QU'UNE ABEILLE?—ORGANISATION GÉNÉRALE ET FONCTIONS. ....- 6 -
CLASSIFICATION DES ABEILLES................................- 28 -
APIDES SOCIALES ....- 29 -
   L'ABEILLE DOMESTIQUE...- 30 -
   PHYSIOLOGIE DE LA RUCHE ....- 35 -
   PARASITES ET ENNEMIS DE L'ABEILLE. ....- 70 -
   EXTENSION GÉOGRAPHIQUE DE L'ABEILLE DOMESTIQUE.—SES PRINCIPALES RACES.—AUTRES ESPÈCES DU GENRE APIS..........................- 77 -
      LES BOURDONS. ....- 81 -
      LES PSITHYRES. ....- 101 -
      LES MÉLIPONES. ....- 107 -
APIDES SOLITAIRES ....- 117 -
   LES XYLOCOPIDES. ....- 118 -
   LES ANTHOPHORIDES. ....- 124 -
   LES GASTRILÉGIDES. ....- 140 -
   LES ABEILLES PARASITES. ....- 188 -
ANDRÉNIDES ....- 196 -
   ACUTILINGUES ....- 197 -
   LES ANDRÈNES ....- 198 -
   LES HALICTES. ....- 206 -
   LES DASYPODES...- 216 -
   LES PANURGUES. ....- 225 -
   OBTUSILINGUES. ....- 228 -

FLEURS ET ABEILLES. .... - 239 -
NOTES .... - 259 -

AVANT-PROPOS

Ce livre, comme tous ceux de la collection dont il fait partie, est une œuvre de vulgarisation.

Adonné passionnément à l'étude du petit monde qu'il décrit, l'auteur n'a pas cru cependant devoir s'astreindre rigoureusement aux seules notions classiques, et s'interdire toute opinion, toute idée personnelle. Dans les sciences d'observation, les données nouvelles ne sont pas nécessairement, comme ailleurs, moins accessibles que les plus anciennes. Elles ne supposent pas, ainsi qu'il arrive souvent dans d'autres sciences, la connaissance de tous les faits de même ordre antérieurement acquis. Aussi, sans laisser en aucune façon d'être élémentaire, ce livre sur les Abeilles offrira-t-il çà et là quelques notions en désaccord avec certaines idées reçues, ou qu'on chercherait vainement dans les traités spéciaux. Elles sont d'ailleurs émises avec toute la réserve qui convient en pareil cas, sans s'imposer en aucune manière, sans prétendre forcer la conviction du lecteur. L'auteur aurait cru manquer de sincérité, en donnant sans restriction, sous prétexte qu'elles ont généralement cours, des opinions qu'il ne saurait partager.

Après le souci du vrai, qui ne doit céder à des considérations d'aucune sorte, la clarté a été sa préoccupation constante. Pour l'obtenir, aucun sacrifice n'a paru trop cher. L'intérêt, l'importance même des faits n'ont pas toujours trouvé grâce et fait hésiter sur leur suppression, quand la complication des détails ou le trop de spécialité des notions pouvaient entraîner quelque obscurité. On n'ose pas se flatter d'avoir toujours atteint le but que l'on poursuivait; on espère du moins que le lecteur voudra bien tenir compte des efforts qui ont été faits pour cela.

INTRODUCTION

«Qui pourrait ne pas s'intéresser aux Abeilles? Tant d'idées attrayantes s'associent à leur nom! Il réveille en nous les images de printemps, de brillant soleil, de plantes fleuries; il nous rappelle les prairies gaiement émaillées, les haies verdoyantes, les tapis de thym parfumé, les landes odorantes. Il nous parle en même temps de l'industrie, de la prévoyance, de l'économie d'un État bien policé, où la subordination est absolue, point dégradante[1].»

Tel est le début d'un livre sur les Abeilles d'Angleterre. C'est là un point de vue, ce sont là des impressions de naturaliste, tout au moins d'homme instruit. Tout autres sont les motifs qui de tout temps ont fixé l'attention de l'homme sur les Abeilles. Civilisé ou sauvage, ces merveilleux insectes ont toujours eu le rare, l'unique privilège de l'attirer également.

Certes, les Fourmis sont tout aussi curieuses, plus étonnantes même par les multiples formes de leur vie sociale, par l'infinie variété de leur industrie. Mais l'homme ne les connaît souvent que par leurs importunités et leurs déprédations. Indifférentes ou nuisibles, jamais utiles, ou peu s'en faut, les Fourmis n'ont pu éveiller la curiosité et exciter l'intérêt que chez l'homme d'étude.

L'utilité! C'est là une qualité qui fait les attachements solides et durables; et l'Abeille possède à un haut degré ce précieux avantage. Le délicieux aliment qu'elle fabrique excita toujours puissamment la convoitise de notre espèce, comme celle de beaucoup d'autres. De quels labeurs, de quels supplices il en fallut d'abord payer la conquête, cela se voit encore de nos jours dans les régions incultes de l'Afrique et de l'Amérique.

L'essaim libre, recherché avec passion, exploité aussitôt, n'était jamais qu'une aubaine fort rare. Surveillé avec un soin jaloux, sa possession était toujours incertaine. L'idée devait naturellement et promptement venir de le mettre à portée de soi, près de sa demeure. L'Abeille agréa sans hésiter le logis offert par la main de l'homme. L'apiculture était née.

A quelle époque remonte la domestication de l'Abeille? On ne saurait le dire. Au début de toutes les civilisations, nous la trouvons déjà familière aux premières populations pastorales ou agricoles dont l'histoire garde le souvenir. Les plus antiques monuments des traditions sémitiques et aryennes, les Védas aussi bien que les livres bibliques et homériques, nous montrent l'Abeille domestiquée et honorée des hommes. Et le culte dont elle était l'objet n'a longtemps fait que grandir dans les siècles. Elle a eu l'insigne gloire d'être chantée par d'immortels poètes. La légende mythologique et la poésie grecque ont redit la gloire et les vertus de la Mélisse, nourricière du *grand roi des dieux et des hommes*. Anacréon chante l'Amour piqué par une abeille en cueillant des roses. Une abeille de l'Hymette vient, au berceau de Platon, se poser sur les lèvres fleuries de l'harmonieux philosophe. Les Romains, selon leur tempérament national, ont vanté l'Abeille en gens pratiques: Virgile en dit les mœurs et l'éducation aux amis de l'agriculture; Horace la propose aux poètes et à lui-même comme le modèle ardent et industrieux du travail poétique. L'Antiquité fit de la Mouche à miel le symbole de la douceur, des travaux rustiques, du génie littéraire. Elle devint, au moyen âge, dans les armoiries, les devises, l'emblème de l'activité, de l'ordre, de l'économie. Plus ambitieuse encore, et par là moins prudente, elle a voulu parer les insignes du pouvoir absolu, moins apte qu'elle aux travaux de la paix, et plus prompt à dégainer l'arme de guerre, cet aiguillon fatal à qui blesse et à qui est blessé.

Après l'admiration reconnaissante, l'étude réfléchie. L'étonnante cité des Abeilles ne pouvait manquer d'attacher une foule d'observateurs. Aristote, Virgile même l'étaient déjà, et non des plus médiocres. On y crut d'abord reconnaître l'image fidèle des sociétés humaines, moins les défauts, toutefois, et les vices qui souvent causent la ruine de ces dernières. Quand le véritable esprit scientifique eut conduit à une interprétation plus juste et plus vraie, la ruche n'en resta pas moins toujours une merveille sans égale.

Aux patients observateurs qui en révélaient les mystères, s'adjoignirent— quel honneur pour les petites créatures!—de savants mathématiciens, qui ne dédaignèrent pas de soumettre au critérium de leurs calculs la perfection de leur architecture. Et les Abeilles se trouvèrent être ingénieurs habiles et experts ouvriers.

La reconnaissance des hommes à l'égard des Abeilles s'est un peu amoindrie, par suite de la découverte du Nouveau Monde, et leur astre a pâli depuis que leur miel a été supplanté par le *miel de roseau*, comme on appelait jadis le sucre de canne. Mais leur renom séculaire a gagné d'un côté ce qu'il semblait perdre de l'autre. Depuis que le miel a cédé au nouveau venu la place importante et exclusive qu'il occupait dans l'économie domestique, la Science, comme pour compenser la perte des sympathies de la foule, s'est de plus en plus attachée aux Abeilles. C'est dans les temps modernes que leur étude a réalisé les plus grands progrès; c'est de nos jours que date véritablement leur connaissance positive.

Nous n'en voulons pour preuve que ce simple parallèle. L'antiquité ne connaissait que la Mouche à miel; le moyen âge et l'époque immédiatement postérieure n'ajoutaient rien aux notions d'Aristote et de Pline; de nos jours, la science a enregistré plus de 1000 espèces d'Abeilles sauvages, vivant dans nos contrées. Et cette énorme population, dont on ne soupçonnait pas l'existence, remplit, à côté de l'antique *Melissa*, un rôle important dans la nature. Chacune de ces abeilles a ses habitudes, ses mœurs, son industrie. Aucune, il est vrai, n'est directement utile à l'homme. Aucune n'accumule dans de vastes magasins des provisions qu'il puisse détourner à son profit et mettre au pillage. Vivant pour la plupart solitaires, travaillant isolément chacune pour son propre compte, ou plutôt pour sa progéniture, elles n'ont que faire de vastes établissements; et puis leurs humbles demeures se cachent dans les profondeurs du sol. C'est en vain qu'elles butinent ardemment dans nos champs et dans nos jardins; que leur gaie chanson répand dans les arbustes en fleurs une vague et douce harmonie. Elles n'ont, pour attirer les regards, ni les amples ailes, ni la brillante parure du Papillon. Leur taille, leur vêtement les laissent confondues dans la plèbe sans nom des Mouches. Leur existence éphémère passe ignorée du vulgaire. Le naturaliste seul les connaît et les aime. Aussi leur histoire, toute récente, laisse-t-elle encore bien des vides, bien des lacunes à combler.

Telles qu'on les connaît, cependant, elles méritent l'attention de l'homme réfléchi. D'abord, rien, en soi, n'est indifférent dans la nature; tout a sa part d'intérêt, comme sa place dans le monde. De plus, les Abeilles sauvages nous montrent que celle qui nous est familière n'est pas une unité sans rapports avec d'autres êtres; qu'elle est un membre, favorisé, si l'on veut, mais un membre et rien de plus, d'une grande famille, où la ressemblance est frappante, où les instincts divers se rattachent les uns aux autres, s'expliquent souvent les uns par les autres.

Une saisissante unité domine en effet les infinies variations de tous ces mellifères; on y passe par degrés de l'être le plus accompli, le plus richement doté par la nature, au moins favorisé, au plus humble. Au haut de l'échelle, la vie sociale, les cités permanentes, le travail commun, savamment outillé, harmonieusement combiné; et tout au bas, l'individu isolé, dénué d'engins, pauvre d'instincts, vivant d'une vie aussi simple que monotone. Entre ces deux extrêmes, de nombreux intermédiaires. Si bien que, sauf des termes manquant dans la série, que l'avenir retrouvera peut-être, on pourrait, de variations en variations, de perfectionnements en perfectionnements, refaire, par la pensée, le chemin qu'a pu suivre la nature dans la réalisation successive des différents types d'Abeilles.

Un autre genre d'intérêt s'attache encore à ces Abeilles sauvages. Pour être loin d'atteindre la perfection que nous avons l'habitude d'admirer dans l'Abeille des ruches, leurs travaux ne sont point dépourvus d'art. Leur industrie, alors même qu'elle est le plus fruste, et négligente du fini des détails, ne laisse pas de manifester, par ses tâtonnements, par ses variations même, une certaine dose de discernement, disons-le, d'intelligence. La constante perfection, chez l'Abeille domestique, semblerait plutôt ne relever que de l'instinct.

Nous aurons à passer en revue les principaux types d'Abeilles, les plus intéressants: c'est dire les mieux connus. Les Abeilles exotiques, bien peu étudiées jusqu'ici, au point de vue biologique, seront presque absolument et forcément laissées de côté; et parmi celles de nos pays, quelques-unes auront le même sort. Tant pis pour celles qui n'ont pas d'histoire. Le lecteur n'aurait que faire d'une simple diagnose descriptive.

Nous ne pouvons donc—et nous le regrettons plus que personne—donner ici un tableau complet de la vie des Abeilles, impossible dans l'état actuel de la science. L'esquisse que nous allons essayer d'en tracer suffira cependant, nous l'espérons, à montrer que si l'Abeille des ruches nous est seule directement utile, elle ne l'est point à remplir dans la nature un rôle considérable, et que l'Abeille sauvage a droit aussi à une part d'intérêt et même de reconnaissance. Puissions-nous surtout avoir contribué à faire connaître et aimer davantage cette Abeille policée, notre devancière en civilisation, que nous n'avons peut-être pas égalée, à certains égards, dans les relations de notre vie sociale!

QU'EST-CE QU'UNE ABEILLE?—
ORGANISATION GÉNÉRALE ET FONCTIONS.

On n'a longtemps connu sous le nom d'Abeille que l'antique mouche à miel, l'*Apis* des Latins, la *Melissa* des Grecs.

Fig. 1.—Une Abeille.

Linné étendit le nom à plusieurs hyménoptères vivant tous, comme l'Abeille domestique, du nectar des fleurs et de leur poussière fécondante. De plus en plus distendu par la multitude croissante des espèces qui venaient y prendre place, le genre *Apis* de Linné ne tarda pas à se résoudre en un grand nombre de genres et à s'élever au rang de tribu ou de famille.

On désigne aujourd'hui sous le nom d'ABEILLES, d'APIAIRES, de MELLIFÈRES ou d'ANTHOPHILES, les hyménoptères dont la larve se nourrit de miel et de pollen, quels que soient d'ailleurs le genre de vie et les mœurs de l'adulte.

Ce groupe est un des plus importants de l'ordre des Hyménoptères, car il ne compte pas moins de 12 à 1500 espèces, en Europe seulement, et il serait difficile d'évaluer avec quelque précision le nombre de celles qui habitent les autres parties du monde.

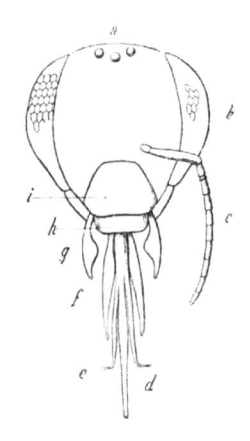

Fig. 2.—Tête d'Abeille.

Une grande diversité règne, naturellement, dans une famille aussi nombreuse. Néanmoins l'organisation fondamentale est toujours la même et se maintient au milieu de l'extrême variabilité des détails. C'est ce fonds commun à toutes les abeilles que nous jugeons utile de faire connaître sommairement, avant d'aborder l'étude particulière des genres.

Le corps d'une Abeille, comme celui de tout insecte, se compose de trois parties nettement séparées par deux étranglements: la *tête*, le *thorax* et l'*abdomen*. Ces trois parties sont rattachées entre elles par un trait d'union parfois très grêle et très court, flexible et mou, faisant office à la fois et de ligament et de conduit tubuleux, livrant passage aux viscères.

La *tête* (fig. 2), le plus important de ces segments par les fonctions élevées qui lui sont dévolues, présente en avant et en dessous l'*ouverture buccale*. Sur les côtés; deux surfaces luisantes, convexes, se résolvant, à la loupe, en une multitude de petits compartiments polygonaux, sont les *yeux composés* ou *en réseau* (b). Au haut du *front* et en son milieu, trois petits points, brillants comme des perles, ordinairement disposés en triangle, sont les *yeux simples* ou les *ocelles*, appelés aussi *stemmates* (a).

Vers le centre de la face sont insérés deux organes linéaires, coudés, très mobiles, les *antennes*, rappelant assez bien, par leur forme générale, un fouet avec son manche (*c*). Elles comprennent une partie basilaire, simple,—le manche du fouet,—appelée le *scape*, et une seconde partie, plus longue, formée de plusieurs petits *articles* placés bout à bout, le *funicule* ou *flagellum*, représentant la corde du fouet.

Inutile de définir autrement la *face*, partie antérieure et moyenne de la tête, les *joues*, situées plus bas et sur les côtés, le *front*, le *vertex*, l'*occiput*, qui se partagent la partie supérieure de la tête, sans aucune délimitation bien précise.

Immédiatement au-dessus de la bouche, dont la structure complexe sera plus loin décrite, se voit une plaque tégumentaire un peu bombée, assez distinctement limitée sur son pourtour, occupant toute la largeur de la partie inférieure de la face. C'est le *chaperon* ou *clypeus* (i).

La seconde partie du corps, le *thorax* ou *corselet*, comprend, comme chez tous les insectes, trois segments: le *prothorax*, ou segment antérieur, le *mésothorax*, ou segment moyen, et le *métathorax*, ou segment postérieur.

Le *prothorax*, ordinairement peu développé dans sa partie dorsale, souvent semblable à une étroite collerette, porte la première paire de pattes.

Le *mésothorax*, très apparent en dessus, où il forme la majeure partie du dos, porte en dessus la deuxième paire de pattes, et, sur les côtés, la première paire d'ailes.

Le *métathorax*, assez développé d'ordinaire, porte la troisième paire de pattes et la deuxième paire d'ailes. Il présente, en dessus et dans la région médiane, deux organes assez importants au point de vue descriptif, l'*écusson* et le *postécusson*, dont les formes variables et la coloration sont fréquemment utilisées pour les distinctions spécifiques.

L'*abdomen* ou *ventre*, dénué d'appendices locomoteurs, est formé de plusieurs segments placés bout à bout, susceptibles de jouer les uns sur les autres, de s'invaginer plus ou moins chacun dans celui qui le précède, ou de s'en retirer, de manière à diminuer ou augmenter la capacité de l'abdomen, ou, inversement, de se laisser distendre ou rétracter, suivant la turgescence ou la vacuité des viscères.

Après l'énumération sommaire qui vient d'être faite des parties du corps de l'Abeille visibles extérieurement, nous allons rapidement passer en revue ses différentes fonctions. Nous aurons l'occasion de revenir sur la plupart des organes déjà signalés, pour en mieux faire connaître la structure et en indiquer les usages.

ORGANES DE LA DIGESTION.—La bouche d'un insecte quelconque comprend: une *lèvre supérieure*, une *lèvre inférieure*, et, entre les deux, une paire de *mandibules* et une paire de *mâchoires*, se mouvant en un plan horizontal et non de haut en bas, comme chez les animaux supérieurs. Ces différentes pièces, au fond toujours les mêmes, subissent des variations fort remarquables suivant le régime de l'animal, et leurs modifications fournissent des éléments d'une importance majeure pour la caractéristique des groupes. Chez l'Abeille, la structure compliquée des parties de la bouche, leur adaptation à des usages multiples, en font un appareil d'une rare perfection.

La *lèvre supérieure* ou *labre* (fig. 2, *h*), fait immédiatement suite au chaperon. Mobile sur sa base, articulée au bord inférieur du chaperon, elle recouvre plus ou moins les autres pièces buccales. Sa forme varie considérablement suivant les genres.

Les *mandibules* (*g*), faibles ou robustes, variées à l'infini dans leurs formes, sont instruments de travail et non de mastication; elles font office de scie, de ciseaux, de tenailles, de pelle, de bêche, de truelle, de polissoir, au besoin d'armes pour combattre.

Sous les mandibules, les *mâchoires*—de nom seulement,—s'allongent, s'effilent en minces lames (*f*), acuminées ou obtuses, souvent barbelées, propres à lécher, à humer les liquides, fonction dans laquelle elles viennent en aide à la lèvre inférieure. Sur le côté externe, dans une sorte de pli ou d'échancrure, s'insère un appendice linéaire, formé d'un petit nombre d'articles, comme une très petite antenne, le *palpe maxillaire*.

Bien différente de la large plaque qui mérite véritablement le nom de lèvre, chez un insecte broyeur, la *lèvre inférieure*, chez une abeille, est tout un appareil compliqué. Une partie basilaire, épaisse et solide, constitue la lèvre proprement dite. A une certaine distance de son point d'attache à la partie inférieure de la tête, elle émet plusieurs organes distincts: un médian, qui en est le prolongement direct, c'est la *langue* (*d*), et deux latéraux, les *palpes labiaux* (*e*).

Sur les côtés de la langue, se voient deux petites écailles allongées, qui embrassent sa base rétrécie, et qu'on appelle *paraglosses*. La langue elle-même, garnie de petits poils nombreux sur sa surface, est très variable dans sa forme. Tantôt très longue, tantôt très courte, elle est aiguë chez la majorité des abeilles, courte et élargie, échancrée au milieu, étalée de part et d'autre en deux lobes arrondis, chez un petit nombre (fig. 3 et 4).

Les palpes labiaux, courts quand la langue l'est elle-même, conservent alors aussi la forme normale de leurs articles. Quand la langue s'allonge, ils s'allongent eux-mêmes; mais l'élongation ne porte que sur les deux articles basilaires qui en même temps s'aplatissent et prennent à eux deux l'aspect d'une mâchoire. Les articles terminaux, conservant leur forme, ou bien s'étendant sur le prolongement des premiers, ou bien, insérés non loin de l'extrémité acuminée du second article, se déjettent en dehors comme d'insignifiants appendices.

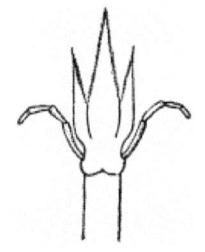

Fig. 3.—Langue d'Abeille courte et aiguë. Fig. 4.—Langue d'Abeille courte et obtuse.

La longueur de la langue a une plus grande importance que sa forme aiguë ou obtuse. Nous venons de voir déjà que la conformation des palpes labiaux est en relation étroite avec la longueur ou la brièveté de la langue.

D'autres caractères importants correspondent à ces deux types de conformation de cet organe. D'où la division des abeilles en deux grandes tribus: les *Abeilles à langue longue* ou *Apides* et les *Abeilles à langue courte* ou *Andrénides*. Ce dernier groupe se subdivise d'ailleurs, d'après les deux formes de langue courte que nous avons signalées, en *Acutilingues* et *Obtusilingues*, dénominations qu'il n'est pas nécessaire de définir.

Les Abeilles à langue longue sont les plus parfaites de toutes. Elles comprennent l'Abeille domestique et celles qui s'en rapprochent le plus. Les Abeilles à langue obtuse sont de toutes les moins perfectionnées, celles que, pour cette raison, on a lieu de considérer comme les représentants actuels des Abeilles primitives.

C'est un organe si important que la langue d'une Abeille, il est si hautement spécialisé et si caractéristique de cette famille d'insectes, qu'il ne nous paraît point suffisant d'avoir indiqué sa conformation générale. Nous jugeons indispensable de donner une idée plus exacte et plus complète de sa complication et de son admirable adaptation à la fonction qui lui est dévolue.

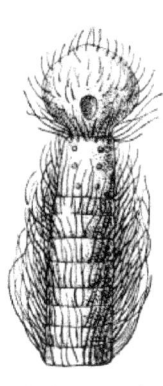

Fig. 5.—Extrémité de la langue de l'Abeille domestique.

Nous n'en décrirons qu'une, qui n'est peut-être ni la plus complexe ni la plus parfaite, mais du moins la mieux étudiée, celle de l'Abeille domestique. Elle a fait l'objet de bien des recherches, donné lieu à bien des controverses, et l'on n'en est point surpris, quand on connaît sa structure.

Un médiocre grossissement, celui d'une simple loupe, montre la langue de l'Abeille comme une tige graduellement rétrécie vers le bout (fig. 2), que termine un petit renflement globuleux, une sorte de bouton (fig. 5). Des poils raides, modérément serrés, en garnissent toute la surface, non point irrégulièrement semés, mais naissant tous de lignes circulaires assez rapprochées, qui, du haut en bas, rayent toute sa surface en travers.

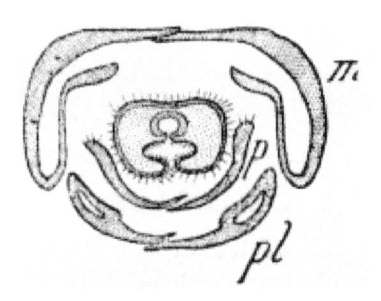

Fig. 6.—Section de la langue de l'Abeille. m, mâchoires; p, paraglosses; pl, palpes labiaux.

Ses faces antérieure et latérales sont régulièrement convexes; la face postérieure présente tout du long un profond sillon, dont la forme et les rapports ne sont bien mis en évidence que par une section transversale de la langue (fig. 6). On voit ainsi que ce sillon longitudinal donne accès dans un vaste canal, dont toute la surface intérieure est tapissée d'une fine villosité. Cette même section, en avant de ce conduit en révèle un autre beaucoup plus fin, comme un second sillon dans le fond du premier. Ce conduit capillaire est lisse intérieurement; ses bords seulement sont garnis de poils tournés en sens inverse d'un côté et de l'autre, de manière à produire une obturation complète et isoler le petit canal du plus grand.

En haut, les parois du canal capillaire se déjettent à droite et à gauche, et s'étalent; le conduit s'ouvre ainsi vers la base et au-dessous de la langue. Un peu avant le bout de l'organe, l'étroit canal est partagé en deux par une cloison médiane, qui, parvenue à la base du bouton terminal, s'étale en une sorte de cuiller (fig. 5), où viennent aboutir les deux branches du conduit.

Nous verrons dans un instant comment fonctionne cet étrange appareil.

Quelle que soit sa forme, la langue, avec les mâchoires, est logée dans un vaste sillon longitudinal creusé dans la partie inférieure de la tête. Mais ce sillon, même pour une langue courte, serait insuffisant à la loger, s'il était, au repos, étalé dans toute sa longueur. Aussi est-elle ployée en deux, chez les Andrénides, le pli étant au niveau de la base de la langue. Les mâchoires prennent part elles-mêmes à cette plicature, vers le point où s'insèrent leurs palpes, et, appliquées sur la langue au repos, elles la recouvrent complètement, comme deux valves protectrices.

Chez les Apides, la longueur de la langue est telle, que le pli dont nous venons de parler serait insuffisant. Il en existe encore un autre, celui-ci formant un coude vers le milieu de la partie basilaire de la lèvre, pli qui jamais ne s'efface entièrement, pour tant que l'organe s'étende. Ici, comme chez les

Abeilles à courte langue, cet organe, au repos, est recouvert par les mâchoires appliquées; mais il est des genres où il est tellement développé, qu'il dépasse plus ou moins l'extrémité de ces opercules.

Le schéma ci-joint exprime clairement les deux dispositions de la langue au repos, chez une Abeille à langue courte et chez une Apide: *a* est la base de l'organe ou la lèvre, *b* est la langue.

Fig. 7.—Schéma de la disposition d'une langue courte et d'une langue longue.

Grâce aux nombreuses villosités qui la couvrent, la langue est un véritable pinceau, très propre à s'imbiber des liquides dans lesquels elle est plongée. Associée aux palpes labiaux, aux mâchoires, elle constitue un appareil admirablement conformé pour humer les liquides. D'après M. Breithaupt, qui a récemment fait une intéressante étude anatomique et physiologique de la langue de l'Abeille, c'est le vaste conduit dont la langue forme le plancher et les mâchoires le plafond, qui est la principale voie par où le liquide aspiré s'élève jusqu'à la bouche. Les mouvements de va-et-vient lentement répétés de ces organes favorisent cette ascension.

L'Abeille peut encore lécher, à la manière d'un chien, en promenant le dessus et les côtés de la portion terminale de sa langue sur les surfaces humectées.

Quand il s'agit de recueillir un liquide étalé en couche très mince sur une surface, ni l'un ni l'autre des moyens précédents n'aurait la moindre efficacité. C'est alors qu'intervient le rôle du canal capillaire, qui peut d'ailleurs agir aussi dans les autres circonstances. L'extrémité de la langue, le petit bouton terminal, s'applique par sa face antérieure sur la surface humide; l'organe en cuiller s'emplit de liquide, qui aussitôt monte par capillarité dans l'intérieur du conduit, et parvient ainsi dans la bouche.

La langue agit donc, dans ce dernier cas, comme une véritable trompe. C'est encore son seul mode d'action possible, quand il s'agit d'atteindre un liquide trop éloigné pour qu'elle y puisse plonger à l'aise. Un apiculteur américain, Cook, en a fait l'expérience en mettant à la portée de ses abeilles du miel contenu dans des tubes étroits ou à une certaine distance d'une toile métallique, dont les mailles laissaient passer la langue des abeilles. Toutes les fois que le miel était accessible à la cuiller, il était absorbé.

Ce rôle de trompe, qui tour à tour a été attribué et dénié à la langue de l'Abeille, paraît donc bien établi. Cette trompe, suivant sa longueur, est capable d'aller chercher un aliment plus ou moins profondément situé. C'est en pareilles circonstances que la lèvre inférieure se déploie et s'étend par l'effacement de ses plicatures, afin de porter l'extrémité de la langue aussi loin qu'il est nécessaire ou possible.

Sans jamais être aussi bien douées, sous ce rapport, que les Lépidoptères, certaines abeilles sont en mesure d'atteindre le nectar de fleurs assez longuement tubulées. Par contre, la plupart des abeilles à langue courte se voient interdire l'accès de nectaires placés au fond de corolles trop étroites pour admettre leur corps tout entier; elles lèchent bien plus qu'elles ne hument, et les Obtusilingues ne peuvent faire autre chose que lécher.

La conformation des pièces buccales, et plus particulièrement de la lèvre inférieure, peut donc servir de mesure à la perfection relative des abeilles.

A ces organes compliqués, réellement extérieurs, fait suite une cavité médiocre, le *pharynx*, à proprement parler la cavité buccale. A l'entrée de cette cavité, un rebord transversal supérieur, l'*épipharynx*, et un inférieur, l'*hypopharynx*, comme deux lèvres internes, la séparent des pièces buccales.

Au pharynx fait suite un œsophage grêle (fig. 8, *a*), qui se renfle, à une certaine distance de la tête, en un sac globuleux et très extensible, le *jabot* (*j*).

Dans le fond du jabot est logé le *gésier*, organe conoïde, dont les parois sont garnies intérieurement de quatre colonnes charnues. La contraction de ces muscles fait ouvrir, par abaissement, quatre pièces valvulaires fermant hermétiquement, à l'état de repos, l'ouverture cruciforme du gésier. Un col assez long prolonge cet organe en arrière; il ne s'aperçoit pas, dans l'état normal du gésier, invaginé qu'il est dans le réservoir suivant.

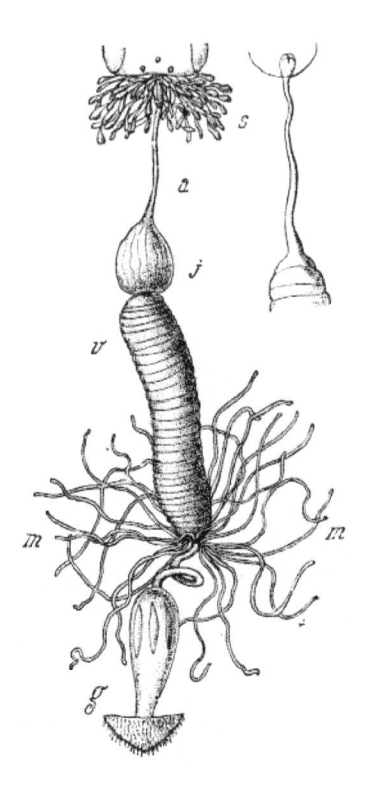

Fig. 8.—Tube digestif de l'Abeille.

Le *ventricule chylifique* (*v*), cavité cylindroïde assez vaste, semble suivre immédiatement le jabot. Mais il suffit d'une certaine traction, rompant quelques adhérences, pour évaginer le tube capillaire, continuation du gésier, ce qui montre les véritables rapports des trois organes. Des sillons annulaires plus ou moins prononcés se dessinent en travers sur le ventricule, graduellement rétréci vers sa terminaison à l'*intestin*.

Celui-ci, grêle et filiforme dans sa première portion, est renflé et turbiné dans la seconde, le *rectum* (*g*), dont les parois sont munies de six fortes colonnes charnues longitudinales, et qui aboutit à l'anus.

Le jabot fait office de réservoir à miel, et, dans une certaine mesure, d'organe d'élaboration de ce produit. Ses parois sont musculeuses. Au retour des champs, l'abeille contracte son jabot distendu et en dégorge le contenu dans la cellule.

La valvule du gésier, close en temps ordinaire, s'ouvre quand il est besoin, pour laisser fluer dans le ventricule la quantité de miel nécessaire à l'alimentation de l'insecte.

C'est dans le ventricule que s'opère la digestion et en même temps l'absorption de ses produits. Cet organe cumule les fonctions de l'estomac et de l'intestin grêle des animaux supérieurs.

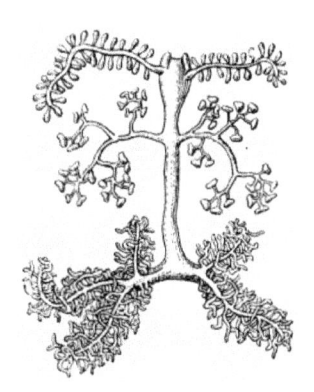

Fig. 9.—Glandes salivaires de l'Abeille.

Comme annexes de l'appareil digestif, il existe deux organes glandulaires importants: les *glandes salivaires* et les *vaisseaux de Malpighi*.

Les glandes salivaires sont très compliquées, et au nombre de trois paires, au moins chez l'Abeille domestique, une paire thoracique et deux paires cervicales, qui sécrètent des liquides jouissant, selon toute vraisemblance, de propriétés distinctes (fig. 9).

Les vaisseaux malpighiens, longs et nombreux tubes à fond aveugle, d'un blanc jaunâtre, flottants dans la cavité abdominale, vont déboucher tout autour de l'extrémité inférieure du ventricule chylifique. Ils remplissent le rôle d'appareil urinaire (fig. 8, *m*).

La *circulation du sang*, la *respiration* sont, chez l'Abeille, ce que l'on sait de ces fonctions chez les Insectes en général. Nous les supposerons donc connues, nous bornant à ajouter, en ce qui concerne les organes respiratoires, qu'il existe, chez elle, particulièrement dans l'abdomen, des trachées vésiculeuses d'un volume énorme, vastes réservoirs à air (fig. 10), alternativement comprimés et dilatés par des contractions rythmiques de l'abdomen, et contribuant ainsi à activer la circulation de l'air dans tout l'appareil, et par suite la fonction respiratoire elle-même.

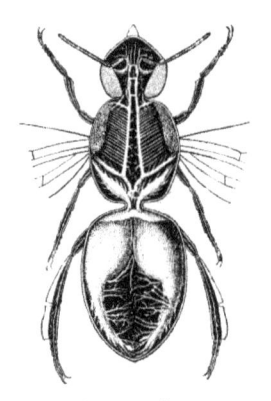

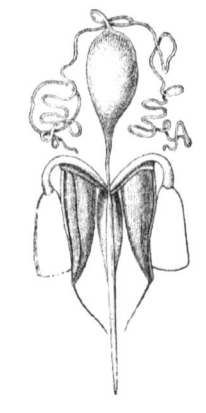

Fig. 10.—Appareil respiratoire de l'Abeille.   Fig. 11.
Appareil à venin.

Appareil vulnérant.—La très grande majorité des Abeilles sont armées d'un aiguillon, dont la blessure est souvent douloureuse. Cet aiguillon est formé de deux stylets (fig. 11), élargis vers la base, aigus à l'extrémité et souvent barbelés sur les côtés. Entre ces deux pièces, une fine rainure est destinée à recevoir le venin et à l'inoculer dans la blessure. Une gaine, le *gorgeret*, formée de deux pièces creuses et allongées, aiguës aussi, enveloppe l'aiguillon et sert à le diriger au moment de l'action; l'extrémité de cette gaine pénètre, en même temps que l'aiguillon, dans la plaie. Le liquide vénéneux vient d'un réservoir ovoïde où il s'accumule, et dont il est expulsé par pression, au moment où la piqûre est produite. Ce liquide, très énergique chez certaines espèces, est le résultat de la sécrétion d'une double glande tubuleuse, à conduit excréteur simple, s'abouchant à la partie supérieure du réservoir à venin.

L'appareil vénénifique est spécial aux femelles. Les mâles en sont toujours dépourvus et sont absolument inoffensifs. Aussi le connaisseur peut-il impunément, au grand ébahissement des gens du peuple, saisir à la main les mâles d'abeilles de l'aspect le plus terrifiant, Bourdons ou Xylocopes.

C'est un préjugé assez répandu, que l'Abeille paye toujours de sa vie le moment de colère qui l'a portée à se servir de son aiguillon, celui-ci restant nécessairement dans la plaie. L'Abeille domestique est à peu près seule à perdre son aiguillon, dont les barbelures sont relativement très prononcées et l'empêchent parfois, et particulièrement quand elle s'en est servie contre l'homme, de le retirer des tissus. Mais il n'en est pas ainsi d'ordinaire, et l'on doit disculper la nature de l'inconséquence qui consisterait à produire une arme toujours fatale à l'animal qui l'emploie. Nombre d'Abeilles, Bourdons et Xylocopes surtout, blessent cruellement sans aucun danger pour elles.

MEMBRES.—Les organes de locomotion, chez l'Abeille, sont les pattes, pour la marche, les ailes, pour le vol.

Les pattes (fig. 12), comme chez tous les insectes, sont formées d'une pièce d'insertion, la *hanche*, *a*, d'un article plus court, le *trochanter*, *b*, qui unit la hanche au *fémur*, *c*, ou *cuisse*, après laquelle vient, le *tibia*, *d*, suivi des *tarses*, *e*, au nombre de cinq. Le premier article des tarses, le plus volumineux, égal d'ordinaire en longueur aux quatre articles qui le suivent, offre souvent un développement très marqué, qui en fait une sorte de palette; le dernier article, plus ou moins conique, est armé au bout de deux *ongles* divergents et crochus.

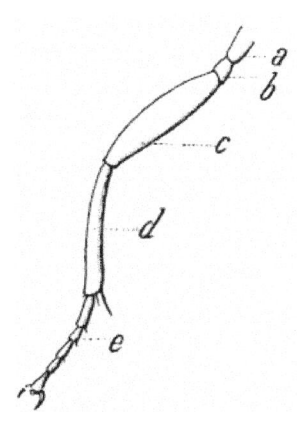

Fig. 12.—Patte d'Abeille.

Les pattes sont ordinairement garnies de poils plus ou moins abondants. Aux pattes postérieures, leur forme et leur arrangement particulier constituent des brosses, des étrilles, des peignes, des houppes, organes importants de récolte pour le pollen des fleurs, d'extraction des provisions amassées, de brossage, etc. Rarement simples, les poils des Mellifères sont le plus souvent rameux, pennés, palmés, et parfois d'une grande élégance dans leur complication.

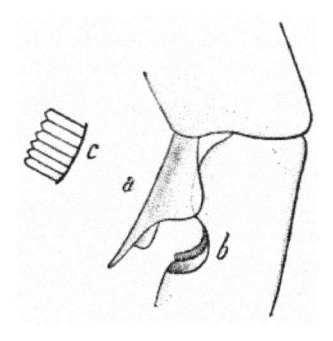

Fig. 13.—Étrille ou peigne des antennes.

Signalons enfin les épines simples ou doubles qui arment l'extrémité des tibias. L'épine unique dont est muni le tibia de la première paire mérite une attention particulière (fig. 13, *a*). Elle s'élargit et s'amincit latéralement en deux sortes de lames, dont le tranchant regarde le bord supérieur et interne du premier article des tarses, qui porte une échancrure ou encoche profonde, *b*, à peu près semi-circulaire. Cet étrange appareil est un objet de toilette. L'Abeille qui veut nettoyer ses antennes, passe sur chacune d'elles la patte correspondante, de manière à amener l'antenne dans l'angle formé par le premier article des tarses et l'épine du tibia, et à la loger dans l'échancrure; et là, tandis qu'elle glisse de la base au bout du funicule, entre l'échancrure et la lame, elle est râclée et nettoyée de tous les grains de poussière qui peuvent la salir.

Les *ailes*, au nombre de quatre, sont insérées sur les côtés du corselet, au-dessous d'une *écaille* convexe qui protège leur articulation et se trouve en rapport avec quelques autres pièces cornées, auxquelles viennent s'insérer les muscles moteurs de ces lames membraneuses.

Les ailes, ordinairement transparentes, souvent enfumées, quelquefois obscurcies par une teinte noire ou bleuâtre, sont parcourues par des *nervures* qui les soutiennent et font leur rigidité. Ces nervures dessinent sur la membrane alaire un réseau, toujours compliqué, dont les mailles portent le nom de *cellules*.

La distribution des nervures, les cellules qu'elles forment, ont dès longtemps été employées dans la classification comme caractères génériques. Nous n'aurons garde d'exposer ici la terminologie passablement compliquée créée à ce propos. Nous nous contenterons de ce qu'il y a de plus indispensable à connaître dans la nervation de l'aile antérieure.

Le bord supérieur ou antérieur de l'aile de la première paire (fig. 14) est parcouru de *a* en *b*, par une nervure appelée *radiale*. Un peu en arrière de celle-ci, et lui étant parallèle, est une seconde nervure dite *cubitale*. Ces deux nervures sont arrêtées à une tache due à un épaississement de la matière chitineuse, qu'on appelle le *point épais* ou *stigma*. Les cellules portant dans la figure des chiffres inclus constituent la partie dite *caractéristique* de l'aile, à cause de l'importance de sa considération dans la caractérisation des genres. 1 est *la cellule radiale* ou *marginale*; 2, 3, 4 sont, dans cet ordre, *les cellules* 1re, 2e, 3e *cubitales* ou *sous-marginales*. On donne les noms de 1re et 2e nervures *récurrentes* aux nervures *r* et *r'*, qui aboutissent à l'une ou à l'autre des deux dernières cellules cubitales, et en des points variables suivant les genres.

Le vol des Insectes a fait l'objet, dans ces dernières années, d'études importantes de M. Marey. Malgré l'intérêt de ces recherches, nous ne pouvons nous arrêter ici sur les résultats obtenus par ce savant.

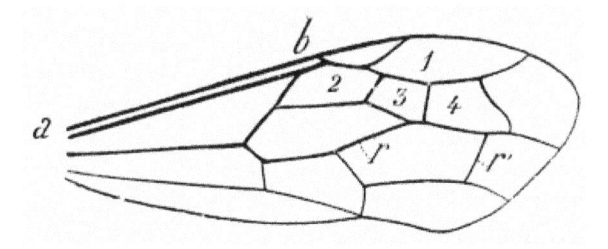

Fig. 14.—Aile.

Le vulgaire attribue aux vibrations des ailes le bourdonnement des Insectes. De tout temps les savants ont contredit cette opinion, qui d'ailleurs n'est fondée sur aucune notion précise. Différents auteurs ont même fait des expériences d'où il résulterait que le bourdonnement est surtout produit par les vibrations de l'air frottant contre les bords des orifices stigmatiques du thorax, sous l'action des muscles moteurs des ailes.

Bien que ces vibrations de l'air entrant et sortant alternativement par les orifices des stigmates n'aient jamais été directement démontrées, certaines expériences semblaient cependant apporter leur appui à cette manière de voir. Les savantes recherches d'un naturaliste allemand, Landois, qui avait reconnu et minutieusement décrit un véritable appareil vocal dans les stigmates, l'avaient même rendue classique. Des expériences dans le détail desquelles nous ne pouvons entrer ici nous ont convaincu que les savants ont tort—une fois n'est pas coutume,—et que la vérité se trouve précisément dans la croyance vulgaire.

Les causes du bourdonnement résident certainement dans les ailes. On a depuis longtemps reconnu que la section de ces organes, pratiquée plus ou moins près de leur insertion, influe d'une manière plus ou moins marquée sur le bourdonnement. Il devient plus maigre et plus aigu; le timbre est lui-même notablement modifié: il perd le *velouté* dû au frottement de l'air sur les bords des ailes, et devient nasillard. Le timbre perçu dans ces circonstances n'a rien qui ressemble au son que peut produire le passage de l'air à travers un orifice. Il est tout à fait en rapport, au contraire, avec les battements répétés du moignon alaire contre les parties solides qui l'environnent, ou des pièces cornées qu'il contient, les unes contre les autres.

Le bourdonnement, en somme, est dû à deux causes distinctes: l'une, les vibrations dont l'articulation de l'aile est le siège, et qui constituent le vrai bourdonnement, l'autre, le frottement des ailes contre l'air, effet qui modifie plus ou moins le premier.

Quelles que soient d'ailleurs les causes du bourdonnement, on sait que sa tonalité est en rapport avec le nombre des vibrations qui l'accompagnent. Elle s'élève, le son devient d'autant plus aigu, que la taille est moindre. Chez le Bourdon terrestre, le bourdonnement de la femelle est plus grave que celui du mâle de l'intervalle de toute une octave; chez l'ouvrière, il est plus aigu encore que chez le mâle, et, d'autant plus que l'animal est moindre. D'une espèce à l'autre, on note parfois des différences marquées pour une même taille. Le chasseur d'abeilles connaît d'expérience l'acuité particulière du chant que fait entendre le Bourdon des bois; elle suffit pour faire reconnaître, au vol, telle variété de ce Bourdon ayant même livrée que certaines autres espèces. Enfin, dans un même individu, la fatigue, en diminuant le nombre des vibrations, déprime la tonalité; toute cause d'excitation, la fureur par exemple, la relève au contraire.

SYSTEME NERVEUX.—Le *système nerveux* des Abeilles (fig. 15) est conforme au type général de cet appareil chez les Insectes. C'est une double chaîne de petites masses nerveuses appelées *ganglions*, réunis entre eux dans le sens longitudinal, par des cordons nerveux appelés *connectifs*. Les deux ganglions juxtaposés au même niveau sont plus ou moins confondus en une masse d'apparence unique, émettant en avant et en arrière deux connectifs, et on la désigne toujours comme un ganglion simple.

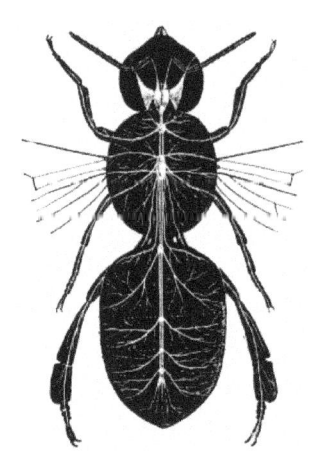

Fig. 15.—Système nerveux de l'Abeille.

La chaîne nerveuse règne tout le long de la région ventrale de l'animal, au-dessous du tube digestif. Dans la tête seulement un ganglion, le premier, se trouve au-dessus de ce tube, c'est le ganglion *sus-œsophagien*. Les connectifs qui l'unissent au ganglion suivant (g. *sous-œsophagien*), s'écartent pour passer l'un à droite, l'autre à gauche de l'œsophage, qu'ils embrassent, constituant de la sorte, avec le premier ganglion, le *collier œsophagien*.

Le ganglion sus-œsophagien, simple en apparence, se compose réellement de plusieurs. On y distingue, outre les lobes *cérébraux* proprement dits, deux énormes *lobes optiques* fortement saillants sur les côtés, où ils émettent deux gros *nerfs optiques*; deux lobes antérieurs, dits *olfactifs*, se rendant aux antennes; au-dessus, deux lobes dont le volume varie comme le degré d'élévation des facultés psychiques de l'insecte, les *corps pédonculés*, dont la surface est marquée de plis plus ou moins compliqués.

Le ganglion sous-œsophagien innerve les parties de la bouche.

Chacun des ganglions de la chaîne abdominale envoie des nerfs aux régions qui l'avoisinent. Il est à considérer comme un centre distinct et indépendant, dans une certaine mesure, car il émet des fibres nerveuses motrices et des fibres sensitives; il perçoit des impressions sensitives et il est agent de réactions motrices. Mais il subit en même temps l'influence du ganglion sus-œsophagien, qui intervient comme régulateur et coordinateur des actions émanées de chacun des autres ganglions. Le ganglion sus-œsophagien préside aussi aux mouvements généraux, dont il fait l'ensemble et l'harmonie. Mais d'autre part, grâce à l'autonomie de chaque ganglion, chacun des segments se comporte, jusqu'à un certain point, comme un individu distinct, et de là vient la résistance vitale parfois si remarquable de chacun des tronçons en lesquels on a décomposé un animal articulé. Physiologiquement, aussi bien qu'anatomiquement, l'Insecte est donc justement nommé, (*Insectum*, ἐντομον, animal entrecoupé.)

L'appareil nerveux dont nous venons de parler représente, chez les Insectes, le système nerveux céphalo-rachidien (cerveau, cervelet, moelle épinière) des animaux vertébrés. Il existe, chez ces derniers, un autre appareil nerveux, surajouté au premier, et tenant sous sa dépendance les organes de la nutrition (tube digestif, appareils circulatoire et respiratoire, etc.). Un système physiologiquement analogue se trouve aussi chez les Insectes. Nous nous bornons à signaler sa présence chez l'Abeille.

SENS DE LA VUE.—Nous avons vu que les Abeilles possèdent des yeux de deux sortes: les yeux composés ou à facettes et les yeux simples ou ocelles.

Les yeux composés sont situés sur les côtés de la tête, dont ils couvrent une étendue variable, mais toujours assez grande, surtout chez les mâles, ordinairement mieux doués sous ce rapport que les femelles.

Les ocelles, rarement absents, sont disposés en triangle sur le haut du front.

Ces deux sortes d'yeux fonctionnent d'une façon absolument différente. Les ocelles constituent chacun un œil complet. Derrière leur cornée très lisse, très brillante et très convexe, est un cristallin conique, produisant sur une rétinule des images renversées. L'ocelle est donc fonctionnellement comparable à un de nos yeux.

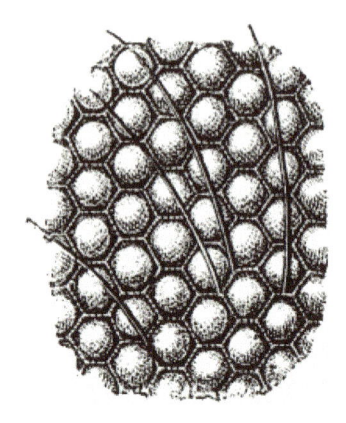

Fig. 16.—Cornéules des yeux de l'Abeille.

Il en est tout autrement des yeux composés. Ils représentent un très grand nombre de petits yeux, plusieurs centaines, accolés les uns contre les autres, dirigés vers tous les points de l'horizon, grâce à la convexité de la surface formée par leur réunion. Cette disposition compense leur fixité, et permet à l'animal d'avoir, avec des yeux immobiles, un champ visuel d'une grande étendue. Chacun de ces yeux élémentaires, différent en cela de l'ocelle, ne peut former d'images véritables, car il n'admet dans son intérieur, et suivant son axe, qu'un très fin pinceau de rayons lumineux émanant d'une portion très restreinte de l'espace. La résultante de la fonction de tous ces yeux ne peut donc être qu'une image *en mosaïque*. Cette opinion, émise par J. Müller, et bien des fois combattue, paraît être définitivement admise aujourd'hui, à la suite des travaux concordants d'un très grand nombre de savants.

Après avoir démontré expérimentalement que la perception optique des mouvements est indépendante de celle des couleurs, Exner conclut que les yeux composés sont admirablement propres à la perception des déplacements d'un corps dans le champ de la vision. L'œil composé reçoit de la lumière d'un objet dans un grand nombre de ses éléments. C'est donc dans un grand nombre d'éléments que l'impression sera modifiée, en intensité lumineuse, en coloration, etc., si l'objet vient à se déplacer, et par suite le mouvement de celui-ci sera vivement perçu. L'observation montre en effet, qu'on irrite à coup sûr les abeilles, si l'on se livre à des mouvements brusques devant leur ruche, tandis qu'on peut, impunément se placer devant son entrée, au point de gêner les allées et venues des butineuses, sans exciter leur colère.

Mais si l'œil composé est très sensible aux mouvements des objets, il ne reçoit par contre que des images assez vagues de leur forme et de leurs contours. La perception est d'autant plus nette, que la surface des yeux est plus grande et le nombre de leurs facettes plus considérable.

Il résulte d'expériences de M. Forel que les Insectes voient mieux au vol qu'au repos, avec leurs yeux composés; qu'ils apprécient assez nettement, au vol, la direction et la distance des objets, du moins pour de faibles distances; qu'ils perçoivent beaucoup mieux les couleurs que les formes. Quant aux ocelles, ils ne fourniraient, d'après M. Forel, qu'une vue très incomplète, et seraient tout à fait accessoires, chez les Insectes possédant en outre des yeux composés.

ODORAT.—C'est un fait incontestable que les Insectes ont, en général, une très vive perception des odeurs, et ce sens atteint, chez certains, une délicatesse inouïe. On s'accorde assez, malgré quelques contradictions d'ailleurs réfutées, à placer le siège de cette faculté dans les antennes.

Lefebvre[2] a montré qu'une abeille, occupée à absorber un liquide sucré, ne remarque la présence d'une aiguille imprégnée d'éther, que si on l'approche de ses antennes, et nullement quand on l'approche de l'abdomen, même à toucher ses orifices respiratoires.

Perris[3] a fait voir, par de nombreux exemples, que c'est à l'aide des antennes, que divers Hyménoptères reconnaissent leur proie et même la découvrent cachée dans la terre ou le bois. Ils montrent en ces circonstances une merveilleuse sagacité, qui est le fait de leur sens antennaire.

Les abeilles n'ont nullement besoin d'être guidées par la vue pour découvrir une substance dont elles sont friandes. Elles savent, par l'odorat, découvrir du miel caché au fond d'un appartement où elles ne sauraient le voir de dehors, et jusque dans une cave assez obscure. C'est par l'odorat, et à l'aide de leurs antennes, dont elles se palpent réciproquement, que les Abeilles sociales se reconnaissent pour habitantes d'un même nid ou pour étrangères entre elles.

Perris attribue aussi un rôle, dans l'olfaction à très courte distance, aux palpes maxillaires et labiaux.

OUÏE.—Un grand nombre d'auteurs ont placé dans les antennes le siège de l'audition. On a fait remarquer combien ces organes, composés d'une série d'articles très mobiles, étaient favorablement conformés pour répondre aux vibrations que l'air peut leur transmettre. On ne voit pas bien cependant ce que ces ébranlements mécaniques ont de commun avec des sensations auditives. On sait d'ailleurs que, chez certains Orthoptères, l'organe auditif réside dans le tibia des pattes antérieures, et sir John Lubbock a découvert dans le tibia des Fourmis un curieux appareil qu'il suppose pouvoir être l'oreille de ces insectes. Mais, pour ce qui est des antennes, pas un fait encore n'est venu confirmer l'hypothèse qui leur attribue la perception des sons.

Voici ce que dit Lubbock à ce sujet: «Le résultat de mes expériences sur l'audition chez les Abeilles m'a considérablement surpris. On croit généralement que les émotions des abeilles sont exprimées dans une certaine mesure par les sons qu'elles produisent, ce qui semblerait indiquer qu'elles ont la faculté d'entendre. Je n'ai en aucune façon l'intention de nier qu'il en soit ainsi. Toutefois je n'ai jamais vu aucune d'elles se soucier des bruits que je pouvais produire, même tout près d'elles. J'expérimentai sur une de mes abeilles avec un violon. Je fis le plus de bruit que je pus, mais à ma grande surprise elle n'y prit garde. Je ne la vis même pas retirer ses antennes.... J'essayai sur plusieurs abeilles l'action d'un sifflet pour chiens, d'un fifre aigu; mais elles ne parurent nullement s'en apercevoir, pas plus que de diapasons dont je me servis sans succès. Je fis aussi des essais avec ma voix, criant près de la tête des abeilles; mais en dépit de tous mes efforts je ne pus attirer leur attention. Je répétai ces expériences la nuit, alors que les abeilles reposaient, mais tout le bruit que je pus faire ne parut pas les déranger le moins du monde[4]».

Déjà Perris n'avait pas été plus heureux, en faisant «bourdonner des diptères, grincer des corselets de longicornes, etc., à quelque distance d'individus de même espèce et de sexes différents»; M. Forel pas davantage, en faisant «grincer les hautes cordes d'un violon à 5 ou 4 centimètres d'abeilles en train de butiner dans les fleurs; en criant, sifflant à pleins poumons, à quelques centimètres de divers insectes.» Tant qu'ils ne voyaient pas l'expérimentateur, il n'y faisaient aucune attention.

Nous pouvons donc conclure avec certitude que les Abeilles, comme la plupart des Insectes, sont privées de la faculté de percevoir les sons. Il ne semble même pas qu'il y ait lieu de faire, avec sir J. Lubbock, cette réserve, que les Insectes pourraient peut-être entendre des sons qui n'existent point pour nous, car ce n'est là qu'une supposition, née sans doute de la répugnance à admettre que ces animaux soient dépourvus d'un sens qui nous semble si important.

TACT.—Tous les Insectes sont doués d'une sensibilité tactile fort délicate. Cette faculté est loin d'être répandue uniformément sur tout le corps;

certaines parties même semblent être peu ou point impressionnables, les ailes par exemple. Les antennes sont à cet égard douées d'une exquise finesse de perception, que l'on a bien souvent mise à l'actif de l'audition, qui n'existe pas. Les palpes, les tarses, sont encore des organes fort sensibles aux attouchements.

La plupart des Insectes, et en particulier les Abeilles, perçoivent avec une délicatesse extrême les plus faibles ébranlements, soit qu'ils proviennent de l'air, où qu'ils soient transmis par les corps sur lesquels leurs pieds reposent. Alors que les bruits les plus intenses laissent indifférente la population d'une ruche, le plus léger souffle à l'entrée, le moindre choc sur la paroi éveille une rumeur dans l'intérieur, et fait sortir un certain nombre d'abeilles irritées, toutes prêtes à repousser une attaque.

Un organe affecté à plusieurs fonctions remplit d'ordinaire assez mal chacune d'entre elles. En dépit de la loi de division du travail, la coexistence de deux sens dans les antennes ne nuit en rien à l'exquise finesse des sensations tactiles ou olfactives.

L'admirable organe que l'antenne! Et combien de notions il procure à l'Abeille! Dans l'obscurité de la ruche ou la nuit d'un terrier, ce qui la guide, c'est l'antenne. Dans les détours, le labyrinthe compliqué des rayons, ce qui lui fait retrouver, sans le secours des yeux, la cellule, entre mille, qu'elle a pris pour tâche de remplir, c'est l'antenne. L'antenne est la main et les doigts qui instruisent de la forme et des contours des objets. Elle est le compas qui mesure les dimensions d'un espace, les proportions à donner à la cellule de cire ou d'argile. C'est par elle encore que l'Abeille recueille l'effluve odorant émané de la fleur lointaine, ou du dépôt de miel que l'œil ne saurait voir; qu'elle reconnaît les membres de la famille, et distingue la sœur de l'étrangère, l'amie de l'ennemie. Est-ce là tout? Qui pourrait le dire? Il est bien probable que les antennes rendent à l'Insecte encore d'autres services que nous ignorons, que nous ne pouvons même pas soupçonner.

GOUT.—Ce sens existe, à n'en pas douter, chez les Abeilles. Lorsqu'un de ces hyménoptères est une fois venu se gorger de miel en un endroit où il a été placé tout exprès, il ne manquera pas d'y revenir. Mais si l'on a mêlé au miel une substance telle que l'alun ou la quinine, l'insecte se retire avec dégoût à peine il y a touché.

On a souvent attribué aux palpes la fonction gustative. Mais on peut les couper sans que cette fonction semble le moins du monde atteinte. C'est dans la bouche même qu'en est le siège, probablement en certaines parties des mâchoires et de la langue, et mieux encore dans un organe nerveux décrit par

Wolff dans l'épipharynx, organe particulièrement développé chez les Abeilles, mais qui existe aussi chez les Fourmis.

INSTINCT ET INTELLIGENCE.—— De toutes les facultés dont le système nerveux est le siège, les plus élevées, l'instinct et l'intelligence, existent à un haut degré chez les Abeilles, comme chez les Fourmis. Elles font même de ces animaux les plus remarquables des Hyménoptères, et même de tous les Insectes. Nous trouvons aussi chez eux, mais moins développés, les sentiments affectifs, apanage exclusif, cela se conçoit, des espèces sociales. Nous ne dirons rien ici de ces facultés. Ce livre n'est, à proprement parler, que l'histoire de l'instinct et de l'intelligence des Abeilles. Leurs faits et gestes en diront suffisamment là-dessus. Aussi nous abstenons-nous ici de généralités parfaitement inutiles.

DES SEXES. DISPARITE SEXUELLE.—Chez les Abeilles, comme chez tous les Insectes, en général, la femelle seule a la mission de pourvoir aux besoins de la progéniture. A elle seule revient le soin de lui préparer le vivre et le couvert. Une exception à cette loi se voit chez plusieurs Abeilles sociales, de même que chez les Fourmis, où la mère de toute la colonie n'a autre chose à faire que de pondre; les aînés de ses enfants se chargent pour elle de tous les soins de la maternité.

Bien variés, dans la série des Abeilles, sont les travaux que ces soins réclament, bien différents aussi les aptitudes, les instruments qu'ils exigent. Aussi les femelles, à qui ces fonctions incombent, sont-elles fort diversifiées entre elles, portant chacune les attributs de leur métier, d'ailleurs robustes, car elles ont souvent à peiner beaucoup. Les mâles, au contraire, dont le seul rôle est la fécondation, souvent malingres, comparés à leurs compagnes, diffèrent peu les uns des autres, et leur uniformité, dans certains groupes, est même extraordinaire. Chez l'Insecte, du reste, le sexe féminin a d'habitude la prééminence; il est le sexe fort, le sexe noble, si l'on veut, noble par le travail et par l'intelligence.

En dehors du très court instant où leur intervention est nécessaire, les mâles passent leur temps à se rassasier du suc des fleurs, à prendre leurs ébats, à s'ensoleiller, à dormir. Ils sont si près d'être inutiles, que parfois l'on s'en passe: la parthénogénèse, ou génération virginale, n'est pas rare chez les Insectes, et nous la trouverons chez les Abeilles.

Les sexes, d'après ce que nous venons de dire, se distinguent presque toujours aisément chez ces insectes. La disparité sexuelle y est le plus souvent très accentuée, au point même qu'en certains cas, apparier les deux sexes est une grande difficulté, que l'observation seule peut résoudre: il faut, ou bien surprendre les couples sur le fait, ou bien les voir naître d'un même berceau. Mais, en dehors de toute comparaison d'un sexe à l'autre, rien n'est plus aisé que de reconnaître si l'on a affaire à un mâle ou à une femelle. Celle-ci n'a jamais que douze articles aux antennes et six segments à l'abdomen. Le mâle a treize articles aux antennes et sept segments abdominaux. La femelle enfin est armée d'un aiguillon, qui manque toujours au mâle.

DÉVELOPPEMENT.—Le développement des Abeilles présente les mêmes phases générales que celui des autres insectes: *œuf, larve, nymphe, adulte*, en un mot les métamorphoses que tout le monde connaît. Nous ne pouvons ici nous y appesantir; l'étude des différentes sortes d'Abeilles nous fournira l'occasion de donner quelques renseignements sur ces divers états, quand il en vaudra la peine. Quant à l'évolution embryonnaire, malgré les faits d'un haut intérêt qu'elle pourrait présenter, le grand nombre de notions spéciales qu'elle exigerait pour être suivie avec fruit nous entraînerait fort loin, et nous n'osons vraiment pas l'aborder.

CLASSIFICATION DES ABEILLES.

Bien qu'il y ait eu des naturalistes pour le prétendre, la classification n'est pas, tant s'en faut, le but ultime de la science. Elle est avant tout un procédé, un moyen d'étude, un élément de simplification et de clarté. C'est à ce titre, et afin d'éviter des redites, que nous nous permettons de donner ici, avant d'aborder l'étude particulière des différentes sortes d'Abeilles, un rudiment de leur classification.

Nous savons déjà que, d'après la conformation de leur langue, les Abeilles se divisent en deux grandes tribus, les ABEILLES A LANGUES LONGUE, qu'on appelle encore APIDES ou ABEILLES NORMALES (Shuckard), et les ABEILLES A LANGUE COURTE, appelées aussi ANDRENIDES, du nom d'un de leurs genres les plus importants, ou ABEILLES SUBNORMALES (Shuckard).

Chacune de ces divisions se subdivise à son tour, les Apides en *Sociales* et *Solitaires*; les Andrénides, qui d'ailleurs sont toutes solitaires, en *Acutilingues* et *Obtusilingues*. Enfin, les Solitaires, d'après les situations de l'appareil collecteur, aux pattes postérieures ou sous l'abdomen, se partagent en *Podilégides* et *Gastrilégides*.

Nous nous contenterons de cette ébauche de classification, que le tableau suivant fixera mieux dans l'esprit.

Abeilles	à langue longue *Apides*	Sociales. Solitaires
		Podilégides. Gastrilégides
	à langue courte *Andrénides*	..... Acutilingues. Obtusilingues.

Entre ces quatre grands groupes se répartissent fort inégalement une cinquantaine de genres européens et plus de soixante exclusivement exotiques. Pour les raisons que nous avons fait connaître, nous ne pourrons guère nous attacher qu'à une trentaine de ces genres, presque tous européens.

Quant à l'ordre que nous suivrons dans cette revue, il ne sera point celui que le lecteur eût pu prévoir d'après ce qui a été dit des rapports hiérarchiques des différentes sortes d'abeilles entre elles. Nous ne prendrons point l'Abeille à son état le plus inférieur, pour nous élever par degrés à la plus parfaite. Si naturelle, si satisfaisante pour l'esprit que cette méthode puisse être, elle exigerait, pour être menée à bien, tout l'appareil d'une démonstration rigoureuse, qui ne fait grâce d'aucun détail, ne néglige aucun élément de conviction. Tel ne saurait être le caractère de ce livre, avant tout élémentaire et facile.

Nous suivrons précisément l'ordre inverse de celui que nous eussions préféré. A tout seigneur tout honneur. Au premier rang viendra l'Abeille la plus anciennement et la plus vulgairement connue, la Mouche à miel, puis ses congénères les plus immédiats. Les Abeilles solitaires viendront ensuite, à commencer par celles qui diffèrent le moins des sociales, et nous terminerons par celles qui s'en éloignent le plus.

APIDES SOCIALES

Une espèce animale est d'ordinaire représentée par deux formes, le mâle et la femelle. Chez les Insectes sociaux, le type spécifique comporte au moins trois formes. La femelle s'y dédouble, pour ainsi dire, en deux autres, qui se partagent les fonctions ailleurs dévolues à la femelle unique: la production des jeunes d'un côté, leur élevage de l'autre. Il existe ainsi une femelle ou *reine*, et des *ouvrières*.

Plus le départ entre les deux fonctions est complet, moins elles empiètent l'une sur l'autre, et plus la société est parfaite. La division du travail est la loi de perfectionnement de toute société, humaine ou animale.

Les Abeilles sociales nous offrent, à ce point de vue, trois degrés: le Bourdon, la Mélipone, l'Abeille des ruches.

Le mâle n'est pour rien dans cette hiérarchie. Il reste, chez les Abeilles sociales, ce qu'il est partout ailleurs: il féconde la pondeuse, et c'est tout. Ainsi en est-il aussi chez les Fourmis. Mais dans les sociétés de Termites (Névroptères), le mâle peut perdre ses prérogatives ordinaires, pour devenir, lui aussi, un travailleur, un *soldat*, le défenseur de la communauté. C'est peut-être le seul cas, dans toute la classe des Insectes, où le mâle renonce à l'éternelle paresse qui est l'apanage de son sexe.

L'ABEILLE DOMESTIQUE.

Le genre *Apis*, dans lequel Linné confondait tout ce qu'aujourd'hui nous appelons les Abeilles ou Apiaires, ne renferme plus actuellement que l'Abeille domestique (*Apis mellifica*) et un petit nombre d'espèces voisines, habitant toutes l'ancien monde.

De toutes ces abeilles, la seule bien connue est celle de nos ruches, répandue en nombreuses variétés dans toute l'Europe, le nord de l'Afrique et une partie de l'Asie.

Il est de connaissance vulgaire que toute colonie d'abeilles, une ruche, contient les trois sortes d'individus dont nous avons parlé: des ouvrières, une reine et des mâles ou faux-bourdons.

L'ouvrière.—Tout le monde la connaît, tout le monde l'a vue, cette infatigable mouche, dont l'extérieur, sombre et sévère, n'a rien pour appeler l'attention, rien, si ce n'est son incessante activité. Toujours en mouvement, visitant une fleur après l'autre, sans un instant de répit, jamais on ne la voit posée, à ne rien faire ou à s'ensoleiller, comme tant d'autres (fig. 17, *a*).

Son corps est à peu près cylindrique, modérément velu, sauf le vertex et le corselet, qui sont assez densément vêtus, le premier de poils noirâtres, le second de poils d'un roux brun; l'abdomen est cerclé de bandes d'un fin duvet plus clair. La tête, aplatie sur le devant, est triangulaire, vue de face. Trois forts ocelles en triangle se voient au milieu des poils du vertes. Sur le côté, les yeux composés, à facettes très petites, condition favorable à une vision nette, sont pubescents à la loupe, circonstance qui ne nuit en rien à leur fonction, car les poils sont portés, non sur les cornéules, mais sur leur pourtour. Du milieu de la face naissent deux antennes assez courtes, géniculées après le premier article, à lui seul aussi long que la moitié du funicule. Sous un large chaperon apparaît un labre court, allongé en travers; sous le labre, des mandibules convexes en dehors, concaves en dedans, élargies au bout, non denticulées, comme de larges cuillers. Les mâchoires, la lèvre inférieure si compliquée nous sont connues.

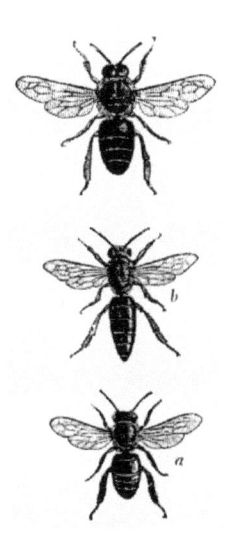

Fig. 17—Abeilles ouvrière, reine, mâle.

Le thorax n'a rien qui mérite de fixer notre attention, non plus que les ailes, où nous signalerons seulement une cellule radiale très allongée, trois cubitales, la seconde en long trapèze irrégulier, la troisième très étroite, obliquement couchée sur la seconde.

Les pattes nous arrêteront plus longtemps. Celles de la première paire sont assez grêles; le premier article des tarses, aussi long que les suivants réunis, est garni en dessous de poils courts et serrés, formant brosse. Aux pattes de la deuxième paire, ce premier article des tarses est fortement élargi en palette et muni aussi en dessous d'une brosse. Les pattes (fig. 18 *a* et *b*) de la troisième paire sont tout à fait caractéristiques, et témoignent d'une adaptation non moins parfaite que celle de la lèvre inférieure. Le tibia, très aplati, en forme de long triangle, a sa face extérieure presque plane, un peu creusée, absolument lisse et très brillante. Les côtés du tibia sont ciliés de longs poils, un peu voûtés au-dessus de cette surface unie, parfaitement disposés pour contribuer à y maintenir la pâtée de pollen. Nous venons de décrire ce que l'on appelle la *corbeille*. Le premier article des tarses qui suit, comme celui de la deuxième paire, est en forme de palette; mais cette palette est plus longue, surtout plus large; la brosse qu'elle porte est formée de crins plus forts, disposés en travers sur huit ou neuf rangées; c'est une véritable étrille. L'extrémité inférieure et interne du tibia est garnie d'une rangée de courtes épines; l'angle supérieur et externe du premier article des tarses se prolonge en une sorte de talon ou éperon qui concourt, avec les épines du tibia, à détacher et saisir sous l'abdomen les plaques de cire.

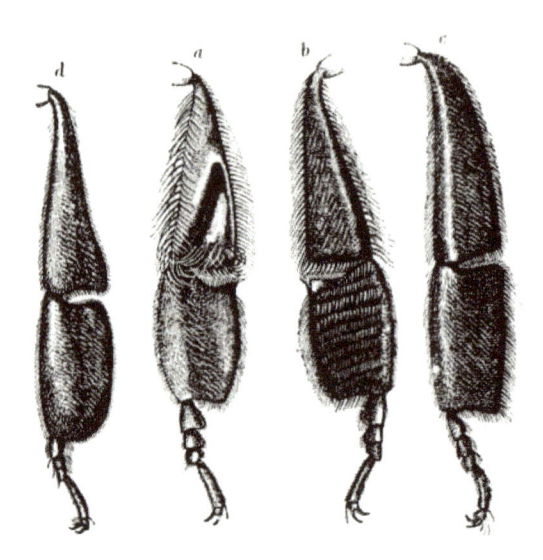

Fig. 18.—Pattes postérieures des trois sortes d'abeilles.

L'abdomen, tronqué en avant, conique en arrière, est très convexe et presque cylindrique dans son ensemble.

La reine (fig. 17 *b*).—La *reine* ou *femelle* diffère de l'ouvrière, à première vue, par sa taille beaucoup plus grande. Sa tête est un peu plus étroite, son corselet guère plus gros, en sorte que la différence de grandeur tient surtout à l'abdomen. Cet organe est en effet un peu plus large, surtout plus long, jusqu'à égaler de deux à trois fois la longueur de la tête et du corselet réunis. Du reste, le développement de cet organe varie beaucoup suivant l'état physiologique de l'abeille. Il est énorme au temps de la plus grande ponte; il est plus ou moins réduit en d'autres temps, parfois même au point de n'avoir plus que les dimensions de celui d'une ouvrière. Il se distend par l'écartement de ses anneaux, ou se resserre, suivant le volume variable des ovaires.

Les organes buccaux sont sensiblement réduits chez la reine, qui jamais ne visite les fleurs: la langue est beaucoup plus courte, les mâchoires également; les mandibules étroites, bidentées. Les pattes (fig. 18 *c*), assez robustes, sont dénuées de brosses et de corbeilles.

Le mâle (fig. 17 *c*).—Le *mâle* ou *faux-bourdon* est gros et robuste, sa forme générale cylindrique, sa villosité abondante. Les yeux composés atteignent un développement énorme dans ce sexe: de la base des mandibules, ils s'étendent de part et d'autre jusqu'au milieu du vertex, où ils se rejoignent, séparés par un simple sillon, et ils empiètent notablement sur la face, réduite au quart à peine de la surface de toute la tête. Les yeux simples, refoulés vers la face par la grande extension des yeux à réseau, sont néanmoins volumineux. Les antennes, à scape fort court, comptent 13 articles au lieu de 12 comme il est de règle chez toute espèce d'abeilles. Les organes buccaux sont remarquablement courts. Le thorax est densément revêtu d'une villosité serrée, veloutée. Les pattes antérieures et moyennes sont grêles; les postérieures (fig. 18 *d*), plus fortes, manquent de tout instrument de travail et sont convexes extérieurement. L'abdomen est gros, obtus aux deux bouts, aussi long que la tête et le corselet réunis, formé de 7 segments au lieu de 6 (ouvrière et reine), le dernier presque entièrement caché, au-dessous, par le sixième.

LA RUCHE.—Nous connaissons, quant à l'extérieur du moins, les habitants de la ruche. Un mot de leur demeure.

Un essaim, qu'il soit logé dans le creux d'un vieil arbre, dans un trou de rocher, ou dans un de ces petits édifices dont l'apiculteur fait les frais, habite un assemblage de *gâteaux* ou *rayons* de cire, pendant verticalement du plafond de la ruche, parallèles entre eux, séparés par des intervalles fixes, et comprenant chacun deux rangées de cellules.

Ces cellules, dont l'axe est perpendiculaire au plan du rayon, et par conséquent horizontal, sont, on le sait, hexagonales. Elles diffèrent suivant l'insecte qui s'y développe. Celles qui sont destinées aux ouvrières sont petites: 19 à la file font un décimètre. Celles qui servent au développement des mâles sont plus grandes: 15 au décimètre. Tel gâteau ne montre que des cellules d'ouvrières; tel autre n'a que des cellules de mâles. Souvent le même rayon est en partie fait de cellules d'ouvrières (fig. 19 *b*), en partie de cellules de mâles (fig. 19 *c*).

Les gâteaux, ou plutôt leurs cellules, ne servent pas seulement de berceau pour les abeilles. Ils servent aussi de magasins de provisions pour le miel et pour la pâtée de pollen.

C'est dans les intervalles des rayons que se tient la population de la ruche, retirée, resserrée dans le cœur de l'édifice, quand le temps est froid, pour bien conserver la chaleur intérieure, ou partout répandue sur les rayons, quand la température est chaude, et que les habitants sont nombreux. Mais c'est là où se trouvent des œufs, des larves ou des nymphes, du *couvain* en un mot, que se tiennent de préférence les abeilles, pressées les unes contre les autres, attentives aux soins à donner aux jeunes, et entretenant autour d'eux une douce chaleur nécessaire à leur évolution normale.

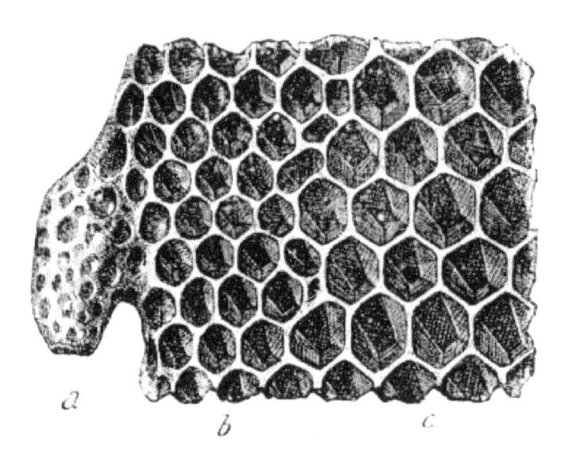

Fig. 19.—Cellules ou alvéoles.

La température intérieure de la ruche, prise dans la chambre à couvain, peut osciller de 23° à 36°. Au-dessus de ce point, les abeilles cessent tous travaux, et se tiennent à l'extérieur en grandes masses.

Ce logis est calfeutré avec le plus grand soin; le moindre trou, la plus étroite fissure, sont hermétiquement bouchés à l'aide d'une matière résineuse, la *propolis*, que les abeilles se procurent, dit-on, sur les arbres résineux ou sur les bourgeons des peupliers. Un orifice de forme quelconque, et de dimensions en général médiocres, est seul laissé sur une des façades de la ruche, pour l'entrée et la sortie des abeilles. Des sentinelles veillent sans cesse à cette porte, et leurs antennes ne manquent jamais de prendre des renseignements sur les arrivants.

PHYSIOLOGIE DE LA RUCHE

LA MÈRE.—Il serait bien long de rappeler tout ce que l'enthousiasme des premiers observateurs a conçu d'idées erronées sur le compte des abeilles, relativement à leurs mœurs, à leurs lois sociales, à leur gouvernement. Et d'abord, on a longtemps cru que le chef de la ruche était, non point, une reine, mais un roi. Et les despotes couronnés pouvaient admirer et envier ce monarque de la ruche, fier d'une autorité incontestée, toujours choyé, toujours honoré; qui n'a même à se préoccuper de rien, car un monde d'esclaves, jeunes, vieux, mais également dévoués, se charge de tous soins, de toutes affaires au dedans et au dehors.

Il faut quelque peu rabattre de ce tableau. Ce roi, d'abord, c'est une reine;, que dis-je? une reine qui ne gouverne ni ne règne; c'est une femelle, une pondeuse, la mère de toute la colonie. Et c'est tout. Sa seule fécondité fait son prestige, et le culte qui l'environne, et les soins de tous ses enfants, dont une foule toujours se presse autour d'elle, la flattant amoureusement des antennes, présentant souvent à sa bouche une goutte de miel, une garde du corps qui suit tous ses pas, et au besoin saurait vaillamment la défendre.

De la mère et de sa vitalité dépendent la population et l'opulence de la colonie. Une mère chétive et souffreteuse fait une ruche pauvre et misérable. Avec une robuste pondeuse, un essaim populeux, des magasins regorgeant de richesses. Non, ce n'est pas un instinct mal adapté que celui qui fait la constante sollicitude, les soins empressés des abeilles pour leur mère commune. Le pur intérêt, la froide raison, ne calculeraient pas autrement.

Se nourrir et puis pondre, c'est là toute l'affaire, toute la vie de cette prétendue reine. Et ce n'est pas, nous l'allons voir, une sinécure. Mais, d'autre part, l'œuf pondu, tout est dit; la pondeuse n'en a cure. Il sera assidûment visité par les ouvrières, son éclosion surveillée, et la jeune larve à peine née, aussitôt pourvue d'aliments. Donner le jour à sa progéniture, c'est assez pour la mère; les ouvrières ses filles seront les nourrices; à elles tous les soins des enfants au berceau, l'élevage de leurs sœurs.

Peu de jours après sa naissance, la jeune femelle, si le temps le permet, sort une première fois de la ruche. C'est ce qu'on appelle la *promenade nuptiale*, qui se répète un nombre variable de fois, jusqu'à ce qu'elle ait rencontré un faux-bourdon qui la féconde. Cet acte s'accomplit dans les airs, et nul homme encore n'en a été témoin. La femelle fécondée rentre dans la ruche, et n'en sortira plus de sa vie, si ce n'est lors de la formation d'un essaim.

Tant qu'elle vivra, elle pondra désormais des œufs fertiles, sans qu'elle ait besoin de convoler à de nouvelles noces. Le liquide séminal provenant du mâle se trouve contenu dans un petit réservoir globuleux, d'un millimètre à peine de diamètre. C'est bien peu; et cependant c'est assez pour subvenir à la fécondation des œufs que l'abeille pourra pondre pendant toute la durée de son existence. Quelquefois cependant, sur ses derniers jours, la provision peut s'épuiser, et nous verrons les conséquences de cet accident.

Aux âges de barbarie de la science, c'était une opinion générale qu'en des cas exceptionnels un animal pouvait provenir de son parent sans fécondation préalable. On attribuait à des causes peu connues, souvent surnaturelles, l'apparition d'un être dont le mode d'origine n'avait pas été observé. La science moderne a fait justice des absurdités; mais, trop absolue, elle avait écarté la génération sans *baptême séminal* des théories positives. On sait aujourd'hui, grâce à des observations nombreuses et irréprochables, qu'un certain nombre d'êtres vivants viennent au monde n'ayant pour tout parent qu'une mère. *Lucina sine concubitu.* C'est ce qu'on appelle la *parthénogenèse*, ou la génération par des femelles vierges. Tel est le cas des Pucerons, comme le démontra, dans le siècle dernier, le philosophe et naturaliste Bonnet, de Genève; des Lépidoptères du genre Psyché, ainsi que l'a établi de nos jours de Siebold; des Hyménoptères de la tribu des Cynipides, auteurs de ces excroissances souvent bizarres, que portent fréquemment certaines plantes, particulièrement le chêne, et qu'on nomme des galles. Bornons-nous à ces exemples; la liste des animaux reconnus parthénogénésiques serait fort longue. Elle comprend aussi l'Abeille.

Un curé de Silésie, apiculteur zélé, Dzierzon, frappé d'un certain nombre de faits curieux, que la pratique avait signalés depuis longtemps aux éleveurs d'abeilles, sans leur en révéler la cause, en chercha l'explication et la trouva dans la parthénogenèse. Il en formula la théorie dans les propositions suivantes:

1° Tout œuf de l'Abeille-mère qui reçoit le contact du fluide séminal devient un œuf de femelle ou d'ouvrière; tout œuf qui n'a pas subi ce contact est un œuf de mâle.

2° L'Abeille-mère pond à volonté un œuf de mâle ou un œuf de femelle.

Ces propositions venaient bouleverser les idées généralement admises sur la multiplication des êtres. Elles rencontrèrent beaucoup de contradicteurs et suscitèrent de vifs débats parmi les apiculteurs. La théorie de Dzierzon finit cependant par triompher de toutes les résistances. Or, voici de quelle façon merveilleusement simple elle donnait la clef de certains phénomènes.

Les gâteaux présentent parfois une irrégularité remarquable, qui coïncide avec un développement exagéré de la population mâle. Les apiculteurs allemands désignent par une dénomination spéciale ces gâteaux mal faits; ils les appellent *buckelige Waben* (gâteaux bossus), et par suite *buckel Brut* (couvée bossue), la génération qui en provient. Quelle est la cause de ces anomalies? Elles résultent, selon Dzierzon, de ce que la jeune reine, mal conformée pour le vol, n'a pu quitter la ruche, ni, partant, être fécondée. Il s'ensuit fatalement qu'elle n'a pu pondre que des œufs de faux-bourdons. Or, ces œufs n'ont pas été pondus seulement dans les cellules destinées à recevoir des mâles, mais aussi dans les cellules d'ouvrières, beaucoup plus petites. Les larves de faux-bourdons sont bientôt à l'étroit dans ces compartiments qui ne vont pas à leur taille. Les abeilles, qui s'en aperçoivent, se hâtent de les agrandir, et on les voit, une fois clos, se soulever en dôme saillant au-dessus du niveau des cellules renfermant des ouvrières.

Vers la fin de sa vie, la reine, sans cesser d'être féconde, produit une proportion d'œufs mâles toujours croissante avec l'âge, et finit même parfois par n'en plus produire de l'autre sexe. C'est qu'une ponte prolongée a épuisé la provision de substance fécondante renfermée dans le réservoir séminal. Plus d'œuf fécondé par conséquent; tout œuf pondu est un œuf de mâle.

On voit parfois des ouvrières pondre quelques œufs, et toujours des œufs de mâles; le fait est signalé par Aristote lui-même. Il n'a rien d'extraordinaire, si l'on observe que les ouvrières ne sont que des femelles, dont les organes génitaux ont subi un arrêt de développement. L'imperfection de l'appareil reproducteur les rend inaptes à la fécondation, sinon à la production de quelques œufs, qui seront inévitablement des œuf de mâles.

Il existe deux variétés, entre autres, deux races d'abeilles: l'une est celle de nos pays, l'autre est la race italienne, l'Abeille *ligurienne*, l'Abeille chantée par Virgile, et préférée à la première à cause de son humeur, dit-on, plus paisible et de la supériorité de ses produits. Aussi essaye-t-on de la propager hors de son pays. Des croisements en résultent. Or voici ce qui arrive invariablement, affirme Dzierzon. Qu'une abeille allemande reçoive un mâle italien, vous obtiendrez des femelles et des ouvrières mi-parties allemandes et italiennes et des mâles purs allemands; et réciproquement, une femelle italienne et un mâle allemand donneront des mâles de pure race italienne et des femelles et ouvrières dont les caractères seront un mélange de ceux des deux races. Preuve que le mâle et la femelle concourent également à la production des femelles, et que le mâle n'entre pour rien dans la procréation des mâles.

Reste à démontrer la seconde partie de la théorie, savoir: que la reine pond à volonté des œuf de l'un ou de l'autre sexe. Nous savons que les cellules de mâles diffèrent de celles d'ouvrières par leurs dimensions. Or l'Abeille-mère ne s'y méprend jamais, et, sauf les cas de non-fécondation, chaque sorte de cellule reçoit l'œuf qui lui convient. Elle pondrait donc, selon son bon plaisir, des mâles ou des femelles.

Telle est, dans ce qu'elle a d'essentiel, la théorie de la parthénogenèse de l'Abeille, telle que Dzierzon l'a formulée et que l'acceptent la presque totalité des apiculteurs et des zoologistes.

Le lecteur nous permettra de lui opposer quelques doutes. Et d'abord, n'est-elle pas exorbitante, cette faculté concédée à l'Abeille, seule parmi tous les êtres vivants, non seulement de connaître le sexe de l'œuf qu'elle va pondre, mais, bien plus, de pouvoir volontairement en déterminer le sexe? Tout œuf est originairement mâle. Fécondé, il change de sexe et devient femelle. On dit bien, pour expliquer un fait si extraordinaire, que la pondeuse peut, à volonté, en comprimant ou non le réservoir séminal, déverser sur l'œuf qui descend dans l'oviducte une certaine quantité de matière fécondante, ou bien le laisser passer sans le gratifier de cette aspersion, si elle veut faire un mâle. Il faut cependant remarquer qu'on n'a jamais songé à attribuer à aucun autre animal qu'à l'Abeille le pouvoir d'agir volontairement sur des phénomènes qui, par leur essence même, semblent absolument soustraits à l'influence de la volonté. Il ne serait donc pas trop, pour établir chez elle l'existence d'une aussi étrange faculté, d'une foule d'expériences concordantes. Or pas un fait expérimental ne l'a jamais prouvée. Cette faculté reste donc une hypothèse, une explication, et rien de plus.

C'est déjà bien assez de reconnaître à l'Abeille, non point la notion du sexe de l'œuf qu'elle va pondre, ce qu'on ne saurait raisonnablement admettre, mais l'instinct de déposer dans chaque sorte de cellule des œufs du sexe approprié. Sa faculté élective va jusque-là, mais pas plus loin; encore est-elle en certains cas mise en défaut, et il n'est pas rare de trouver quelques mâles égarés dans des cellules d'ouvrières, par le fait d'une pondeuse cependant en bonne santé et normalement féconde. L'expérience a même montré à M. Drory, que si toutes les grandes cellules ont été enlevées de la ruche, la mère, le moment venu de pondre des œufs de mâles, n'hésite nullement à les déposer dans les cellules d'ouvrières; et, inversement, elle pond des œufs d'ouvrières dans des cellules de mâles, si l'on n'en a pas laissé d'autres à sa disposition.

La parthénogenèse n'est point ici en cause. Le fait de la ponte d'œufs fertiles par une reine non fécondée n'est nullement contesté. La fécondation n'est point nécessaire, pour que des germes mâles se développent; mais cela ne veut point dire que la fécondation n'ait sur ces germes aucune influence. Ils n'en subissent pas moins l'action du fluide séminal, qui leur transmet, à des degrés divers, la ressemblance paternelle. Les faux-bourdons peuvent naître sans père; mais, si un père intervient, il leur imprime plus ou moins fortement le cachet de sa race.

On peut constater, en effet, contrairement aux assertions de Dzierzon, que, dans une ruche dont la mère est de race italienne pure, mais a été fécondée par un mâle du pays, les faux-bourdons qui, théoriquement, devraient tous être des italiens purs, sont des métis, aussi bien que les ouvrières. Les mâles tiennent donc de leur père, tout comme leurs sœurs, et l'Abeille ne fait point exception à la loi commune.

La production des œufs de l'un ou de l'autre sexe paraît être une nécessité physiologique, étroitement liée à des conditions particulières de température et d'alimentation, et sans aucun rapport avec la volonté de l'Abeille. C'est normalement au printemps, et à une époque précise, que les mâles commencent à se montrer dans les ruches. On sait, d'autre part, que les colonies parvenues à la fin de l'hiver avec des provisions abondantes sont celles où les mâles se montrent le plus tôt. Souvent il suffit de nourrir artificiellement une ruche, au début du printemps, pour y hâter l'apparition des mâles. La précocité ou le retard des beaux jours interviennent encore pour hâter ou différer la ponte des mâles. Et l'on ne voit pas où et comment la volonté de la pondeuse pourrait se glisser comme facteur dans ce phénomène, si nettement soumis aux fluctuations des circonstances extérieures. Il est vrai que les apiculteurs nous diront que la reine, voyant le temps si beau et les provisions abondantes, se met en devoir de pondre des mâles. Mais quelle sagacité, quelle pénétration ont donc ces gens si bien renseignés sur les pensées qui peuvent éclore dans la cervelle d'une abeille?

Deux jours après la promenade nuptiale, la jeune mère commence sa ponte. Les œufs ne sont point déposés au hasard çà et là, dans les cellules vides. Le haut des rayons est laissé, en général, pour les provisions, miel et pollen. La pondeuse se place vers le milieu du rayon; là, un premier œuf est déposé dans une cellule, puis dans les cellules contiguës et ainsi de suite, l'espace garni d'œufs allant toujours en s'élargissant sans jamais présenter aucun vide, en sorte que les premiers œufs pondus se trouvent au centre de cet espace, les plus récemment pondus sur les bords.

Quand la mère a ainsi pourvu d'œufs une certaine étendue du rayon, elle passe sur l'autre face, et pond de même dans les cellules adossées aux premières. Puis elle passe aux rayons juxtaposés au premier, à droite et à gauche, ensuite aux suivants, en s'écartant toujours symétriquement de part et d'autre du premier, qui occupe ainsi le centre des rayons porteurs d'œufs ou de couvain. Cette disposition a l'avantage de réunir dans la partie centrale de la ruche, la plus facile à maintenir à la température convenable, tout ce qu'il y a d'œufs ou de larves; c'est là que les ouvrières se trouvent réunies en masses pressées, réchauffant le couvain de leur propre chaleur.

L'activité de la ponte dépend surtout de l'abondance des récoltes que font les ouvrières, partant de la richesse de la floraison à un moment donné. C'est au printemps, après le long repos de l'hiver, qu'a lieu la plus grande ponte;

elle est beaucoup moindre durant tout le reste de la saison, surtout en automne. Il semble que, plus la maison s'enrichit, plus la mère est nourrie; or, plus elle mange, plus ses ovaires grossissent, par le grand nombre d'œufs qui viennent à maturité. Le développement de ses organes internes se trahit extérieurement par le volume de son abdomen: il est énorme au printemps, et il semble parfois que l'Abeille ait peine à le traîner.

Les premières pontes ne donnent que des ouvrières; un peu plus tard, en avril ou dès la fin de mars, la mère commence à pondre des mâles. Il n'est guère pondu d'œufs de ce sexe au delà de juin et juillet. Quant aux œufs qui donnent naissance à des reines, nous ne nous en occuperons pas pour le moment.

Comme la grande majorité des Insectes, les abeilles subissent des métamorphoses, et passent par les trois états connus sous les noms de *larve, nymphe, insecte parfait*. C'est un grand avantage, pour des insectes sociaux, que d'avoir un développement rapide: il y a gain de temps et de travail, et prompte réparation des déchets que, pour une cause ou une autre, la population de la ruche peut avoir subis. Peu d'insectes ont une évolution aussi courte que les abeilles. Et il est remarquable que chez elles, des trois sortes d'individus, celui qui se développe le plus vite est celui dont la privation est le plus sensible, la mère, qui éclôt le seizième jour après la ponte; puis vient l'ouvrière, dont le développement comprend vingt-deux jours; enfin le mâle, qui en exige vingt-cinq.

Voici du reste un tableau détaillant la durée des différentes phases de la métamorphose, qui dispensera de plus amples explications.

	MÈRE.	OUVRIÈRE.	MALE.
	jours.	jours.	jours.
État d'œuf	4	4	4
État de larve	5	5	6
Filage du cocon	1	2	3
Repos	2	3	4
État de nymphe	4	8	8
TOTAL	16	22	25

Combien d'œufs peut pondre journellement une mère? On n'est pas exactement renseigné à ce sujet. Certains estiment qu'au printemps, au temps de la plus grande ponte, le chiffre des œufs pondus en un jour peut atteindre 4000! D'autres ne croient pas qu'il dépasse 1200.

M. Sourbé[5], acceptant comme moyenne de la ponte le chiffre de 2000 œufs par jour, arrive par un calcul facile, basé sur le tableau qui précède, aux résultats suivants:

1er jour: 2000 œufs.

2e jour: 2000 + 2000 = 4000 œufs.

3e jour: 2000 + 2000 + 2000 = 6000 œufs.

Les œufs du premier jour éclosant le quatrième, il ne pourra jamais y avoir plus de 6000 œufs dans la ruche.

Par un calcul analogue, on arrive à trouver que, le vingt et unième jour, date de la première éclosion d'ouvrières, il existera en tout 42 000 cellules remplies d'œufs de larves et de nymphes, chiffre qui ne sera jamais dépassé par la totalité du *couvain de tout âge*.

Quant au chiffre de la population totale, en tant qu'ouvrières actives, il varie dans des limites fort étendues, de 10 000 à 50 ou 60 000 individus, parfois davantage. Avec quelle fierté et combien plus de justesse, la mère de tous ces enfants pourrait s'appliquer la présomptueuse parole de Louis XIV: *L'État c'est moi!*

Outre qu'elle est soumise à diverses oscillations dans le cours d'une année, la fécondité de la mère décroît avec l'âge, et nous avons déjà dit que, vers la fin de sa vie, la mère produit des mâles de plus en plus nombreux et finit même par ne plus pondre que des mâles. La ruche, comme on dit, devient alors *bourdonneuse*.

Mais elle peut aussi le devenir dans d'autres circonstances, soit que la reine, mal conformée, n'ait pu effectuer la promenade nuptiale, soit que, fait peu connu des apiculteurs, un état pathologique particulier ait atteint les organes reproducteurs de l'Abeille, tant les ovaires, dont les germes tendent à l'atrophie, que le contenu du réservoir séminal, dont les éléments se dissolvent, et qui perd ainsi son pouvoir fécondant.

Toute ruche bourdonneuse est vouée à une destruction prochaine, les faux-bourdons ne faisant que consommer sans rien produire, si l'apiculteur, à temps informé, ne se hâte d'introduire du couvain extrait d'une autre ruche, avant que toute la population ouvrière ait disparu de la colonie menacée.

Chose bien remarquable, et qui met en évidence une grave imperfection de l'instinct. Les abeilles ne sont pas moins attentives et moins affectueuses à l'égard d'une mère bourdonneuse, que pour une mère normalement féconde. Elles massacreront sans pitié la femelle douée des meilleures qualités, qu'on tente d'introduire dans la ruche, pour la substituer à la mauvaise pondeuse, pour qui elles continuent d'avoir les attentions les plus délicates. Mieux avisées, elles devraient se hâter de supprimer la mère inféconde et la remplacer par une nouvelle, alors qu'il en est temps encore, et qu'il reste dans la ruche un peu de couvain d'ouvrières. Nous verrons, en effet, comment, d'une larve d'ouvrière elles savent faire une reine. La ruche donc, en certains cas, s'anéantit par suite de l'imperfection de l'instinct des abeilles.

La mère est, en temps ordinaire, d'humeur fort placide, à tel point qu'on peut la saisir à la main sans craindre d'être piqué, alors qu'une ouvrière, en pareil cas, userait infailliblement de son aiguillon. Mais il est des circonstances où la mère, elle aussi, est accessible à la colère.

Pas plus que les ouvrières elle ne supporte une rivale dans la colonie. Quand, dans une ruche déjà pourvue d'une reine, une seconde vient à éclore, l'ancienne essaye de la tuer en la frappant de son aiguillon, qu'elle ne dégaine en aucune autre circonstance. Le plus souvent les abeilles l'en empêchent. Mais les deux reines ne cohabitent pas cependant sous le même toit. La séparation est nécessaire. L'ancienne mère laisse la place vide à la nouvelle, et part avec une partie de la population. C'est ce qu'on appelle l'*essaimage*.

S'il en faut croire Huber, les choses ne se passeraient pas toujours aussi paisiblement, et, au lieu d'une séparation à l'amiable, c'est un combat qui aurait lieu, un duel à mort, dont le célèbre observateur des abeilles a décrit les émouvantes péripéties. Nous lui laisserons la parole.

Après avoir raconté comment, dans une ruche contenant cinq ou six cellules royales, la première jeune reine éclose se jeta avec fureur sur la première cellule royale qu'elle rencontra, parvint à l'ouvrir de ses mandibules, introduisit son abdomen dans l'ouverture, perça la reine près d'éclore de son aiguillon, et procéda de même à l'égard des autres, Huber voulut voir ce qui arriverait dans le cas où deux reines sortiraient en même temps de leurs cellules.

«Le 15 mai, dit-il, deux jeunes reines sortirent de leurs cellules presque au même moment. Dès qu'elles furent à portée de se voir, elles s'élancèrent l'une contre l'autre avec l'apparence d'une grande colère, et se mirent dans une situation telle, que chacune avait ses antennes prises dans les dents de sa rivale; la tête, le corselet et le ventre de l'une étaient opposés à la tête, au corselet et au ventre de l'autre; elles n'avaient qu'à replier l'extrémité postérieure de leurs corps, elles se seraient percées réciproquement de leur aiguillon, et seraient mortes toutes deux dans le combat. Mais il semble que la nature n'a pas voulu que leur duel fît périr les deux combattantes; on dirait qu'elle a ordonné aux reines qui se trouveraient dans la situation que je viens de décrire de se fuir à l'instant même avec la plus grande précipitation. Aussi, dès que les rivales dont je parle sentirent que leurs parties postérieures allaient se rencontrer, elles se dégagèrent l'une de l'autre, et chacune s'enfuit de son côté.

...«Quelques minutes après que nos deux reines se furent séparées, leur crainte cessa, et elles recommencèrent à se chercher; bientôt elles s'aperçurent, et nous les vîmes courir l'une contre l'autre: elles se saisirent encore comme la première fois, et se mirent exactement dans la même position: le résultat en fut le même; dès que leurs ventres s'approchèrent, elles ne songèrent qu'à se dégager l'une de l'autre, et elles s'enfuirent. Les ouvrières étaient fort agitées pendant tout ce temps-là, et leur tumulte paraissait s'accroître, lorsque les deux adversaires se séparaient; nous les vîmes à deux différentes fois arrêter les reines dans leur fuite, les saisir par les jambes, et les retenir prisonnières plus d'une minute. Enfin, dans une troisième attaque, celle des deux reines qui était la plus acharnée ou la plus forte, courut sur sa rivale au moment où celle-ci ne la voyait pas venir; elle la saisit avec ses dents à la naissance de l'aile, puis monta sur son corps, et amena l'extrémité de son ventre sur les derniers anneaux de son ennemie, qu'elle parvint facilement à percer de son aiguillon; elle lâcha alors l'aile qu'elle tenait entre ses dents et retira son dard; la reine vaincue tomba, se traîna languissamment, perdit ses forces très vite et expira bientôt. Cette observation prouvait que les reines vierges se livrent entre elles à des combats singuliers. Nous voulûmes savoir si les reines fécondes et mères avaient les unes contre les autres la même animosité.»

Trois cellules royales operculées furent placées dans une ruche dont la mère était très féconde. Elles furent l'une après l'autre éventrées par la mère, et les nymphes tuées. Huber introduisit ensuite dans cette même ruche une autre reine très féconde, qui, victime de la curiosité de l'observateur, fut, après une courte lutte, poignardée par la «reine régnante».

L'imagination ne se mêlerait-elle point pour quelque part à ces récits de l'illustre aveugle? Nous serions porté à le croire, d'autant plus que, depuis Huber, personne encore, à notre connaissance, n'a été témoin de ces duels entre les reines.

Toujours est-il que, dans les circonstances ordinaires, la ruche ne contient qu'une reine, qu'une pondeuse. C'est en vain que, dans une colonie pourvue de sa mère, on essayerait d'en introduire une seconde. Elle est rejetée, peu de temps après, à l'état de cadavre, exécutée par les ouvrières bien plutôt que par la mère. Une fois du moins, j'en ai la certitude, une reine perdue, s'étant jetée dans une de mes ruches, put à peine franchir le trou de vol. Assaillie par les sentinelles, elle fut presque aussitôt ramenée à l'extérieur, et je la vis, sur le tablier, tiraillée en tous sens par une multitude d'abeilles, frappée enfin de l'aiguillon par l'une d'elles et rejetée, inanimée, au pied de la ruche. Pour qu'une reine étrangère soit agréée, il faut que la ruche soit orpheline; la nouvelle arrivée est alors accueillie avec empressement et choyée comme la mère commune.

On a cependant signalé des cas de coexistence de deux reines fécondes dans une même colonie. Le fait est exceptionnel, mais on est obligé de l'admettre, car il est affirmé par plus d'un observateur digne de foi. Et d'ailleurs il s'explique. La reine, nous le savons, est toujours entourée d'une garde qui la défend contre toute agression. Il peut arriver qu'une jeune reine venant d'éclore soit immédiatement entourée de jeunes ouvrières qui n'ont pas eu le temps de connaître leur mère. Elles adoptent la jeune reine, la défendent contre leurs sœurs aînées, qui voudraient s'en débarrasser; et comme la reine légitime est, de son côté, protégée de même par les vieilles abeilles contre les gardiennes de la jeune reine, il s'ensuit que l'une et l'autre se maintiennent, comme deux compétiteurs à l'empire, à la tête de deux factions rivales.

Combien de temps vit une reine? Trois ou quatre ans sont la durée normale de son existence. On a vu cependant des reines encore vivantes après cinq étés, soit cinq années de vie active. C'est une longue vie pour un insecte. Encore un des plus remarquables effets de l'adaptation. La mort de la mère, en effet, est toujours un grave dommage pour la colonie. Elle se traduit inévitablement par la cessation de la ponte durant tout le temps qui s'écoule entre la disparition de la pondeuse et son remplacement. Et ce temps peut comprendre une vingtaine de jours au moins, si la ruche ne contient pas déjà des cellules royales avec larves ou nymphs. On peut juger, par les évaluations qu'on a faites de la ponte journalière, combien l'interrègne représente d'œufs non pondus, d'habitants perdus pour la colonie.

LES MALES.—Les mâles ou faux-bourdons, nous le savons déjà, n'ont d'autre rôle à remplir que celui de féconder les jeunes reines. Quoiqu'un seul soit élu pour cette importante fonction, et pour qu'elle soit assurée, leur nombre est considérable dans la ruche, et dépend de son importance. Il peut y en avoir de quelques centaines à deux ou trois milliers. Ils ne travaillent ni n'exercent aucune fonction utile dans la colonie. Jamais on ne les voit sur les fleurs; ils ne se nourrissent qu'aux frais de la maison et aux dépens des provisions de miel amassées dans les rayons. Leur vie est tout entière dans cette phrase de Kirby: *Mares, ignavum pecus, incuriosi, apricantur diebus serenis, gulæ dediti.*

Ils ne sortent de la ruche que dans les beaux jours et aux heures les plus chaudes de la journée, surtout de midi à deux ou trois heures. Leur vol est très bruyant et suffit à les distinguer des ouvrières. En dehors des quelques heures où ils prennent leurs ébats dans les airs, ils passent leur temps à se gorger de miel ou à dormir paresseusement sur les rayons.

Ils se montrent dès le mois d'avril, avant le temps de l'essaimage et de l'éclosion des jeunes reines. Sur la fin de juillet, en général, il ne s'en produit plus. Comme ils consomment beaucoup, que leur présence est une cause de déchet très sensible, les ouvrières se hâtent de s'en débarrasser, dès qu'ils ne sont plus utiles, après l'essaimage, ou dès qu'une cause quelconque appauvrit la colonie. Elles expulsent sans pitié ces bouches inutiles et les jettent violemment à la porte. On a dit qu'elles les tuent. Cela n'est pas exact, le mot pris à la lettre, car elles ne les frappent point de l'aiguillon. Mais, les tirant de leurs mandibules par les pattes, par les antennes, elles les mettent simplement dehors, où on les trouve transis, se mouvant péniblement, montrant par les quelques articles qui leur manquent aux antennes ou aux pattes, les traces de la violence qui les a arrachés du nid. Ils périssent ainsi misérablement de faim et de froid. Ah! les hommes ne sont pas heureux, dans cet État où les femmes gouvernent et ont seules le privilège de porter l'épée!

LES OUVRIERES. LA CIRE. ÉDIFICATION DES RAYONS.—Lorsqu'un essaim, échappé d'une ruche, s'établit en quelque endroit pour y fonder une nouvelle colonie, les ouvrières s'empressent de bâtir des gâteaux. La matière dont ils sont faits, chacun le sait, est la cire. Cette substance est le produit d'une sécrétion. Les glandes cirières sont placées sous l'abdomen. Si l'on soulève le bord écailleux d'un segment, pour mettre à découvert la base du segment suivant, ou simplement si l'on exerce sur l'abdomen une traction suffisante pour dégager les segments les uns des autres, on voit, sur la partie habituellement recouverte par le segment précédent, à droite et à gauche de la ligne médiane, une surface en forme de pentagone irrégulier, d'aspect jaunâtre, de consistance molle. C'est là que la cire est sécrétée, à l'état de minces lamelles ayant la forme de la surface glandulaire elle-même (fig. 20).

Les quatre segments intermédiaires sont seuls pourvus de glandes cirières; elles manquent au premier et au dernier, et font absolument défaut aux mâles et aux reines.

Quand une abeille veut faire usage de la cire qu'elle a produite, elle détache les lamelles cireuses de dessous son abdomen, à l'aide de la pince formée par le crochet ou éperon du premier article des tarses postérieurs et l'extrémité garnie d'épines du tibia. Au moment où elle est détachée, la substance cireuse est transparente. Portée à la bouche de l'Abeille et pétrie par les mandibules avec la salive, elle devient opaque et acquiert les qualités qu'on lui connaît.

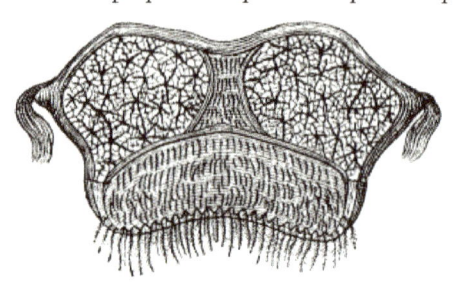

Fig. 20.—Glandes cireuses de l'Abeille.

Quand les abeilles se disposent à bâtir, elles s'attachent au plafond du local adopté, et, vers son milieu, elles établissent une petite lame verticale de cire. Pour poser ce premier fondement du rayon, elles procèdent de la façon suivante. Une première abeille, la bouche munie d'un peu de cire, préalablement pétrie avec la salive, refoule les autres en s'agitant d'une sorte de tremblotement très vif, se fait une place libre à l'endroit choisi, et là elle dépose la cire qu'elle tient entre ses mandibules, l'applique et la travaille en une petite lame saillante. Une autre lui succède et agrandit la lame, puis une troisième, et ainsi de suite, jusqu'à ce que la lame, accrue par ces apports répétés, descende d'une longueur de 2 à 5 centimètres. Ce n'est encore qu'une simple cloison, comme le plan axial du futur rayon, sans la moindre ébauche de cellules; son épaisseur est d'environ 3 à 4 millimètres.

Bientôt une abeille va creuser, avec ses mandibules, au haut de cette lame, une cavité arrondie dont elle fixe les déblais sur le pourtour, vers le haut, et qu'elle façonne en une sorte de margelle. Une autre vient continuer ce premier travail. Puis on voit deux ouvrières, opposées l'une à l'autre, chacune sur une des faces de la cloison, travailler à deux cavités adossées. D'autres abeilles viennent successivement renforcer ces travailleuses; il y en a bientôt, dix, vingt, puis enfin un si grand nombre, qu'il devient impossible de rien voir.

Les cavités, d'abord arrondies, prennent bientôt, au fur et à mesure que leur fond s'amincit, la forme de pyramides à trois pans, et les rebords, primitivement circulaires, prennent la forme de six pans inclinés de 60 degrés les uns sur les autres. Les cellules sont déjà reconnaissables; elles n'ont plus qu'à s'allonger horizontalement, leurs pans à s'accroître, pour atteindre leur longueur normale et se parfaire.

Pendant que les cellules s'ébauchent dans le haut de la cloison, celle-ci continue à s'étendre sur tout son pourtour, mais plus rapidement dans le sens vertical, en sorte que le gâteau en train de s'accroître présente une forme elliptique, à grand axe vertical. Au fur et à mesure, les cellules s'allongent avec une telle uniformité, que le gâteau, toujours aminci sur les bords, augmente régulièrement d'épaisseur vers sa partie moyenne et basilaire, où sont les cellules les plus anciennes. Son pourtour est toujours à l'état de cloison, avec des ébauches de cellules. Il en est autrement quand le gâteau a atteint tout le développement que les abeilles jugent à propos de lui donner: son bord inférieur alors s'épaissit, les cellules extrêmes atteignant à leur tour les dimensions normales.

La première rangée de cellules, celles qui adhèrent à la voûte, n'ont jamais la forme des vraies cellules; deux pans supérieurs et l'angle de 60° qu'ils forment, y sont remplacés par la surface plane du plafond. En outre, ces cellules faisant office de support du rayon, sont faites d'une substance complexe, peut-être d'un mélange de cire et de propolis, bien plus ferme et plus tenace que la cire pure.

Les cellules adossées sur les deux faces du rayon ne sont pas directement opposées une à une, ainsi que la forme pyramidale de leur fond le fait pressentir. Si l'on enfonce, en effet, une épingle dans chacune des trois faces du fond d'une cellule, on voit, sur l'autre côté du rayon, que chacune des épingles se trouve être sortie dans une cellule différente; on reconnaît ainsi que l'axe d'une cellule correspond à l'arête commune de trois cellules juxtaposées, sur l'autre côté du rayon.

Les abeilles n'attendent point qu'un gâteau ait atteint ses dimensions définitives pour en commencer d'autres. Dès que le premier a acquis une certaine étendue, parfois une longueur de quelques centimètres seulement, deux autres gâteaux sont construits simultanément, à droite et à gauche du premier; puis, quelque temps après, deux autres à droite et à gauche des seconds, et ainsi de suite, jusqu'à ce que le nombre soit jugé suffisant, nombre qui dépend de la population et de la fécondité de la mère.

D'après ce qui précède, les rayons descendent verticalement de la voûte et sont par suite parallèles entre eux. Mais cette régularité est loin d'être constante. Bien souvent il arrive, on ne sait par quel caprice, que les abeilles posent la première assise d'un rayon dans une direction oblique par rapport à celle du rayon voisin; le nouveau rayon sera vertical comme les autres, mais il ne leur sera plus parallèle; au contraire, son plan faisant un angle avec celui du voisin, le rencontrera et se soudera à lui. Cette irrégularité est souvent fort désagréable pour l'apiculteur, et gênante pour ses observations ou ses manipulations; mais les abeilles n'en ont cure. Elles font même souvent pis que cela, en déviant les gâteaux de leur direction verticale et fixant le bord inférieur ainsi détourné, soit à un autre gâteau, soit à la paroi de la ruche.

Ces anomalies, qui sont fréquentes, semblent indiquer que la verticalité des rayons n'est pas une condition recherchée par les abeilles, mais un résultat fortuit de la manière dont leurs constructions sont édifiées. Quand les abeilles cirières pendent en plusieurs grappes de la voûte et construisent simultanément plusieurs gâteaux, ces grappes demeurent le plus souvent isolées les unes des autres et subissent ainsi, avec le gâteau qu'elles forment, la direction que leur imprime la pesanteur. Mais si les abeilles d'une grappe s'accrochent à celles d'une autre ou à la paroi voisine, la grappe, ainsi déviée de la verticale, tire sur le gâteau en voie d'accroissement, dont la mollesse est grande et la rigidité nulle; le gâteau se tord, devient gauche et va se fixer au premier obstacle voisin.

Nous savons que les abeilles construisent deux sortes de cellules, sans compter les cellules royales, les petites cellules ou cellules d'ouvrières et les grandes cellules, ou cellules de faux-bourdons. Les unes et les autres ont une longueur de 13 millimètres à $13^{mm},5$. L'épaisseur totale du rayon est de 26 à 27 millimètres. Un intervalle de 9 millimètres environ sépare entre eux les rayons.

Ces délicates constructions de cire sont une des plus étonnantes merveilles de l'instinct. On remplirait un volume des pages éloquentes, souvent jusqu'à l'enthousiasme, que l'admiration du génie architectural des abeilles a dictées aux apiculteurs, aux savants, aux poètes.

Avec un minimum de matériaux, faire des cellules ayant la plus grande capacité possible; trouver la forme de ces cellules qui permette d'utiliser pour le mieux l'espace disponible; faire, en un mot, dans un espace donné, le plus de cellules possible d'une capacité déterminée, tel est le difficile problème que les abeilles ont pratiquement résolu. Le plus habile ouvrier, qui aurait à en chercher la solution, à l'aide du compas, de la règle et de l'équerre, serait singulièrement embarrassé. Figures géométriques définies, mesures d'angles précises, rhombes et trapèzes, prismes et pyramides, la solution exige ces notions et d'autres encore. Et tout cela n'est qu'un jeu pour des mouches. Bien plus, leurs procédés n'ont rien de commun avec ceux du géomètre; elles commencent leur travail et le développent comme jamais praticien ne songerait à le faire. Il découperait, lui, dans une lame plane, des losanges, des trapèzes de dimensions et d'angles voulus, et les raccorderait ensuite. Tout autrement fait l'Abeille. Sous sa mandibule, son unique instrument de travail, une surface sphérique devient graduellement pyramidale; un rebord circulaire peu à peu se plie en une ligne régulièrement brisée, et se transforme en hexagone.

Bien des efforts ont été faits pour essayer de comprendre comment ces petites créatures arrivent à exécuter un travail aussi parfait. Darwin seul a réussi à porter quelque lumière dans une question si obscure, et à démontrer que «ce magnifique ouvrage est le simple résultat d'un petit nombre d'instincts fort simples[6]».

Nous résumerons la démonstration de l'illustre naturaliste.

Invoquant d'abord «le grand principe des transitions graduelles,» Darwin constate que l'Abeille se trouve au plus haut degré d'une échelle, dont le plus bas est occupé par le Bourdon et un degré intermédiaire par la Mélipone. Le Bourdon travaille sans ordre, surtout sans économie; ses alvéoles sont ellipsoïdes, simplement rapprochés, souvent irréguliers. Nous savons que ceux des abeilles sont des prismes hexagonaux contigus, adaptés à un fond pyramidal, formé de trois faces losangiques. Les constructions de la *Melipona domestica*, du Mexique, que Huber a étudiées, tiennent le milieu entre celles des abeilles et celles des bourdons, et font comprendre comment la nature a pu passer de la plus grossière de ces formes à la plus parfaite. Les cellules à couvain de la Mélipone sont cylindriques, assez régulières, et ne servent pas de réservoirs à miel. Les provisions sont amassées dans de grandes urnes sphéroïdales, tantôt isolées, tantôt contiguës, formant une agglomération irrégulière.

Considérons deux urnes dans ce dernier cas. La distance de leurs centres étant moindre que la somme de leurs rayons, les deux sphères se coupent, comme on dit en géométrie, suivant un cercle commun à l'une et à l'autre. Au lieu de laisser les deux sphères empiéter l'une sur l'autre, les Mélipones élèvent entre elles une cloison plane, qui est précisément ce cercle d'intersection dont nous venons de parler. Si, au lieu de deux sphères s'entrecoupant, nous concevons qu'il y en ait trois ou un plus grand nombre, il existera trois cloisons planes ou davantage. Remarquons que trois cloisons concourantes auront pour intersection commune une ligne droite; et telle est l'origine de chacune des arêtes horizontales du prisme hexagonal de l'Abeille. Enfin, si une sphère repose sur trois autres, les trois surfaces planes auront la forme d'une pyramide et représenteront le fond de la cellule de l'Abeille.

«En réfléchissant sur ces faits, ajoute Darwin, je remarquai que si la Mélipone avait établi ses sphères à une égale distance les unes des autres, si elle les avait construites d'égale grandeur, et disposées symétriquement sur deux couches, il en serait résulté une construction probablement aussi parfaite que le rayon de l'Abeille.

«Nous pouvons donc conclure en toute sécurité que, si les instincts que la Mélipone possède déjà, et qui ne sont pas très extraordinaires, étaient susceptibles de légères modifications, cet insecte pourrait construire des cellules aussi parfaites que celles de l'Abeille. Il suffit de supposer que la

Mélipone puisse faire des cellules tout à fait sphériques et de grandeur égale; et cela ne serait pas très étonnant, car elle y arrive presque déjà.

.....«Grâce à de semblables modifications d'instincts, qui n'ont en eux-mêmes rien de plus surprenant que celui qui guide l'Oiseau dans la construction de son nid, la sélection naturelle a, selon moi, produit chez l'Abeille d'inimitables facultés architecturales.»

Sans entrer dans plus de détails, ce qui précède nous semble suffire pour faire saisir le sens de la démonstration de Darwin. Elle ôte à l'instinct de l'Abeille tout le merveilleux qu'à première vue il semble avoir; elle le fait rentrer dans la loi commune du développement graduel des facultés de tout ordre, elle le rend, en un mot, accessible à la science.

Il n'est pas inutile d'ajouter à ce propos, que la précision mathématique dont on s'était plu à gratifier les travaux de l'Abeille, s'évanouit lorsqu'on y regarde de près et qu'on y apporte des mesures rigoureuses. Ni les cellules d'une même sorte n'ont des dimensions absolument identiques, ni leurs éléments une régularité irréprochable, ni les lames qui les forment une épaisseur toujours la même. Mais où donc, dans la nature, est la perfection géométrique? Le cristal lui-même ne la réalise point. Réaumur était donc dans l'illusion, quand il proposait de prendre dans les dimensions des cellules d'abeilles l'unité qui devait servir de base au système des mesures.

Des défectuosités d'un autre ordre altèrent encore la régularité des rayons. Quand il s'agit de passer d'une sorte de cellules à une autre, des cellules d'ouvrières aux cellules de mâles, le raccordement des unes aux autres étant impossible, la transition se fait par le moyen de cellules de dimensions intermédiaires, et, çà et là, par des vides, par des espaces inutilisés, perdus en un mot. Enfin, à certains moments où le temps presse, où la récolte de miel est surabondante, au lieu de construire de nouveaux gâteaux, on se contente, si l'espace le permet, d'allonger démesurément les cellules déjà construites, et, tout en les allongeant, on les courbe, on les relève du côté de l'orifice, afin d'empêcher l'écoulement du miel. Ceci n'est plus de la géométrie, cela est vrai, mais c'est de la physique bien comprise.

Les rayons servent à une double fin, l'élevage du couvain et l'emmagasinage des provisions.

Le couvain est la grande préoccupation des abeilles. Il est l'objet de leurs soins incessants. C'est pour lui que sont entrepris presque tous les travaux de la ruche; c'est pour lui qu'est faite la majeure partie de la récolte. Si bien que c'est le signe certain de l'existence d'une mère féconde dans la ruche, que de voir rentrer des butineuses chargées de pollen. Dès que cet apport cesse, on peut être sûr qu'il n'y a pas de larves à nourrir, que la mère ne pond plus, ou qu'elle a cessé de vivre.

Nous avons déjà vu que les abeilles se tiennent en masses pressées à la hauteur des cellules garnies de couvain, qu'elles entretiennent ainsi dans une chaleur convenable. Le refroidissement est très préjudiciable au couvain.

A peine la jeune larve est-elle sortie de l'œuf, qu'elle reçoit de la nourriture. Son alimentation varie avec l'âge: au début, c'est une substance fluide, de nature albumineuse, à laquelle se mêle bientôt une certaine quantité de miel; puis enfin une bouillie faite de pollen et de miel, que les nourrices vont puiser dans les cellules où ces aliments sont tenus en réserve.

La larve se tient courbée au fond de la cellule, dont elle remplit bientôt toute la largeur; elle est alors obligée de se détendre un peu, à mesure qu'elle grossit, et de s'allonger en spirale. Elle ne se tient point immobile: la nourriture lui étant servie en avant de la tête, il lui faut, pour l'atteindre, progresser en tournant autour de l'axe de la cellule. Depuis son éclosion jusqu'au terme de sa croissance, elle ne fait qu'un repas ininterrompu, tant les nourrices mettent de ponctualité à la servir.

Une particularité, qui d'ailleurs lui est commune avec les larves des autres abeilles, a beaucoup intrigué jadis les naturalistes. Tout le temps qu'elle mange et se développe, elle ne fait point d'excréments, de sorte qu'on a longtemps cru que la larve n'avait point d'anus, et que son intestin se terminait en un fond aveugle. La partie terminale de l'intestin, extrêmement grêle, avait échappé aux anatomistes, et avait fait admettre une anomalie qui n'existe pas. C'est quand elle est repue et qu'elle a atteint toute sa taille, que la larve se débarrasse de tous les résidus accumulés de sa digestion, et on les retrouve, sous forme de crottins brunâtres, au fond de la cellule.

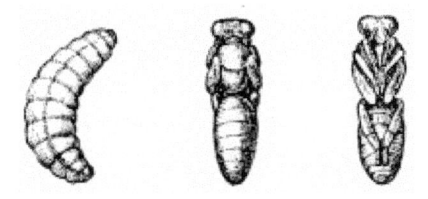

Fig. 21.—Larve et nymphes de l'Abeille ouvrière.

Quand le nourrisson n'a plus besoin de rien, les ouvrières l'enferment dans sa cellule, en y adaptant un couvercle (*opercule*) sensiblement plan, fait d'une cire brune, détachée des bords des vieilles cellules. Ceci arrive le neuvième jour depuis la ponte de l'œuf. La cellule operculée, le ver se file un cocon dans cette chambre close; puis, après deux ou trois jours de repos, se transforme en nymphe. Cet état dure trois jours, au bout desquels la jeune Abeille entame le cocon et le couvercle de cire; les nourrices l'aident dans ce travail. Elle sort de son berceau, faible et toute pâle. Les ouvrières l'entourent, la lèchent, la brossent, la réconfortent de quelques lampées de miel. Elle a besoin de plusieurs jours, pour que ses poils grisâtres prennent leur couleur sombre définitive, ses téguments de la consistance, ses muscles de la vigueur. Elle peut alors se mêler à ses sœurs aînées et prendre part à leurs travaux.

Que va-t-elle devenir? Cirière ou nourrice? Sentinelle ou butineuse? Ou bien sera-t-elle à la fois tout cela, suivant les circonstances ou au gré de son caprice? Dans toute association bien réglée, les attributions de chacun sont nettement déterminées. Les abeilles n'ont garde de se soustraire à cette loi conservatrice. Mais c'est l'âge, et l'âge seul, qui détermine la fonction. La même abeille peut successivement les remplir toutes. Les jeunes abeilles sont vouées aux travaux intérieurs. Elles sont les cirières et les nourrices, et cela pendant une période de dix-sept à dix-neuf jours. Passé ce temps, elles deviennent butineuses.

Nous avons vu à l'œuvre les cirières et les nourrices. C'est le moment de parler des butineuses. Avant de décrire leurs travaux, il nous faut, à leur endroit, examiner une question qui n'est pas sans importance. Comment l'abeille, une fois sortie de la ruche, sait-elle la retrouver? Les pourvoyeuses, en effet, ne portent pas leurs promenades à quelques tires-d'aile seulement du logis; l'expérience a montré qu'elles peuvent se répandre au loin jusqu'à deux et trois kilomètres et même davantage. Il n'est donc pas aisé de comprendre comment ces petites bêtes retrouvent le chemin du retour. On a beaucoup philosophé et même divagué sur ce sujet. La réalité est la chose du monde la plus simple.

Lorsque, après plusieurs journées assez froides pour empêcher les abeilles de sortir, survient un beau soleil, on voit, au moment le plus chaud du jour, un véritable nuage d'abeilles, surtout si la colonie est populeuse, voleter en tourbillonnant devant la ruche. C'est un spectacle parfois admirable, et les apiculteurs le désignent sous le nom de *soleil d'artifice*.

Regardez attentivement les abeilles qui le composent; vous reconnaîtrez que toutes sont tournées la tête du côté de la ruche, les unes s'éloignant en décrivant des cercles de plus en plus grands, les autres revenant en décrivant des cercles ou des zigzags de plus en plus petits. Or toutes ces abeilles sont des abeilles jeunes, ce qu'il est facile de reconnaître à la fraîcheur de leur poilure.

Pour être mieux édifié, regardez ce qui se passe à l'entrée de la ruche, et suivez une jeune abeille dès l'instant où elle se montre à la porte. Vous la voyez alerte, et cependant hésitante, évidemment joyeuse de la lumière et de sa vie nouvelle, faire quelques pas de çà, de là, sur le tablier, puis, toute maladroite, se décider enfin à prendre son essor, ce qu'elle fait, tantôt en se retournant d'abord vers la porte et s'envolant à reculons, ou bien en s'élançant à quelques centimètres seulement, pour se retourner aussitôt; puis enfin, lentement et avec une attention évidente, elle s'éloigne, toujours à reculons, dans une spire de plus en plus élargie.

Voyez au contraire cette autre abeille, dont la défroque pelée dit assez l'expérience acquise, les travaux accomplis, une vieille butineuse enfin: brusquement elle franchit le seuil, la tête levée, pleine d'assurance; c'est tout au plus si elle s'arrête un instant à donner un dernier coup de brosse à ses yeux, à ses antennes, pour s'élancer aussitôt, en droite ligne, pressée d'arriver tout là-bas, où elle sait des fleurs riches de pollen et de miel, qu'elle a hâte de recueillir.

Quel est donc le but des jeunes ouvrières qui font le soleil d'artifice? Il se devine aisément. Sortant pour la première fois de la ruche, elles se familiarisent avec son aspect, en explorent les abords, et, de plus en plus loin, le voisinage. Comme on ne tarde pas à perdre de vue l'Abeille s'élevant dans les airs, on ne peut que supposer que son exploration continue encore au delà par le même procédé. En décrivant ses cercles de plus en plus vastes, la tête tournée vers le lieu qu'elle vient de quitter, l'Abeille se trouve, tout en s'éloignant, dans la situation du retour. Lorsqu'elle a ainsi fixé dans sa mémoire la topographie de la région environnant le lieu de sa naissance, elle peut désormais sortir sans hésiter, sûre de retrouver son chemin, et, devenue butineuse, s'élancer comme un trait du trou de vol, sans jamais se retourner en arrière.

C'est donc la mémoire qui ramène l'Abeille à la ruche. Le souvenir qui la guide s'est fait par le plus sûr et le plus simple des procédés, puisque le chemin du retour est appris à l'aller dans la situation même du retour: l'Abeille s'éloigne de la ruche ayant devant elle le tableau qu'elle aura, devant elle encore, pour revenir.

Aussi qu'arrive-t-il, si on enlève la ruche pendant que les Abeilles sont aux champs ou qu'on la remplace par une autre? La butineuse, au retour, désorientée, cherche de tous côtés, dans une évidente inquiétude. Au bout d'un moment, on la voit repartir, comme pour s'assurer si elle a bien suivi le bon chemin; mais toujours le même chemin la ramène au même endroit. Si l'on n'a fait que changer la ruche de place, pour la poser à une faible distance, la butineuse finit par la retrouver. Si la ruche a été transportée fort loin, c'en est fait; le hasard serait bien grand si elle était retrouvée, et les pauvres Abeilles, après avoir longtemps rôdé autour du lieu où fut leur berceau, iront, de guerre lasse, demander dans quelque ruche du voisinage une hospitalité qui leur sera rarement accordée, et mourront misérablement, poignardées par ses habitants!

Si, à la place de l'ancienne ruche, une autre a été mise, les butineuses de la première, après des hésitations sans fin, se décident à y pénétrer. Chargées de provisions, elles sont bien accueillies par les habitants de la maison, et elles feront désormais partie de la famille. Les apiculteurs usent fréquemment d'un pareil artifice, pour renforcer un essaim trop faible: ils lui donnent toutes les butineuses d'une forte ruche, en l'installant à sa place. L'ancienne ruche, portée ailleurs, se sera bientôt refait son bataillon de butineuses.

Sûre de retrouver le chemin de la ruche, grâce à la gymnastique que nous avons décrite, l'Abeille peut en toute assurance aller aux provisions. La voilà butineuse. Le pollen et le miel sont les deux objets importants de ses courses au dehors; mais la propolis, qui sert à boucher les fissures de la ruche, est encore une denrée fort utile; l'eau enfin est indispensable, soit pour diluer la pâtée servie aux larves, soit pour dissoudre le miel granulé, c'est-à-dire le vieux miel dans lequel le sucre s'est séparé en grumeaux solides. Aussi l'apiculteur a-t-il soin de ménager, à portée de ses ruches, un abreuvoir où les Abeilles puissent aller puiser l'eau dont elles ne sauraient se passer. Cette nécessité était déjà connue de Virgile.

La cueillette du pollen présente des particularités assez curieuses. Dans les fleurs dont les étamines sont peu élevées au-dessus du réceptacle, ou dont la corolle est tubuleuse, l'Abeille, pour recueillir le pollen, se pose sur ou dans la fleur. Elle brosse alors les étamines de ses pattes antérieures, et recueille ainsi la poussière pollinique. Mais elle n'est pas emmagasinée telle quelle dans les corbeilles; il faut qu'elle soit transformée en une pâte cohérente, par son mélange intime avec une certaine quantité de miel. Il est aisé, en certains cas, de voir comment se fait cette manipulation.

Si l'on examine attentivement une Abeille butinant dans une fleur peu profonde, une capucine par exemple, on la voit, tout en introduisant sa trompe au fond du réceptacle, pour y recueillir le nectar, frotter de ses pattes antérieures les anthères, afin d'en détacher le pollen; puis, se soulevant légèrement au-dessus de la fleur, elle agite vivement ses pattes intermédiaires, pour pétrir le pollen, que la trompe, faiblement déployée, humecte d'un peu de miel dégorgé, et le coller ensuite aux corbeilles. Cette opération accomplie, l'Abeille se rabat de nouveau dans la fleur, pour y continuer sa cueillette, ou, s'il n'y a plus rien à faire, passe à une autre, qu'elle exploite de la même manière.

Dans une fleur largement ouverte et dont les étamines sont portées sur de longs filets, le pavot des jardins, par exemple, les choses se passent un peu autrement. L'Abeille ne se pose point sur la fleur, ce qui ne lui permettrait pas d'atteindre les anthères trop haut placées; mais, tout en se soutenant en l'air, à hauteur convenable, elle frôle de ses pattes antérieures ces organes couverts de pollen, qu'elle recueille de la sorte. Le pétrissage se fait comme dans le cas précédent.

On peut remarquer que l'Abeille recueillant du pollen ne visite que des fleurs de la même espèce. Jamais du pollen de plusieurs couleurs ne se voit mélangé dans ses corbeilles. Il en est de même dans les cellules où le pollen est entassé; on ne voit jamais dans une même cellule que du pollen de même sorte, ce qui semble indiquer qu'une seule Abeille se charge d'approvisionner une cellule déterminée. Quelle peut être la raison de cette habitude? on l'ignore absolument.

L'Abeille rentrée dans la ruche les corbeilles chargées de pâtée pollinique, se débarrasse de son fardeau à l'entrée de la cellule destinée à le recevoir, aidée dans cette opération par ses sœurs. La pâtée nouvellement apportée est appliquée et fortement pressée, à l'aide des mandibules, sur celle que contient déjà la cellule. Après s'être soigneusement brossée et nettoyée du moindre grain de pollen collé à ses poils, à ses yeux, à ses antennes, la butineuse court à la porte, et, pleine d'entrain, s'élance de nouveau vers les champs.

L'Abeille amassant du pollen peut en même temps recueillir du miel. Nombre de butineuses cependant ne rapportent à la ruche que du miel, particulièrement dans l'après-midi, où une grande partie du pollen a été déjà épuisé dans les fleurs. Il en est de même, à plus forte raison, dans les premières heures de la journée, alors que la déhiscence des anthères ne s'est pas faite encore. Son jabot rempli de miel, l'Abeille rentre à la ruche et va le dégorger dans une cellule.

Les cellules entièrement pleines de miel ou de pollen sont operculées, c'est-à-dire fermées exactement d'un mince couvercle de cire, immédiatement appliqué sur le contenu. Tandis que les cellules à couvain sont operculées avec de la cire vieille, l'opercule des cellules à provisions est fait de cire nouvelle et blanche, sécrétée tout exprès. Absolument plein de toute la masse de provision qu'il est susceptible de contenir, le rayon est entièrement operculé du haut en bas, sur ses deux faces.

Bien que les Abeilles soient peu difficiles, relativement à la qualité du miel qu'elles récoltent, et qui parfois est détestable, elles savent néanmoins faire la différence entre le nectar des diverses fleurs. Il en est qu'elles préfèrent, et pour lequel elles délaissent tous les autres, quand le choix est possible. Ainsi les Légumineuses, mais surtout les Labiées, sont les plantes mellifères par excellence. C'est aux Labiées, qui abondent sur l'Hymette, que le miel si vanté dès l'antiquité, doit encore aujourd'hui ses qualités exquises. Il est bien digne de remarque que le goût des Abeilles, à cet égard, soit absolument conforme au nôtre. Plus difficiles qu'elles toutefois, nous ne pouvons tolérer l'âcre liqueur qu'elles puisent dans les renoncules, pas plus que le nectar nauséeux des arbousiers.

L'activité des Abeilles, surtout des pourvoyeuses, dépend de la fécondité de la mère. Mais cette fécondité est subordonnée à son tour à la richesse des provisions. Quand le miel donne bien, que les rentrées sont abondantes, la mère, mieux nourrie, pond davantage. Si, au contraire, la source du miel tarit dans les fleurs, la ponte décroît à proportion. Toutefois, quand le miel est extrêmement abondant, ce qui arrive lorsque les circonstances favorisent la floraison de certaines plantes mellifères, telles que les acacias, les trèfles, etc., l'avidité sans mesure des Abeilles sacrifie le couvain à la récolte, et, pour faire place à celle-ci, des œufs, des jeunes larves peut-être, sont supprimés. Tel rayon rempli d'œufs la veille n'en contient plus un seul le lendemain, et du miel se voit dans toutes les cellules. C'est là un trait que les admirateurs passionnés des Abeilles ignoraient, heureusement pour eux, et pour elles.

Aux causes déjà indiquées comme augmentant ou diminuant l'activité des Abeilles, il faut ajouter la température. Un beau soleil, une bonne chaleur, surtout après une série de mauvais jours, redoublent leur vivacité; la prestesse de leurs allures, toute leur manière d'être témoignent d'un bien-être évident. C'est alors aussi que les travaux vont vite. Mais ils ne chôment pourtant pas, quand le temps est moins favorable. Alors que toutes les Abeilles sauvages, sauf le Bourdon, ne circulent qu'en plein soleil, et disparaissent absolument lorsqu'un nuage vient en intercepter les rayons, l'Abeille sociale, elle, sait trop le prix du temps, et ne s'arrête pas pour si peu. Le soleil se voile, elle ne semble pas s'en apercevoir et continue sa collecte. La journée est sombre, pluvieuse même, elle sort parfois par ce mauvais temps: les enfants sont là, affamés, réclamant leur pitance, et il faut la leur fournir, quelque temps qu'il fasse. De toutes les Abeilles la première levée, elle est celle dont la journée finit le plus tard. L'Abeille solitaire dort la grasse matinée; dans les plus chaudes journées, elle ne sort guère avant les 8 ou 9 heures, fait un peu de sieste vers le milieu du jour, et ne sort plus, passé 5 heures. La mouche à miel vole aux champs, en été, dès l'aurore; et le soir, au crépuscule, vers 8 heures, on voit encore rentrer à la ruche plus d'une butineuse attardée, au vol lent, incertain, ayant peine à retrouver son chemin, tant l'obscurité est déjà profonde. La vie sociale crée des besoins impérieux; il y faut satisfaire à tout prix, ou la maison déchoit. La prospérité de la famille est en raison de l'activité de chacun et de tous. Donc, pas de temps à perdre, tous les moments sont remplis; c'est à peine si on a le loisir de prendre quelques instants de répit, de sommeil. La cité cependant bruit toujours, l'usine fonctionne sans cesse ni trêve. Travail de jour, travail de nuit se poursuivent sans interruption. Une seule chose peut enrayer la machine, c'est le froid. Quand la température extérieure descend au-dessous de 12° à 14°, l'Abeille ne sort pas, et le travail languit dans la ruche. Chacune ne songe qu'à se réchauffer, et toutes se réfugient et se pressent au centre de l'habitation. Mais, au cœur même de l'hiver, qu'une belle journée survienne, qu'un beau soleil égaye les champs et les jardins, si le thermomètre atteint une douzaine de degrés, on profite de l'aubaine inespérée, on court glaner aux rares fleurs que les frimas ont épargnées; quelque pâle mercuriale, quelque grêle crucifère ont ouvert au soleil leurs petites fleurs garnies de pollen; c'est toujours tant de pris, un peu de fraîche pâtée pour les pauvres larves, s'il y en a, ou pour celles qui ne tarderont pas à venir. Dans le midi de la France, il n'est pas d'hiver si continuellement mauvais, que chaque mois, de novembre à février, ne donne quelques journées assez chaudes pour permettre la sortie des Abeilles.

A cette vie si occupée, si active, la butineuse s'use vite. Parmi les Abeilles qui rentrent de la picorée, les corbeilles garnies de pollen ou le jabot gonflé de miel, les unes ont l'allure dégagée et la livrée intacte, ce sont des butineuses encore jeunes dans le métier. D'autres, avant d'aborder le seuil de la ruche, s'annoncent déjà par le bruissement particulier qui accompagne leur vol, lourd et pénible. Posées, leur corps tout pelé, leurs ailes fripées disent éloquemment leur grand âge, leurs longs travaux; ce sont de vieilles butineuses, près du terme de leur carrière. Bientôt leurs ailes ne peuvent plus les soutenir; c'est en vain qu'elles essaient de prendre leur essor, elles retombent lourdement. Désormais incapables de tout travail, sans valeur pour la société, leurs sœurs plus jeunes jettent brutalement dehors ces bouches inutiles, sans reconnaissance pour les services rendus, pour leur vie usée à la peine, oubliant que ce furent là leurs nourrices. C'est pitié que de voir ces pauvres bannies se traîner misérablement sur le sol, attendant une mort lente à venir. Et combien finissent ainsi! Bien peu meurent de leur belle mort sur les rayons. Le respect des vieillards n'est pas une des vertus des Abeilles. A y bien regarder, nous ne leur en trouverions guère d'autres, hélas, que celles qui peuvent profiter à la cité. L'intérêt de cet être impersonnel et égoïste semble être la loi suprême. Le bien, comme nous l'entendons, ne s'y rencontre, que s'il se confond avec l'utile.

En été, la vie des Abeilles ne dépasse pas cinq ou six semaines. En hiver, elle peut être de plusieurs mois. Il ne paraît pas cependant, au moins dans nos climats, que les Abeilles nées en automne puissent franchir tout l'hiver et exister encore au printemps. Il m'a semblé que toutes les Abeilles du début de la saison sont des Abeilles jeunes. Les butineuses tout au moins ne passent pas l'hiver.

Outre l'élevage des jeunes et la collecte des provisions, deux fonctions accessoires sont attribuées aux ouvrières: l'aération de la ruche et la surveillance à la porte.

Pour ce qui est de la première de ces fonctions, Huber a fait des expériences desquelles il résulterait que, pour renouveler l'air dans l'intérieur de la ruche, un plus ou moins grand nombre d'Abeilles se livrent à une gymnastique fort curieuse. A certains moments, surtout alors que la rentrée du miel est abondante, on voit, à l'entrée de la ruche, des Abeilles, la tête tournée vers l'intérieur, le corps penché en avant, l'abdomen un peu relevé, se tenir immobiles, leurs ailes seules exécutant des mouvements rapides, comme pour le vol; et ce vol les emporterait, en effet, si leurs pattes fortement cramponnées ne les retenaient sur place. Elles aèrent, dit-on, la ruche, en collaboration avec d'autres Abeilles faisant la même manœuvre à l'intérieur. Il est certain qu'un courant d'air très sensible est alors produit par l'Abeille, qui projette ainsi en arrière l'air frappé par ses ailes.

Cependant, si l'on considère le soin que les Abeilles mettent à calfeutrer leur demeure, la position souvent très mal appropriée des Abeilles dites ventilateuses à la production d'un effet utile, on peut se demander si l'aération de la ruche est vraiment une nécessité aussi impérieuse qu'on l'a dit, et s'il existe réellement des Abeilles ventilateuses. Il se pourrait, que ces Abeilles qui bruissent à l'entrée de la ruche, et qui toutes sont des jeunes, loin d'exécuter une manœuvre d'utilité générale, ne fassent qu'obéir à un besoin purement personnel, tel que le développement par l'exercice des muscles du vol, et se préparent de la sorte à remplir le rôle de butineuses. Il n'est pas inutile de remarquer à ce propos, que les Mélipones et Trigones, Abeilles sociales d'Amérique, se font des nids auxquels ne donne accès qu'un couloir étroit et souvent fort long; bien plus, du soir jusqu'au matin, l'entrée de ce couloir est fermée d'un diaphragme de cire. Que devient l'aération en pareil cas? Si les Mélipones et les Trigones ont si peu souci de renouveler l'air dans leur habitation, il est bien permis de penser que l'Abeille ne s'en préoccupe pas davantage.

La garde de la porte est un fait très positif. Dans toute ruche suffisamment peuplée, on voit toujours un certain nombre d'Abeilles se tenir à l'entrée, trotiner de çà et de là, en apparence fort tranquilles, à moins d'attaque manifeste. Chaque Abeille qui se présente est flairée, palpée par ces gardiennes, et ne passe qu'après avoir satisfait à cette inquisition qui, du reste, n'est pas fort longue. Dans le cas où une agression se produit, où des Abeilles étrangères font une tentative de pillage, le nombre des sentinelles augmente aussitôt et toute l'entrée en est obstruée; l'inquiétude ou la colère de ces Abeilles sont alors manifestes, et malheur à l'intrus qui tomberait au milieu d'elles, il serait à l'instant massacré.

Les Abeilles qui montent la garde sont aussi des Abeilles jeunes; mais il faut voir en elles des ouvrières désœuvrées, encore inactives, qui viennent un instant prendre l'air du dehors, jouir un peu de la lumière, plutôt que des Abeilles chargées d'une mission définie. Elles se renouvellent à chaque instant, et leur nombre varie avec la population de la ruche; plus elle est considérable, plus il y a de promeneuses sur la porte.

ESSAIMAGE. ÉLEVAGE DES REINES.—Une des plus importantes fonctions des ouvrières est l'élevage des mères et la préparation de l'essaimage.

Lorsque, après la grande ponte du printemps, la population est devenue considérable et se trouve à l'étroit dans la ruche, les Abeilles se disposent à essaimer et s'occupent d'élever des reines. Les cellules dans lesquelles les reines se développent sont fort différentes de celles des mâles et des ouvrières (fig. 19, *a*). Quant à leur situation d'abord, elles sont construites de préférence, mais non toujours cependant, au bas des rayons ou sur leur tranche latérale. Beaucoup plus volumineuses que celles des mâles, elles font librement saillie au delà du plan des orifices des autres cellules, et le défaut de compression latérale qui en résulte fait qu'elles ne sont point prismatiques. Leur forme, du reste, est modifiée continuellement par les Abeilles, tout le temps que la larve qui s'y trouve se développe. Elles apparaissent au début sous la forme d'une cupule ou d'une calotte sphéroïdale peu saillante, dont les bords s'élèvent de plus en plus, puis se rapprochent insensiblement, tout en s'élevant encore, jusqu'au moment où la larve cesse de grandir. La cellule alors a la forme d'un dé un peu recourbé, graduellement rétréci du fond à l'orifice, qui toujours est tourné en bas. Le neuvième jour, les ouvrières operculent la cellule, non à l'aide d'un simple diaphragme, mais en la prolongeant et la rétrécissant à mesure, de manière à la terminer par un dôme subconique, obtusément arrondi au sommet.

L'économie ordinaire des Abeilles n'est pas de mise pour la construction des cellules royales; leurs parois sont fort épaisses. Leur surface extérieure est rendue inégale par une multitude de fossettes, reproduisant grossièrement la forme du fond des cellules ordinaires, plus larges et mieux dessinées à la base, plus petites et de plus en plus confuses vers le bout.

La larve royale est copieusement nourrie de cette gelée limpide que nous avons vu servir à toutes les larves après leur naissance. Mais, tandis que, pour les ouvrières et les mâles, cette alimentation est bientôt remplacée par une autre plus grossière, la larve de reine n'en reçoit jamais d'autre. Grâce à cette nourriture substantielle, ses organes reproducteurs, ses ovaires prennent leur développement normal, et, corrélativement, ses organes externes acquièrent la conformation propre à la femelle parfaite.

C'est bien la nourriture, et rien que la nourriture, qui fait les reines. Une larve quelconque, destinée, par sa situation dans une petite cellule, à devenir une ouvrière, peut, au gré des Abeilles, devenir une reine. Il suffira, pour que la transformation s'opère, de lui administrer, au lieu de la vulgaire bouillie, de la gelée royale: les organes voués à un arrêt de développement fatal suivront leur évolution naturelle et complète; d'autres, par contre, ne se formeront pas, tels que les brosses et les corbeilles, et l'ouvrière, en un mot, deviendra reine. Il n'est pas indispensable que la larve à transformer soit prise à sa naissance; elle peut avoir déjà grandi et subi quelque temps, trois jours au plus, le régime de la pâtée.

La nécessité de cette transformation se présente lorsque, en dehors du temps de l'essaimage, la mère vient à mourir. La colonie serait, en pareil cas, fatalement vouée à une destruction prochaine, si les Abeilles n'avaient le pouvoir de tirer de la plèbe des ouvrières quelques œufs ou larves pour en faire des reines. Autour des élues, les cellules voisines sont sacrifiées, avec leur contenu. La cellule respectée est agrandie, transformée en cellule royale, abondamment approvisionnée de la précieuse gelée, et le miracle s'accomplit.

«Dis-moi ce que tu manges, je te dirai qui tu es.» L'aphorisme de Brillat-Savarin ne semble-t-il pas avoir été tout exprès fait pour les Abeilles? Nulle part, tout au moins, il n'est aussi vrai que chez elles. Cette puissance de l'alimentation, cette influence du régime sur le développement ou l'atrophie des organes qui comptent parmi les plus importants, est assurément un des faits les plus étonnants de la physiologie animale.

Qu'est-ce donc que cette gelée aux effets si merveilleux? On a longtemps cru que c'était le résultat d'une élaboration particulière faite par les Abeilles, d'un mélange de pollen et de miel. Mais le microscope n'y révèle aucune trace de la poussière fécondante des fleurs, ni la chimie aucun élément qui procède de la mixture susdite. C'est une matière azotée, de la nature des substances dites albuminoïdes, enfin un produit de sécrétion. Sans en avoir la certitude, on présume fortement que cette substance provient des glandes cervicales supérieures, qui ne se voient bien développées que chez les ouvrières jeunes, chez les nourrices, et sont au contraire atrophiées chez les butineuses.

Quand les jeunes reines sont près d'éclore, le moment de l'essaimage est venu. Plusieurs indices, auxquels l'apiculteur ne se trompe pas, ont annoncé, quelques jours à l'avance, la prochaine sortie d'un essaim: un état particulier d'agitation de la ruche, les bruyantes sorties des mâles aux heures chaudes de la journée, les Abeilles se suspendant en grappes énormes sous le tablier de la ruche, *faisant la barbe*, selon l'expression reçue, et produisant un fort bruissement à l'entrée.

Enfin, par une belle journée, dès neuf ou dix heures au plus tôt, jusqu'à quatre heures au plus tard, on voit tout d'un coup comme un torrent d'Abeilles s'écouler de la ruche, s'élever en tourbillonnant dans les airs, avec un bruissement intense. Le spectacle est vraiment saisissant; mais il est si prompt à se produire, que bien des apiculteurs n'ont jamais eu la chance de l'observer. Au bout de quelques minutes, ces milliers d'Abeilles, tourbillonnant toujours, se concentrent graduellement vers un endroit, ordinairement une branche d'arbre du voisinage, où on les voit toutes se ramasser, former un amas globuleux autour de la branche, puis pendre au-dessous comme une forte grappe. L'essaim est formé.

Avec toutes ces Abeilles, la vieille mère a quitté la ruche, laissant la place aux jeunes mères près d'éclore. Peu agile, ayant à traîner un ventre énorme, la reine fugitive n'est généralement portée d'un premier élan qu'à une faible distance de son ancien domicile. Le nuage que forment les Abeilles de l'essaim a pour but de ne point laisser égarer la mère. Où qu'elle se pose, toujours quelques Abeilles l'aperçoivent, l'entourent et deviennent ainsi le centre de ralliement de l'essaim.

Généralement l'essaim se bornera, pour la journée, à cette première étape, pour ne partir que le lendemain, et s'établir en un lieu déjà reconnu par des éclaireurs. Tantôt l'essaim arrive d'une traite à destination; tantôt il n'y parvient qu'après une ou deux étapes successives.

Tous les écrivains qui depuis l'antiquité jusqu'à nos jours ont parlé des Abeilles, n'ont pas manqué de recommander divers moyens pour obliger les essaims à s'arrêter dans leur essor, et à se poser dans le voisinage. «Fais retentir l'airain, dit Virgile, et frappe les bruyantes cymbales.» Moins poétiquement, de nos jours, l'apiculteur ignorant régale les Abeilles fugitives d'un affreux charivari de casseroles et de chaudrons. L'Abeille, hélas! y est insensible, et pour cause: elle n'a point d'oreilles, et n'en fait pas moins sa halte là où il lui convient, ou plutôt là où la reine s'arrête.

Nous n'entrerons pas ici-dans la description des procédés usités pour recueillir les essaims et les loger dans une ruche. Ces détails relèvent trop exclusivement de l'apiculture pratique.

A peine l'essaim est-il logé dans sa nouvelle demeure, que les Abeilles s'empressent de se mettre au travail. Dès le lendemain de son installation, on peut constater, au plafond du local, les ébauches de quelques rayons, et déjà les butineuses courent aux champs. La reine ne tarde pas à garnir d'œufs les rayons grandissants. La nouvelle colonie est en pleine activité. On peut se demander d'où les cirières, dans cette maison vide, tirent les éléments de la cire qu'elles produisent en si grande quantité. Nous avons négligé de dire que, avant le départ de l'essaim, toutes les ouvrières se sont gorgées de miel dans les magasins de l'ancienne ruche; elles partent donc le jabot plein, ayant des vivres pour quelque temps, de quoi fournir à leur nutrition et par suite à la sécrétion de la cire.

Revenons à la souche. Appauvrie par le départ de l'essaim, durant quelques jours, elle paraît morne et triste. Peu à peu cependant le nombre des Abeilles y augmente par l'apport des naissances, et, si les circonstances sont favorables, elle a bientôt repris son aspect et son animation antérieurs.

Une nouvelle reine, la première sortie de sa cellule, a succédé à l'ancienne. Si la ruche est prospère et en tel état qu'elle puisse fournir un second essaim, elle l'accompagnera comme la vieille mère pour le premier. Si la ruche ne doit pas donner d'autre essaim, les autres reines sont supprimées les unes après les autres, mais non point toutes à la fois; quelques-unes sont réservées pour remplacer, s'il y a lieu, leur aînée, exposée à se perdre, à disparaître d'une façon ou d'une autre pendant sa promenade nuptiale.

Le second essaim, dit essaim *secondaire*, part, en général, huit ou neuf jours après l'essaim *primaire*. Il se forme quelquefois un troisième essaim, bien rarement un quatrième. D'ordinaire ces essaims ne se posent point dans le voisinage du rucher qui les a fournis, les jeunes reines qui les accompagnent, plus légères que les vieilles, étant capables de parcourir de plus grandes distances sans s'arrêter.

OUVRIERES PONDEUSES.—Nous ne pouvons passer sous silence une question aussi importante théoriquement que débattue parmi les éleveurs d'Abeilles. Il s'agit de la ponte des ouvrières. Nous savons que les ouvrières ne sont que des femelles imparfaites, des femelles dont les ovaires n'ont pas atteint leur entier développement, et qui par suite demeurent stériles. Exceptionnellement, elles seraient, dit-on, capables de pondre un certain nombre d'œufs. Seulement, l'imperfection des organes rendant chez elles toute fécondation impossible, ces œufs, conformément à la théorie connue, ne donneraient jamais que des mâles. Quelques-uns ont même été jusqu'à prétendre que la mère ne pondait que des ouvrières, des femelles, et que la ponte des mâles était exclusivement le fait des ouvrières. Les ouvrières seules, dans cette dernière opinion, seraient parthénogénésiques.

Huber ne s'est point borné à affirmer l'existence d'ouvrières pondeuses; il les aurait saisies sur le fait, aurait pu s'en rendre maître et les examiner à loisir. Sans nous appesantir sur les difficultés que présentent de telles constatations, bien qu'elles semblent n'être qu'un jeu pour l'ingénieux aveugle, nous nous bornerons à remarquer qu'on en est réduit, encore aujourd'hui, à tabler sur les observations qu'il a faites.

Quoi qu'il en soit, Huber, qui jamais n'est à court, en fait d'explications, se rend compte comme il suit de la production des Abeilles pondeuses. Tout d'abord il imagine que ces Abeilles doivent naître dans le voisinage des cellules de reines, et cela, parce que l'on conçoit que les Abeilles, en préparant la gelée royale et la servant aux larves élues ont pu en laisser *tomber* quelques parcelles dans les cellules voisines. De là, pour les Abeilles qui ont recueilli les miettes tombées de la table royale, la faculté qu'elles partagent avec la reine. Huber ne remarque point combien est improbable, chez des insectes dont on admire tant, et à juste titre, la dextérité, cette chute de la gelée dans les cellules voisines, cette maladresse, disons le mot, qui seule ferait les ouvrières pondeuses. Et puis, comment les nourrices pourraient-elles laisser choir des parcelles de gelée en dehors de la cellule royale, puisqu'il leur faut s'introduire dans cette cellule pour la dégorger dans le fond?

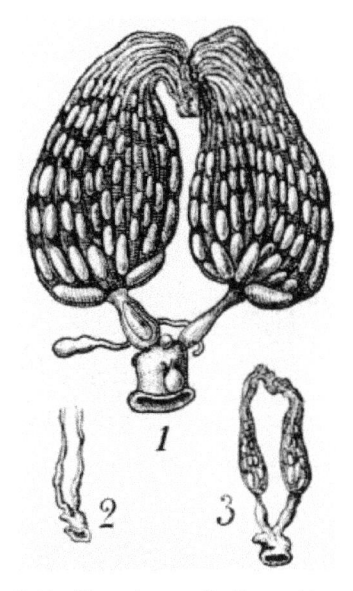

Fig. 22. 1. Ovaires d'Abeille reine;—2. d'ouvrière dite pondeuse;—3. d'ouvrière ordinaire.

Néanmoins tous les traités d'apiculture figurent les ovaires de l'ouvrière ordinaire et ceux de l'ouvrière pondeuse (fig. 22). Ceux de la première sont tout à fait atrophiés, ceux de la seconde, plus développés, renferment quelques œufs. Huber, ayant disséqué une de ces Abeilles, compta onze œufs, qui lui «parurent prêts à être pondus». J'ai moi-même disséqué bon nombre d'Abeilles, à ce point de vue, et j'ai reconnu que, chez les vieilles butineuses, l'ovaire présente toujours cet état d'atrophie qu'on donne comme caractéristique des ouvrières ordinaires; chez les jeunes, l'ovaire se trouve en l'état que l'on figure comme étant propre aux ouvrières pondeuses. J'ai même reçu de prétendues ouvrières pondeuses, en lesquelles je n'ai reconnu, tant à leur fraîcheur extérieure qu'à l'état de leurs organes internes, que des Abeilles venant d'éclore.

L'ovaire de l'ouvrière, depuis son éclosion jusqu'à la fin de sa vie, subit une régression continue. C'est une loi générale de l'évolution des animaux, que des organes destinés à ne jamais entrer en fonction, se développent pendant un certain temps, comme s'ils devaient remplir le rôle auquel la nature semble les appeler; puis, après avoir atteint un certain degré, ne le franchissent point, et ne tardent pas à subir une atrophie progressive.

Du langage des abeilles.—Une des facultés les plus étonnantes des Abeilles et l'un des fondements les plus solides de leur état social, est la parfaite et constante harmonie qui règne dans leur société. Nulle tendance particulariste dans la ruche, nulle indépendance individuelle.

La volonté de l'un est la volonté de tous. Il existe véritablement une volonté sociale, et même, si l'on veut, une conscience sociale. Cette inaltérable unité de vues et d'actions a été diversement expliquée. On ne saurait parler aujourd'hui de volonté imposée à la colonie par un monarque qui n'a de royal que le nom. Existerait-il, d'individu à individu, une communication, un échange d'idées, à l'aide de signes particuliers? L'expérience, jusqu'ici, ne semble guère parler en faveur d'un *langage* entre les Abeilles. L'hypothèse la plus naturelle, selon nous, est que la similitude d'impression, chez des êtres semblablement organisés, doit forcément entraîner la similitude de leurs actes. Toute Abeille, dans une circonstance donnée, apprécie de la même façon les faits dont elle est témoin, subit les mêmes impressions et se détermine en conséquence.

Mais il existerait, chez les Abeilles, au dire des apiculteurs, une sorte de langage qui n'a rien de commun avec celui dont nous venons de parler; on a même rédigé une *grammaire apicole*. Hâtons-nous de dire que l'un et l'autre ne sont qu'un produit de l'imagination des éleveurs d'Abeilles. Excusons-les: on est partial pour ce qu'on aime; l'affection passionnée qu'ils portent à leurs élèves leur fait découvrir en eux une foule d'avantages, de facultés, dont la science attend en vain la preuve. Ainsi en est-il de ce prétendu langage des Abeilles, élevé à la hauteur d'un dogme par la majorité des apiculteurs, qui prétendent y puiser une foule de renseignements utiles.

On doit au pasteur Johann Stahala, de Dolein près Olmütz, le premier traité sur la matière. Prenons au hasard dans cette grammaire de l'apiculteur:

Dziiiiiiiii-dziiiiiiii

est le son produit par les Abeilles, quand elles ont trop froid, et que l'on a frappé du doigt contre la paroi de la ruche;

Houououououououououou

est le triste chant de la ruche orpheline;

Ouizziir

informe l'apiculteur que les Abeilles sortent chercher de l'eau;

Tchzouou

qu'elles vont à la récolte du miel;

Houhouhouhouhouhou,

entendu le soir, en été, signifie que la récolte est très bonne;

Brrrr-brrrr,

est le cri de détresse des malheureux faux-bourdons, le jour de leur massacre;

Tu-tu-tu-tu-tu-tu,

est le chant de la jeune reine, à peine sortie de sa cellule, auquel la vieille reine répond:

Couâ, couâ, couâ, ou cououâ, cououâ, cououâ,

afin d'informer l'apiculteur qu'un essaim sortira dans deux ou trois jours.

Nous en passons et des plus drôles.

Les Insectes, on le sait, n'ont pas de voix. Le langage des Abeilles, si langage il y a, ne saurait être que le résultat des modifications du bourdonnement qui accompagne le mouvement des ailes. Le son produit par ces organes varie en hauteur et en intensité avec la vitesse et l'amplitude de leurs vibrations. En outre, l'intégrité des ailes ou le déchirement de leurs bords, leur frôlement contre les objets voisins, sur le corps même des autres Abeilles, apportent dans le bourdonnement des différences sensibles, qui n'ont rien de significatif, surtout d'intentionnel. C'est là tout ce qu'il faut penser du prétendu langage des Abeilles.

IRRITABILITE DES ABEILLES.—L'AIGUILLON.—Si l'Abeille est bien outillée pour le travail, elle n'est pas moins bien armée pour le combat. Nous avons décrit l'aiguillon, dont l'ouvrière est prompte à faire usage, lorsqu'on la saisit à la main, ou qu'elle se croit attaquée dans sa ruche. En dehors de ces deux circonstances, l'Abeille est le plus inoffensif, le plus timide des êtres.

Loin de sa demeure, elle ne se jette jamais sur qui l'attaque; elle ne songe qu'à fuir.

Mais ce n'est jamais impunément qu'on va l'exciter chez elle, ou même, sans intention hostile, qu'on se livre devant la ruche à des mouvements brusques, qu'elle ne manque jamais de prendre pour une provocation. Une, dix, cent Abeilles, presque tout l'essaim, peuvent se jeter sur l'agresseur inconscient ou volontaire, et lui faire payer cher sa maladresse ou sa témérité. Plus d'une fois un innocent quadrupède, paissant près d'une ruche, s'est vu assaillir par toute la colonie, coupable seulement d'avoir agité la queue devant la porte de ces susceptibles mouches. Souvent un travailleur inexpérimenté, bêchant devant une ruche, se sent tout à coup criblé de piqûres, et n'échappe que par une prompte fuite aux attaques de plusieurs milliers d'Abeilles furieuses.

Nous avons vu que l'œil des Abeilles est organisé pour mieux percevoir le mouvement des objets que leur forme. L'irritabilité de ces insectes est en rapport avec cette netteté de perception d'un corps en mouvement. L'immobilité, devant la ruche, ou tout au moins la lenteur des mouvements de l'observateur, est une sauvegarde certaine. Il peut impunément approcher d'aussi près qu'il voudra, poser même la main sur le tablier, sans qu'aucune Abeille songe à s'en formaliser. Recommandation importante, ne pas porter la main sur l'Abeille qui se pose sur vous, serait-ce sur le visage. Si elle n'a point piqué en se posant, c'est qu'elle n'a aucune intention malveillante: l'Abeille irritée pique au moment même où elle aborde. Poser la main sur elle, c'est courir au-devant de la blessure, sans compter que la brusquerie du mouvement involontaire peut exciter d'autres Abeilles qui en sont témoins.

L'apiculteur, au courant de ces habitudes, sait éviter les accidents auxquels le vulgaire est exposé, si bien que les Abeilles semblent pour lui des animaux familiers, reconnaissant à qui elles ont affaire. Il n'en est rien; l'Abeille n'a aucune connaissance de la personne qu'elle voit journellement, et elle la traite comme une étrangère, dès qu'elle néglige les précautions que la pratique enseigne.

L'égalité d'humeur n'est pas une qualité des Abeilles. Tout apiculteur sait que le temps orageux les rend nerveuses et irritables au plus haut point. Ce n'est pas alors le moment de les aborder et de se livrer aux manipulations ordinaires de l'industrie apicole. Même par le beau temps, il n'est pas toujours prudent de les travailler aux heures les plus chaudes de la journée. L'apiculteur néanmoins fait usage de certain artifice qui les rend tout à fait maniables, c'est l'enfumage. Du chiffon, du vieux bois ramolli, et telles autres substances dont la combustion produit d'abondantes fumées, sont mises à brûler dans des récipients spéciaux. La ruche étant ouverte avec précaution, on projette la fumée dans son intérieur. Les Abeilles étourdies, effrayées, courent aux provisions se gorger de miel, comme si elles étaient prêtes à abandonner la ruche devant une agression irrésistible. En même temps un bruissement d'intensité croissante se fait entendre. Au bout de quelques minutes, les Abeilles stupéfiées, ne sachant que devenir, sont devenues maniables, et l'opérateur peut attaquer les gâteaux, les tourner et retourner en tous sens, en chasser les Abeilles pour les examiner à loisir, sans avoir rien à craindre. Si l'opération est un peu longue, si le bruissement paraît diminuer, une nouvelle projection de fumée sur les gâteaux calmera les Abeilles près de s'irriter. Avec un peu d'habitude et de prudence, l'apiculteur peut à son gré manipuler les Abeilles sans se servir des engins protecteurs, gants et masque, usités dans les travaux apicoles.

La piqûre de l'Abeille est assez douloureuse; les effets en persistent pendant trois à quatre jours d'ordinaire. L'inoculation de venin qui l'accompagne produit un gonflement plus ou moins prononcé et étendu des parties environnant la petite plaie. Toute la région ainsi distendue est le siège d'un prurit insupportable et douloureux au toucher. On a indiqué une foule de remèdes contre ces blessures; pas un n'est efficace. La seule chose à faire, c'est, après avoir extrait l'aiguillon, s'il est resté dans la plaie, de comprimer latéralement celle-ci, pour tâcher d'en expulser une certaine quantité de venin, avant qu'il ait eu le temps de se répandre au loin dans les tissus, et puis, attendre patiemment que la douleur et le gonflement s'évanouissent. Il n'y a de véritable danger dans ces accidents que lorsque les blessures sont nombreuses.

ABEILLES PILLARDES.—Si laborieuse que soit l'Abeille, elle ne dédaigne pas le bien acquis sans peine, et son avidité pour le miel la pousse souvent à tenter de le dérober à autrui. Voyez cette Abeille qui rôde d'un vol saccadé autour d'une ruche; voyez-la s'approcher prudemment de l'entrée, reculer aussitôt devant les manifestations hostiles des sentinelles, revenir, s'en aller encore, revenir avec ténacité, essayant de tromper la vigilance des maîtresses du logis. A ces allures on reconnaît la *pillarde*. Si la porte est un instant mal gardée, elle se faufile dans la maison, s'y gorge de miel, qu'elle va aussitôt rapporter chez elle. Souvent elle est surprise en flagrant délit; saisie par une foule irritée, tiraillée par tous ses membres, elle est traînée sur le tablier, obligée de dégorger le miel dérobé, qu'une Abeille reprend trompe à trompe, exécutée enfin sans pitié. Tel est le sort de toute pillarde dans une forte ruche.

Mais quand les habitants sont peu nombreux, la porte mal gardée est à tout instant forcée par quelque maraudeuse; plus d'une succombe, mais leur nombre croissant toujours, l'invasion devient bientôt irrésistible. Des duels à mort s'engagent sur tous les points, et les Abeilles envahies finissent par succomber. La ruche alors est saccagée en toute liberté. Trois ou quatre jours durant, suivant l'importance de ses magasins, elle ne désemplit pas d'une cohue bruyante, qui la dévalise avec une folle activité. Le soir le silence revient, toutes les pillardes sont rentrées chez elles; mais au matin suivant, le tumulte reprend de plus belle, et cela continue ainsi jusqu'à ce qu'il ne reste plus que les gâteaux gaspillés, les cellules vidées.

La ruche en détresse est anéantie au profit de la cité déjà florissante, qui n'en devient que plus prospère. Telle est la loi de la lutte pour l'existence. La reine de la colonie faible périt sans descendance, celle de la colonie populeuse fera souche, et sa lignée pourra hériter de ses qualités supérieures, au grand avantage de l'espèce.

Des sentiments affectifs chez l'Abeille.—Nous avons dit l'affection, le culte dont la mère est entourée, les soins assidus, dévoués, dont le couvain est l'objet. Ce sont là, au point de vue moral, si l'on nous permet de parler ainsi, les beaux côtés de l'Abeille. Remarquons toutefois que ces qualités sont tout au profit de la société. Si la mère était indifférente aux ouvrières, si les œufs, les larves, les nymphes étaient parfois négligés, la ruche ne verrait jamais le bien-être et la prospérité. L'affection dont la mère est l'objet est même un instinct tellement enraciné, que nous le voyons persister, au détriment de la communauté, alors que la mère, inféconde ou bourdonneuse, est une cause de ruine pour la colonie. A cette exception près, les Abeilles n'ont de qualités qu'à notre point de vue moral et humain nous pouvons juger bonnes, que celles dont l'association profite, celles sans lesquelles elle ne pourrait exister.

Il en est de même pour ce que nous pourrions considérer comme leurs défectuosités morales. Comme leurs qualités, elles sont à l'avantage de la société, et c'est pour cela qu'elles existent. Faut-il rappeler les mâles expulsés, dès qu'ils ne sont plus qu'une cause de déchet pour la ruche? la vieille butineuse, usée au service de l'État, rejetée sans pitié, dès que les forces l'abandonnent? les œufs sacrifiés à la nécessité de loger une récolte surabondante? Ce n'est pas tout encore: tout individu mal venu, qu'une infirmité quelconque rend impropre au travail, est, dès sa naissance, jeté dehors. Et tous ces expulsés sont voués à la même mort, la mort lente à venir, par le froid et la faim.

Ces mœurs féroces, cette dureté vraiment spartiate montrent sous leur véritable jour l'instinct avant tout utilitaire de l'Abeille. Le bien exclusif de l'État est la loi suprême. Le sentiment ici n'a rien à faire. Qualités ou défauts, bonté morale ou cruauté, tout cela n'existe que dans nos appréciations. La nature ne voit que le résultat; pour elle, tout est bien qui mène au but: la permanence et la prospérité de l'association.

Dans ce sens, resterait encore un progrès à accomplir, l'instinct des Abeilles devenu capable de discerner dans la reine, comme il le fait dans l'ouvrière, l'aptitude ou l'incapacité physiologique, et de supprimer par suite—pour la raison d'État—la reine mal conformée, inféconde ou bourdonneuse.

Telle qu'elle est, cependant, la ruche n'en reste pas moins un objet digne de toute notre admiration, et le phénomène biologique le plus remarquable qui existe dans le monde des Insectes.

PARASITES ET ENNEMIS DE L'ABEILLE.

«Le seul ennemi réellement redoutable pour les Abeilles, dit un habile praticien que nous avons déjà cité, c'est le mauvais apiculteur, fléau, dont l'instruction peut seule débarrasser les Abeilles.» Dans beaucoup de contrées, en effet, on voit encore le paysan, obstiné dans une déplorable routine, n'avoir d'autre procédé d'extraction pour le miel et la cire, que l'étouffement des Abeilles, c'est-à-dire le sacrifice d'un certain nombre de colonies, qu'il remplace au printemps, s'il le peut, par de nouveaux essaims. Cette méthode barbare, qui d'ailleurs ne donne que des produits inférieurs, disparaîtra par la vulgarisation des procédés rationnels.

C'est la classe des Insectes, naturellement, qui fournit les principaux ennemis des Abeilles.

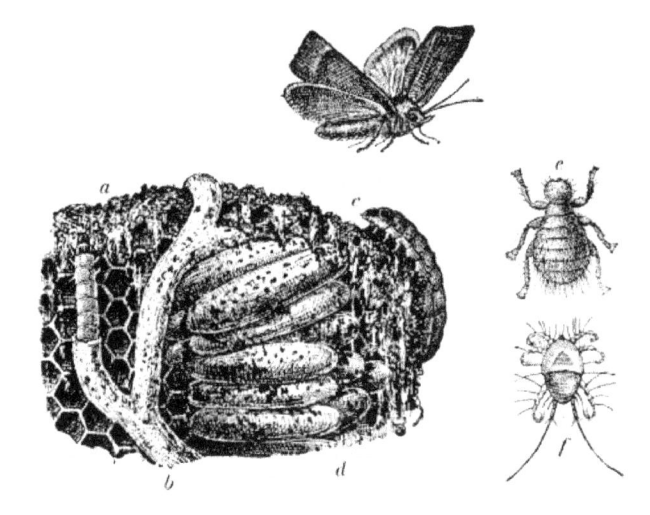

Fig. 23.—Ennemis de l'Abeille: Gallérie, Braula, Tridactyle.

Au nombre des plus dangereux est la *fausse teigne* (fig. 23), dont il existe deux espèces, la grande ou Gallérie (*Galleria mellonella* Linn. ou *cerella* Fabr.), et la petite (*Achræa grisella* Fabr.). Ce sont deux Lépidoptères nocturnes de la famille des Crambides, le premier, long d'une quinzaine de millimètres, aux ailes variées de gris et de brun, le second moitié plus petit, d'un gris cendré uniforme. Ils s'introduisent dans les ruches pour pondre sur les rayons des œufs d'où éclosent de petites chenilles fort agiles, qui, dès leur naissance, se logent dans la cire qu'elles dévorent, et où elles se font des galeries tapissées de fils de soie et souillées de leurs excréments. Quand leur nombre est considérable, il constitue un véritable fléau, la ruine même de la colonie en certains cas. Les gâteaux, criblés de galeries et soudés les uns aux autres par une multitude de fils de soie et par les cocons agglomérés, ne forment plus qu'un magma inhabitable pour les Abeilles. Bien que ces chenilles ne s'attaquent qu'à la cire et respectent le miel, celui-ci n'en est pas moins perdu, mêlé à toute sorte d'impuretés qui l'altèrent. Le meilleur moyen de se garantir de la teigne, c'est d'avoir des ruches bien closes et de fortes colonies. Dans ces conditions, les Abeilles suffisent à se débarrasser des quelques chenilles qui ont pu pénétrer chez elles. Il faut éviter aussi de tenir dans la ruche trop de gâteaux vides, que les Abeilles visitent peu, et où les Galléries peuvent dès lors s'installer en toute sécurité. La petite teigne a elle-même un parasite, qui sait la poursuivre et l'atteindre dans ses galeries. C'est un frêle hyménoptère du genre *Microgaster*, une sorte de moucheron noirâtre, long de 3 millimètres. Une petite tarière, dont cet animalcule est armé, lui sert à introduire dans le corps de la chenille un œuf, d'où sort un petit ver qui se nourrit de ses viscères et se file ensuite, à côté de son cadavre, un petit cocon d'un blanc éclatant. Le Microgastre détruit souvent un grand nombre de chenilles de la teigne. Mais ce qui réduit l'importance de cet allié inconscient des Abeilles, c'est la considération que les teignes ne se développent guère en nombre que dans les ruches faibles, dont la reine est peu féconde ou même bourdonneuse. L'apiculteur, en pareil cas, sait bien où est le remède, et loin de s'en reposer sur le Microgastre, il se hâtera de changer la mère et de fortifier la colonie.

Fig. 24.—Philanthe emportant une Abeille.

Le Philanthe (*Philanthus apivorus*) (fig. 24) est un redoutable ennemi des Abeilles. Cet hyménoptère fouisseur, à l'aspect d'une guêpe, à l'énorme tête armée de longues mandibules en forme de faux, creuse dans les talus de profondes galeries, où il entasse des Abeilles destinées à la nourriture de ses larves. Aux mois d'août et de septembre, on peut voir le Philanthe rôder autour des fleurs visitées par les Abeilles, et, dès qu'il en aperçoit une, fondre sur elle avec une rapidité prodigieuse, la saisir et la percer plusieurs fois de son aiguillon, puis l'emporter, paralysée, dans son terrier. Trois ou quatre Abeilles sont entassées dans chaque cellule avec un œuf pondu sur l'une d'elles. Comme chaque femelle approvisionne une vingtaine de cellules, on peut imaginer ce que détruisent d'Abeilles les centaines et les milliers de Philanthes, dont les terriers se voient dans un même talus.

L'Asile (*Asilus crabroniformis* et autres espèces) saisit souvent les butineuses, dont il suce le sang de sa trompe aiguë enfoncée dans le cou de sa victime.

Fig. 25.—Atropos.

Un énorme Sphingide, l'*Acherontia Atropos* (fig. 25) ou *Tête-de-mort*, s'introduit fréquemment dans les ruches, et, sans souci de l'aiguillon des Abeilles, dont il est protégé par une forte cuirasse et une épaisse toison, se glisse jusqu'au grenier à miel, dont il peut absorber des quantités prodigieuses, jusqu'à six à sept grammes. Un grand émoi règne dans la ruche où a pénétré cet intrus, qui parfois périt victime de sa gourmandise, et se gorge au point de ne pouvoir ressortir par l'orifice qui lui a livré passage. Un apiculteur digne de foi nous a affirmé avoir trouvé une fois douze de ces papillons dans une seule ruche. Les Abeilles se mettent souvent à l'abri des visites de l'*Atropos*, en édifiant à l'entrée de la ruche de petites colonnettes de cire propolisée, dont les intervalles sont juste suffisants pour les laisser passer elles-mêmes, mais arrêtent le papillon. L'apiculteur zélé fait bien de ne pas compter sur ses élèves, et rétrécit lui-même l'entrée à l'aide de petits clous équidistants, bien supérieurs aux colonnettes de cire.

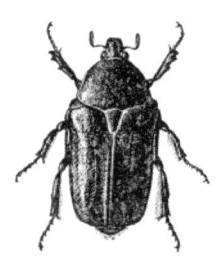

Fig. 26.—Cétoine.

Un autre amateur de miel, une grosse Cétoine (*Cetonia Cardui*) (fig. 26) s'introduit aussi dans les ruches, en certains pays, et peut, quand il est en nombre, y occasionner de sérieux dommages. Mieux encore que la Tête-de-mort, ce coléoptère est mis à l'abri des piqûres par une dure cuirasse.

Les traités d'apiculture signalent vaguement les larves de Méloés (fig. 27) comme nuisibles aux Abeilles. On a pu longtemps croire que l'accusation était mal fondée, car ce que l'on sait des habitudes des Méloïdes[7] ne permettait guère de croire qu'ils pussent se développer dans les ruches, et en effet on ne les trouve jamais dans les rayons, subissant la série compliquée de leurs métamorphoses. Mais on sait maintenant, depuis les observations d'Assmuss[8], auteur d'un intéressant mémoire sur les parasites de l'Abeille, que c'est autrement qu'ils lui sont nuisibles. Les jeunes larves de Méloé sont prises par la butineuse sur les fleurs; elles se cramponnent à ses poils, courent sur son corps, s'attachent à ses articulations, y insinuent leur tête et deviennent la cause d'une excitation d'autant plus vive qu'elle dure depuis plus longtemps et qu'elle est causée par un plus grand nombre de ces animalcules. Elle devient souvent intolérable, au point que l'Abeille énervée, à bout de résistance, périt dans les convulsions. C'est ce que l'on a appelé la *rage*. Un apiculteur a perdu ainsi, dans vingt-trois ruches, la moitié des ouvrières et neuf reines. Ces petites larves, en effet, une fois introduites dans la ruche par les butineuses, passent d'une Abeille à l'autre, et peuvent ainsi s'attacher à la reine. On ne saurait indiquer aucun remède contre de pareils désastres. Ils sont heureusement rares. Comme mesure préventive, d'efficacité bien douteuse, il est toujours bon de détruire les Méloés adultes que l'on rencontre, chaque femelle tuée représentant environ 5000 œufs supprimés.

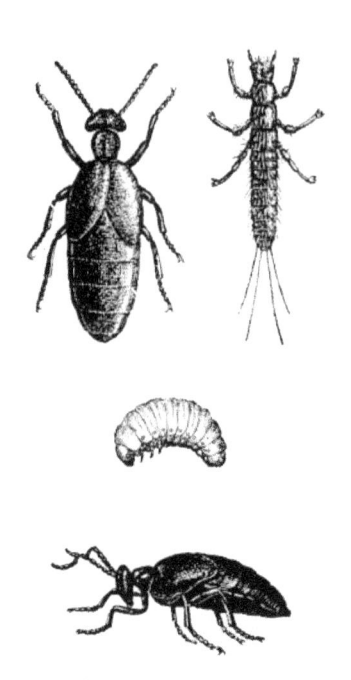

Fig. 27.—Méloés.—Adultes. Larve primaire ou triongulin et larve secondaire.

Nous ne parlerons point, même pour mémoire, de quelques autres insectes qu'on peut, de loin en loin, trouver dans les ruches et vivant aux dépens des Abeilles, non plus que de quelques helminthes, qui parfois se développent dans leurs viscères. C'est à peine si nous devrions aussi mentionner les araignées, qui ne sont pas plus particulièrement nuisibles aux Abeilles qu'à tout autre insecte volant. Elles font cependant de nombreuses captures, quand leurs toiles sont tendues non loin des ruches, sur le passage des butineuses. L'apiculteur aura toujours avantage à faire disparaître ces filandières.

Nous consacrerons quelques lignes, vu son étrangeté, à un parasite, dont a longtemps ignoré les véritables rapports avec l'Abeille, le *Braula cæca*, connu des apiculteurs sous le nom de *pou des Abeilles* (fig. 23, *e*).

C'est un petit Diptère, dépourvu d'ailes, privé d'yeux, de couleur brune, long de 1^{mm},5. Cet animalcule se tient sur le corselet ou sur la tête de l'Abeille, cramponné solidement à ses poils, à l'aide de quadruples crochets terminant chacune de ses pattes. Il se meut avec une agilité surprenante sur le corps velu de l'Abeille, et c'est merveille que de voir la dextérité de ce petit être dénué de vue, la facilité avec laquelle il déjoue les efforts que l'on fait pour le séparer de son hôte, sa déconvenue stupide quand on y a réussi, sa promptitude à regrimper sur son véhicule, dès qu'il a senti le contact du moindre poil de l'Abeille.

«Ayant pris un jour une Abeille portant un de ces poux, je lui serrai un peu fortement la tête entre les mors d'une pince, afin de la rendre immobile et m'emparer aisément du petit parasite. L'un et l'autre, portés sur ma table de travail, y furent abandonnés quelque temps sous une cloche de verre.

«Quand je revins à eux, je ne fus pas peu intrigué de voir le petit parasite dans la plus vive et la plus bizarre agitation. Campé sur le devant de la tête de l'Abeille, il se démenait avec une incroyable vivacité et comme en proie à une véritable fureur. Tantôt il se portait sur le bord libre du chaperon, et, de ses pattes antérieures relevées, il frappait et grattait, aussi rudement que sa faiblesse le comportait, la base du labre de l'Abeille; puis il reculait brusquement vers l'insertion des antennes, pour reprendre aussitôt son impétueuse agression. J'étais encore tout entier à la surprise du premier instant, quand je vis subitement toute cette colère calmée, et le petit animal, appliqué contre le rebord du chaperon, la tête baissée sur la bouche légèrement frémissante de l'Abeille, y humer une gouttelette liquide.

«Je compris aussitôt. La manœuvre dont j'avais été témoin tout d'abord était le préliminaire du repas. Quand le pou veut manger, il se porte vers la bouche de l'Abeille, où l'agitation de ses pattes munies d'ongles crochus produit une titillation désagréable peut-être, tout au moins une excitation des organes buccaux, qui se déploient un peu au dehors et dégorgent une gouttelette de miel, que le pou vient lécher et absorber aussitôt.» (J. Pérez, *Notes d'apiculture.*)

Pour en finir avec les animaux articulés, citons le Trichodactyle, acarien qui souvent pullule dans les vieilles ruches, vermine plus désagréable que vraiment nuisible à ses habitants (fig. 23, *f*).

Parmi les animaux vertébrés, on a signalé le *crapaud*, le *lézard*, comme se rendant quelquefois coupables de happer une Abeille. Cela est bien possible; mais le cas doit être si rare, que nous ne pouvons que nous montrer très indulgents pour ces débonnaires créatures.

En revanche la *fouine*, le *blaireau*, la *souris*, la *musaraigne* mériteraient toute notre sévérité si, comme on l'affirme, ces animaux pénètrent, pendant l'hiver, dans les ruches rustiques, pour dévorer rayons, miel et Abeilles. De bonnes ruches bien construites défieraient ces dévastateurs.

Plus d'un oiseau est accusé de capturer au vol les Abeilles, et même, ce qui est plus audacieux, d'aller, comme la *mésange*, faire tapage à leur porte, en hiver, pour les attirer sur le seuil et s'en repaître. N'y a-t-il pas quelque exagération en tout cela? Mais il est un oiseau, chasseur né des Abeilles et des guêpes, qui fait d'elles une énorme consommation. C'est le *Guêpier*, ou *Abeillerolle* (*Merops apiaster*), bien connu dans les contrées méridionales, détesté des apiculteurs, qui lui font une guerre opiniâtre, comme celle qu'il fait lui-même à leurs élèves. Le guêpier a l'habitude de se poser à quelque distance d'une ruche ou d'un nid de guêpes, et de happer au passage les butineuses qui rentrent ou qui sortent. Telle est son assiduité et sa persistance, que de quelques jours il ne quitte son poste d'observation, jusqu'à ce qu'il ait réduit à rien ou à peu près la légion des butineuses.

EXTENSION GÉOGRAPHIQUE DE L'ABEILLE DOMESTIQUE.—SES PRINCIPALES RACES.—AUTRES ESPÈCES DU GENRE APIS.

L'*Apis mellifica* est répandue dans toute l'Europe, dans le nord de l'Afrique et une partie de l'Asie occidentale. Dans cette vaste étendue de territoire, les effets du climat ont dû naturellement se faire sentir sur l'espèce, et y déterminer la formation de plusieurs races plus ou moins caractérisées.

La plus anciennement connue de ces races est l'*Apis ligustica*, ou *Abeille italienne*, qui diffère à première vue de l'Abeille ordinaire par la coloration jaune orangé de ses deux premiers segments abdominaux et de la base du troisième, et sa villosité moins sombre. C'est une Abeille de très belle apparence, et c'est là sans doute, plus que ses qualités, qu'on s'est plu à exagérer, ce qui lui a valu l'engouement dont elle a été et est encore l'objet de la part des apiculteurs.

On l'a dite plus active, d'humeur plus douce, surtout plus productive. Une assez longue expérience ne nous a pas montré qu'elle fût plus maniable que l'Abeille commune; l'une et l'autre se comportent de même dans les mêmes circonstances. Quant à la supériorité de ses produits en quantité et en qualité, on trouve des affirmations, et rien de plus. Jamais expérience comparative précise n'a été produite à cet égard.

Cette supériorité gratuitement admise, quelques apiculteurs ont prétendu l'expliquer par une capacité plus grande du jabot, chez l'Abeille italienne, et une langue plus longue. Cette Abeille non seulement pourrait atteindre le nectar de fleurs plus profondes, mais encore en transporter à la ruche une masse plus considérable. Mais si l'on cherche la preuve de ces allégations, on ne la trouve nulle part. Jamais apiculteur, et pour cause, n'a jaugé les jabots des deux Abeilles; on n'a même pas, ce qui était facile, mesuré comparativement leurs langues. Cette dernière mesure, nous l'avons faite, et nous avons trouvé une longueur de 3^{mm},65 pour la languette, et une longueur de 5^{mm},75 pour la lèvre inférieure tout entière, dans les deux races.

Les apiculteurs voudront-ils enfin avouer que ce qui leur plaît dans l'Abeille italienne c'est surtout sa beauté?

L'*Apis fasciata*, cultivée dès l'antiquité la plus reculée en Égypte, ressemble beaucoup à l'Abeille italienne, dont elle a les segments jaunes, avec une villosité plus claire et une taille plus petite.

On a, dans ces derniers temps, essayé d'acclimater dans l'Europe occidentale diverses races venues de l'Orient, telles que l'Abeille *syrienne*, l'Abeille *chypriote*, qui, par leurs caractères extérieurs, tiennent plus ou moins de l'Abeille italienne ou de la noire, et qu'aucune qualité remarquable ne distingue de l'Abeille commune. Ajoutons-y l'*A. Cecropia*, de la Grèce, dans laquelle certains veulent voir la souche de toutes les races domestiques.

La Barbarie possède une Abeille plus voisine de la nôtre que de celle d'Égypte. Elle est toute noire, plus petite, et sait, dit-on, trouver du miel en des temps de sécheresse où notre Abeille ne trouve rien à récolter. Il ne paraît pas qu'elle s'acclimate aisément dans nos contrées. Elle est l'objet, en Kabylie, de tous les soins des indigènes, qui en tirent des quantités considérables de miel et de cire.

L'Abeille européenne a été transportée en Amérique, où elle tend à se modifier diversement, suivant les climats, aussi bien dans ses habitudes que dans ses caractères extérieurs. Au Brésil, où la flore est exubérante, elle essaime à outrance et fait peu de provisions. Aussi est-elle en maint endroit redevenue sauvage, et trouve-t-on fréquemment ses colonies dans les bois. Au Chili, elle paraît donner, sans aucuns soins, des ruches garnies de miel toute l'année, et l'heureux apiculteur n'y a d'autre occupation que la récolte. Aux États-Unis, la culture de notre Abeille est devenue une industrie florissante, dont les produits, depuis quelques années, inondent nos contrées. Plus de 20 millions de miel sont annuellement exportés d'Amérique.

Enfin, l'*Apis mellifica* est, depuis 1862, installée en Australie, à la Nouvelle-Zélande. Faite pour exploiter des flores peu riches, ou même très pauvres, notre Abeille prospère étonnamment dans toutes les contrées où l'abondance et la variété des fleurs lui fournissent de riches moissons. Elle y lutte avec avantage contre les Abeilles indigènes, Mélipones et Trigones. C'est le cas pour l'Australie particulièrement, où l'Abeille d'Europe est en train d'évincer celle du pays, dépourvue d'aiguillon. Dans notre colonie de la Nouvelle-Calédonie, la culture de l'Abeille est peu développée, non que le climat ne lui soit très favorable, mais le miel qu'elle retire d'une plante fort répandue, le *Melaleuca viridiflora*, vulgairement appelé *Niaouli*, est d'un goût trop désagréable pour être recherché. Dans l'île des Pins, où cet arbre n'existe pas, les missionnaires obtiennent un miel abondant et exquis.

Le genre *Apis* est exclusivement propre à l'ancien continent. Outre l'*A. mellifica* et ses nombreuses variétés, dont nous avons énuméré quelques-unes, ce genre y offre plusieurs espèces, dont le nombre est destiné à s'augmenter sans doute.

L'Afrique en compte plusieurs. La mieux connue est l'*A. Adansonii*, semblable d'aspect à l'*A. Ligustica*, mais plus petite, cultivée au Sénégal dans des ruches que les indigènes suspendent aux branches, pour les mettre à l'abri des lézards, et qu'ils exploitent par l'étouffement. La ruche vidée, remise en place, ne tarde pas à être réoccupée par un essaim.—Citons encore, parmi les Abeilles africaines: les *A. Caffra* et *scutellata*, de la Cafrerie, l'*A. Nigritarum*, du Congo, qui toutes rappellent plus ou moins l'Abeille italienne; enfin l'*A. unicolor*, toute noire, à abdomen glabre, luisant, sans bandes d'aucune sorte. Cette dernière est cultivée à Madagascar, à Bourbon, à Maurice, aux Canaries. Elle donne souvent, dans la première de ces îles, un miel verdâtre, fluide, médiocre de qualité, parfois nuisible, quand elle a butiné sur les Euphorbes.

La Chine nourrit une jolie Abeille, qui se rencontre aussi dans l'Inde, l'*A. socialis*, à l'abdomen presque glabre, les trois premiers segments et la base des suivants jaunâtres, avec d'étroites bandes de poils gris. L'*A. Indica*, de l'Inde et des îles de la Sonde, qui lui ressemble beaucoup, n'en est peut-être qu'une petite variété. Ces Abeilles et quelques autres sont, de la part des Indous, l'objet d'une culture dont les particularités sont encore mal connues.

L'*Apis floralis* Fabr. est une jolie petite Abeille, voisine de l'*A. Indica*, qui a été observée par un voyageur anglais, Charles Horne. L'ouvrière de cette espèce ne mesure que 7 millimètres, la reine 13 à 14, le mâle, qui seul est entièrement noir, de 11 à 12. Elle niche dans les jardins et suspend ordinairement aux branches des orangers et des citronniers de petits gâteaux en forme de disques arrondis. Le miel en est très apprécié, et jouit, au dire des gens du pays, de propriétés médicinales.

Une mention particulière est à faire d'une grande et belle Abeille indienne, l'*A. dorsata*, qui habite aussi les îles de la Sonde. Elle a le corselet et la tête revêtus en dessus de poils noirs, l'abdomen jaunâtre, brun seulement vers l'extrémité. Elle est sensiblement plus grande que notre Abeille domestique. Ch. Horne, qui l'a observée, nous dit qu'elle est domestiquée dans l'Himalaya, où elle est logée, en général, dans des ruches faites de tronçons de bois creusés, et placées dans l'intérieur des habitations. Cette Abeille est très productive en miel et cire, qui sont l'objet de grandes transactions. A l'état sauvage, elle est très irritable et très redoutée des habitants du pays.

Comme notre Abeille domestique, l'*A. dorsata* a parfois beaucoup à souffrir des ravages occasionnés dans ses rayons par une Gallérie, la *Mellolella*. Une sorte de guêpier, le *Merops viridis*, la décime. Elle est encore impuissante à se défendre des graves déprédations d'un oiseau de proie, la *Buse mellivore* (*Pernis cristata*), qui s'introduit violemment dans ses ruches, emporte dans ses serres une grande masse de gâteaux, et, sans souci des abeilles qui l'entourent et essayent de le frapper de leurs aiguillons, s'en va sur une branche voisine dévorer tranquillement son butin.

Citons encore l'*Apis zonata* Smith, la plus grande des espèces connues, car l'ouvrière égale la taille de nos reines. Son corps est tout noir, avec quelques poils roussâtres tout autour du corselet et de belles bandes d'un blanc de neige à la base des segments. On ne connaît pas les habitudes de cette Abeille.

Au Japon, l'apiculture est fort en honneur. Les Abeilles y sont logées dans des ruches faites de planchettes. Pour les garnir, les Japonais portent dans la campagne, non loin des nids des Abeilles sauvages, des corbeilles de paille contenant du sucre. Les essaims, alléchés par cet appât, s'introduisent dans les corbeilles, et sont ensuite transvasés dans des ruches préparées d'avance.

LES BOURDONS.

Qui ne connaît ces gros hyménoptères velus, au *bourdonnement* puissant et grave, qu'on voit, dès les premiers beaux jours, voler un peu lourdement d'une fleur à une autre? De longs poils sur un corps trapu, une grosse tête tendue vers le bas, leur font une physionomie tout à fait caractéristique dans la grande famille des Abeilles (fig. 28).

Fig. 28.—Bourdon terrestre.

S'ils n'ont rien d'élégant dans leurs formes, ni de gracieux dans leurs allures, les Bourdons sont néanmoins de beaux insectes. Leur vêtement est d'ordinaire bandé de jaune, de blanc, de roux, sur un fond noir; quelques-uns sont d'une couleur fauve ou rousse uniforme. Rien de moins constant, d'ailleurs, que cette parure; on la voit, dans une même espèce, se jouer en une multitude de variations, passant les unes aux autres par d'innombrables nuances. Aussi n'est-il point rare que des espèces fort différentes arrivent, par le caprice de leurs variations, à se ressembler tellement par leurs couleurs, qu'un œil exercé peut seul les distinguer. Tel Bourdon noir, cerclé de jaune et de blanc, est frère d'un Bourdon jaunâtre avec une bande noire entre les ailes. Un autre, qu'on croirait du même nid que le dernier, se rattache à un type tout noir, roux seulement à l'arrière. Toutes ces modifications, dont les causes d'ailleurs nous échappent, sont par elles-mêmes d'un grand intérêt, et font d'une collection un peu riche de ces hyménoptères une des plus belles qu'on puisse réunir.

Les Bourdons sont très proches parents des Abeilles domestiques. Ils ont, à très peu près, la même organisation et les mêmes habitudes. Les sociétés qu'ils forment sont faites sur le même patron: une reine ou mère, des ouvrières et des mâles. Mais ces sociétés sont annuelles et non permanentes. Et ce n'est pas la seule différence qu'elles présentent.

Ainsi, chez l'Abeille, la mère est exclusivement occupée de la ponte; elle ne bâtit ni ne récolte, n'a aucun soin de sa progéniture. Chez le Bourdon, la reine n'est pas seulement la mère de toute la colonie, elle est aussi la fondatrice de la cité. C'est elle qui commença l'édification du nid, qui l'approvisionna au début, éleva les premiers-nés. Aussi, tandis que l'Abeille reine est dénuée de tout instrument de travail, de corbeilles et de brosses, de glandes à cire, la femelle Bourdon possède tous ces organes. Elle ne diffère extérieurement de l'ouvrière que par la taille.

Il y a même plus. Toutes les Abeilles ouvrières sont semblables entre elles. Il n'en est point ainsi chez les Bourdons. Comme cela se voit dans les sociétés de Fourmis, leurs ouvrières varient beaucoup de taille et de force: les unes sont d'une petitesse extrême, tandis que d'autres égalent presque la taille de la mère. Elles partagent même avec celle-ci la faculté de pondre, quoique avec une fécondité moindre; aussi désigne-t-on souvent les plus grosses des ouvrières sous le nom de petites reines ou petites femelles.

Ajoutons encore que les sociétés de Bourdons sont peu populeuses, et ne dépassent pas quelques centaines d'individus. Nous sommes loin des 40 ou 50 000 habitants que peut compter la cité des Abeilles.

Les Bourdons, comme les Abeilles, récoltent du miel et du pollen. La cueillette, opérée par les mêmes organes, se fait par les mêmes procédés. Tout aussi actif, mais moins agile peut-être que l'Abeille, le Bourdon compense cette infériorité par la masse de provisions qu'il peut porter en une fois. Ses corbeilles peuvent se charger d'énormes pelotes. Comme l'Abeille, il pétrit le pollen avec du miel à mesure qu'il le récolte.

Pour bien connaître ce qu'est une famille de Bourdons, il nous faut assister à sa naissance, suivre ses accroissements, voir son déclin et sa ruine.

La femelle de Bourdon, fécondée en automne ou à la fin de l'été, se réveille avec le printemps de son sommeil hivernal, butine avec ardeur sur les premières fleurs écloses, et se met à la recherche d'un lieu convenable pour y installer un nid. C'est généralement en mars, dans nos climats, que la plupart des espèces commencent à se montrer, ou même dès la fin de février, dans le midi de la France. Toutes les espèces ne sont pas également précoces. Le Bourdon des prés (*Bombus pratorum*) est de tous le plus hâtif. On le voit butiner sur les chatons des saules, bien des semaines avant l'apparition des Bourdons des bois (*B. sylvarum*), des champs (*B. agrorum*), des pierres (*B. lapidarius*), etc.

L'emplacement choisi pour le nid est tantôt un trou dans la terre, tel que le logis abandonné de quelque souris des champs, ou, sur le sol même, un endroit caché dans un buisson, au milieu de la mousse et des herbes. En général, une même espèce est fidèle à son genre de nid. Celui du Bourdon terrestre (*B. terrestris*), par exemple, est souterrain; celui du Bourdon des bois est aérien. Rien d'absolu, du reste; on cite même à ce sujet des choix tout à fait fantaisistes. «Ainsi un Bourdon, d'après le Dr W. Bell, avait pris possession du nid d'un rouge-gorge; une femelle du *B. agrorum*, selon F.

Smith, s'était installée dans celui d'un roitelet. Schenck trouva un nid de *B. sylvarum* au haut d'un pin, dans le gîte abandonné d'un écureuil; M. Schmiedeknecht en a rencontré un dans celui d'une linotte. Mais le cas le plus extraordinaire est celui que le Dr E. Hoffer observa à Boyanko, en Ukraine, dans le grenier d'une maison de paysan. Un vieux vêtement de fourrure en loques avait été jeté dans un coin. Un jour que la maîtresse de la maison voulut ramasser la vieille nippe, elle dut s'empresser de fuir devant la multitude d'habitants armés d'aiguillons qui y avaient élu domicile.

Quand la femelle a trouvé un local à sa convenance, elle l'approprie, s'il y a lieu, le déblaye, le nettoie, puis y apporte de la mousse, des brins de fétus, etc. C'est sur ce fondement que reposera l'édifice, abrité par le sol même, s'il est souterrain, ou par une toiture faite de chaume, de mousse et de menus débris, s'il est bâti sur le sol. En tout cas, un chemin couvert, assez étroit, fait de mousse et dont la longueur peut atteindre un pied, conduit à la cavité arrondie ou ovalaire qui sert d'habitation (fig. 29).

On n'a pas assisté à la formation de cette enveloppe générale, faite de mousse et de brindilles, à l'intérieur de laquelle s'édifieront les gâteaux. Réaumur a fait connaître le procédé qu'emploient les Bourdons, sinon pour bâtir une première fois leur maison, du moins pour la refaire ou en réparer les dégâts. S'il faut en croire notre célèbre naturaliste, les Bourdons subiraient tous les dommages, sans jamais songer à défendre leur demeure, ni tourner leur colère contre celui qui vient les tourmenter. «Ils en ont toujours usé au mieux avec moi, dit-il; il n'y en a jamais eu un seul qui m'ait piqué, quoique j'aie mis sens dessus dessous des centaines de nids.

«Dès qu'on cesse de les inquiéter, ajoute Réaumur, ils songent à recouvrir leur nid, et n'attendent pas même, pour se mettre à l'ouvrage, que celui qui a fait le désordre se soit éloigné. Si la mousse du dessus a été jetée assez près du pied du nid..., bientôt ils s'occupent à la remettre dans sa première place.... La façon dont les Bourdons ont été instruits à faire parvenir sur leur nid la mousse qu'ils y veulent placer, est la suivante:

«Considérons-en un seul occupé à ce travail; il est posé à terre sur ses jambes, à quelque distance du nid, sa tête directement tournée du côté opposé. Avec ses dents, il prend un petit paquet de brins de mousse; les jambes de la première paire se présentent bientôt pour aider aux dents à séparer les brins les uns des autres, à les éparpiller, à les charpir, pour ainsi dire; elles s'en chargent ensuite pour les faire tomber sous le corps; là, les deux jambes de la seconde paire viennent s'en emparer, et les poussent plus près du derrière. Enfin les jambes de la dernière paire saisissent ces brins de mousse, et les conduisent par delà le derrière, aussi loin qu'elles les peuvent faire aller.

«Après que la manœuvre que nous venons d'expliquer a été répétée un grand nombre de fois, il s'est formé un petit tas de mousse derrière le Bourdon. Un autre Bourdon, ou le même, répète sur ce petit tas une manœuvre semblable à celle par laquelle il a été formé; par cette seconde manœuvre, le tas est conduit une fois plus loin. C'est ainsi que de petits tas de mousse sont poussés jusqu'au nid, et qu'ils sont montés jusqu'à sa partie la plus élevée.» Les Bourdons ainsi occupés forment de la sorte une chaîne plus ou moins longue, où ils sont tous la tête tournée du côté où est la mousse à recueillir, le derrière tourné du côté du nid. Arrivée au lieu où elle doit être employée, un ou plusieurs Bourdons la disposent où il est convenable, à l'aide des mandibules et des pattes antérieures.»

Fig. 29.—Nid de Bourdon des mousses.

Une couche de mousse épaisse d'un à deux pouces forme au nid une enveloppe chaude et légère, suffisante pour le mettre à l'abri des pluies ordinaires. Quand elle a subi quelque dérangement, les Bourdons la réparent comme il vient d'être dit, en prenant les matériaux dans le voisinage. Jamais ils ne vont en chercher au loin; jamais on ne les voit venir en volant, chargés du plus léger brin de plante. Ils économisent de leur mieux la mousse qu'ils ont à portée; et, à la dernière extrémité, ils se résignent à employer pour leur couvert celle qui forme le conduit menant du dehors à l'intérieur du nid.

Les travaux extérieurs achevés, le travail essentiel, la construction du nid proprement dit commence. Personne, malheureusement, n'en a vu poser la première pierre, c'est-à-dire la première lamelle de cire, personne n'a vu former la première cellule. Le Dr E. Hoffer, qui a plus de quarante fois été témoin de la ponte, ne l'a jamais observée que dans des cas où la mère était déjà entourée de plusieurs ouvrières. Nous ne pouvons mieux faire que d'emprunter les détails qui suivent à cet habile observateur[9].

Quand le moment décisif est venu, la femelle, en grande agitation, court deçà et delà sur les gâteaux, paraissant chercher un lieu convenable pour déposer ses œufs. Elle se décide enfin. Elle détache alors, avec ses pattes postérieures, de ses segments moyens, un peu de cire qu'elle saisit avec ses mandibules, et dont elle façonne un petit parapet annulaire, qu'elle exhausse de plus en plus, jusqu'à la hauteur de quelques millimètres.

Elle abandonne alors la cellule qu'elle vient d'élever et s'en va prendre, dans une coque vide de son habitant, un peu de pâtée pollinique, qu'elle manipule longtemps dans sa bouche, la mêle à une certaine quantité de miel, et l'étend avec soin et longuement sur la paroi interne de la cellule. Elle retourne encore chercher une seconde provision de pollen, qu'elle façonne de même, et cela se répète un certain nombre de fois.

Elle essaye ensuite d'introduire son abdomen dans la cellule, ce qu'elle fait aisément d'ordinaire. Mais quelquefois le bord en est trop étroit; elle l'élargit alors en rongeant le bord intérieur. Embrassant ensuite la cellule entre ses pattes postérieures et y prenant appui, elle introduit avec effort l'extrémité de son abdomen, fixe son aiguillon contre la paroi ou le fond de la cellule, réussit ainsi à faire ouvrir largement l'anus, et un certain nombre d'œufs, trois au moins, dix ou douze au plus, tombent dans la cellule. Ces œufs sont d'un beau blanc, et on les voit briller au fond de la cellule. Ils sont allongés, rétrécis à un bout et assez volumineux, eu égard à la taille de l'insecte.

La ponte achevée, la femelle retire aussitôt l'abdomen de la cellule, et se met à tourner vivement tout autour, donnant la chasse aux ouvrières et aux autres femelles qui se pressent vers l'orifice, et elle travaille entre-temps à fermer la cellule avec de la cire, que, dans ce but, elle tenait déjà toute prête pendant qu'elle pondait, et aussi avec de la cire empruntée au bord même de la cellule. Si les importuns s'avancent trop, elle n'hésite pas à faire un exemple; elle saisit le plus audacieux ou le plus proche avec sa bouche et ses pattes, et, après s'être un instant colletée avec lui, tous deux dégringolent par-dessus les autres Bourdons et tombent à terre. La femelle laisse là le coupable, rudement châtié par de cruelles morsures, et remonte promptement à sa cellule, pour la protéger contre les attaques des autres. Trop tard le plus souvent, car les plus prompts à profiter de son absence l'ont déjà crevée et ont dérobé quelques œufs pour les dévorer.

La correction n'est jamais infligée qu'à coups de dents et de pattes. Le coupable n'essaye point de se défendre; il tâche seulement de se soustraire au châtiment par la fuite. Il est pourtant assez rude, et la pauvre bête n'en sort d'ordinaire que fort maltraitée, parfois même mortellement atteinte. E. Hoffer a vu une fois une petite femelle, qui avait jeté un regard de convoitise sur les œufs, sortir si cruellement mordue de la bourrade que lui donna la reine furieuse, qu'elle traînait en se sauvant une de ses pattes postérieures, et elle la perdit par la suite. Elle vécut néanmoins quelques jours, vaquant à ses travaux ordinaires. Une autre fois, une ouvrière reçut au cou une telle morsure, qu'elle eut seulement la force de se réfugier dans un coin, où elle ne tarda pas à mourir.

Quelquefois cependant il arrive que la reine elle-même ne sort pas indemne du combat. L'observateur vit un jour la femelle, déjà vieille et assez pelée, il est vrai, lâcher tout d'un coup une petite femelle qu'elle avait saisie. Paralysée sans doute par un coup d'aiguillon, elle vécut encore une vingtaine d'heures, inerte, en butte aux mauvais traitements des petites femelles, qui la mordaient, la tiraillaient sans cesse par les pattes et par les ailes. «Ces Bourdons si placides et si débonnaires d'habitude, ajoute Hoffer, m'ont toujours paru féroces et brutaux pendant la ponte; et si la femelle vient alors à mourir, son cadavre n'est point ménagé; petites femelles et ouvrières se jettent dessus, le mordillent aux ailes, aux pattes, aux antennes, et font de vains efforts pour mettre dehors la gigantesque morte.»

Quand la pondeuse, après de semblables incidents, est heureusement parvenue à retrouver sa cellule, elle étale encore à plusieurs reprises sur l'opercule de la cire prise aux bords. Elle va ensuite chercher d'autre pollen avec du miel, qu'elle colle sur la cellule, retourne en chercher de nouveau, et ainsi de suite, jusqu'à ce qu'elle trouve la provision suffisante. Elle rouvre alors la cellule, y pond encore quelques œufs, toujours moins cependant que la première fois, et les choses se passent encore comme on l'a déjà vu, avec les mêmes tracasseries de la part des ouvrières et des femelles. Suivant l'espèce et autres circonstances d'époque, de température et d'abondance de provisions, cette ponte se répète plus ou moins souvent, au point qu'une cellule peut contenir jusqu'à vingt-quatre œufs, mais rarement pourtant plus du tiers de ce nombre.

La ponte terminée, la femelle reste là plusieurs heures sur la cellule. Elle y apporte de la pâtée; elle en ronge et polit les aspérités. Souvent même elle se pose, le ventre appliqué dessus, comme si elle couvait.

Les agressions des autres Bourdons deviennent de plus en plus rares, et cessent enfin tout à fait. Et ces mêmes petites bêtes, qui tout à l'heure se jetaient avidement sur les œufs frais pondus pour s'en repaître, deviennent maintenant les gardiennes attentives, les nourrices dévouées de leurs sœurs; elles les réchauffent et pourvoient avec une tendre sollicitude à leur alimentation.

Mais ce retour à de meilleurs sentiments ne peut nous faire oublier la sauvagerie de l'instinct qui les a un instant emportées. C'est là un des traits de mœurs les plus étonnants parmi ceux que nous devons aux observations de Hoffer, et un des plus inexplicables que présente la biologie des Bourdons. Que la pondeuse défende énergiquement sa progéniture, le fait est si ordinaire, si banal, qu'il ne peut nous surprendre. En tant qu'instinct acquis, il est la conséquence naturelle du cannibalisme momentané des ouvrières. Depuis longtemps la gent bourdonnière aurait disparu, si la mère indifférente abandonnait ses œufs à la voracité de ses premiers-nés. Mais pourquoi cet instinct fratricide, cette folie passagère, qui interrompt un instant et ternit en quelque sorte l'honnête vie du Bourdon? Nous voyons bien quelquefois, chez l'Abeille domestique, les ouvrières détruire et sans doute aussi dévorer des œufs. Mais cela n'arrive qu'à l'époque où le miel est abondant dans les fleurs, où le souci d'emmagasiner le plus de provisions possible oblige à sacrifier ces objets d'une si tendre sollicitude en toute autre circonstance. Les coupables, ici, n'ont pas une telle excuse. Nous sommes bel et bien en présence d'une gloutonnerie manifeste. L'œuf qui vient d'être pondu est sans doute un manger délicat, d'où s'exhale un fumet irrésistible. C'est peut-être là tout ce qu'il faut voir en la chose, une imperfection de l'instinct social, que la sélection n'est point parvenue à corriger. Quant à la nécessité d'une restriction à apporter à la trop grande multiplication dans la colonie, on ne peut s'y arrêter un instant. Ici, comme chez les Abeilles, comme ailleurs, une forte population c'est la richesse, c'est la puissance. Et si la nature voulait en modérer l'accroissement, sans parler des parasites, elle avait un moyen plus simple, moins féroce: celui de restreindre la ponte, de diminuer le nombre des œufs dans les ovaires de la pondeuse.

Ce n'est pas tout. A supposer la diminution des œufs avantageuse, ce qui pourrait légitimer en quelque sorte l'instinct fratricide des ouvrières, à quoi bon alors, chez la mère, l'instinct qui la pousse à défendre sa ponte, instinct dont l'effet est tout l'opposé du premier? Pourquoi deux instincts, non seulement contraires, mais même contradictoires? Et si l'on accepte que la voracité des ouvrières exige un correctif, que l'instinct maternel de la femelle soit dès lors utile à l'espèce, il faut convenir que son adaptation est bien défectueuse. Mieux vaudrait que la mère, moins emportée, ne quittât pas un instant la cellule et n'en vînt pas aux voies de fait avec les agresseurs. Pas un œuf ne serait perdu, et les malintentionnés en seraient pour leur convoitise non satisfaite. Comment débrouiller un tel chaos? Nous y renonçons pour ce qui nous concerne. On s'abuse, croyons-nous, à vouloir chercher partout et quand même la perfection dans la nature. Reconnaissons que tout n'est pas pour le mieux dans le monde des Bourdons, pas plus que dans les autres.

Quatre ou cinq jours après la ponte, les œufs éclosent. Il en sort de petites larves jaunâtres, apodes, à tête cornée, brunâtre, qui se mettent aussitôt à dévorer la pâtée qui les entoure. Au fur et à mesure, la mère remplace la nourriture consommée, en même temps qu'elle agrandit la cellule autour des larves, en en rongeant le haut avec ses mandibules, élargissant de plus en plus le godet qu'elles forment, et consolidant les parois avec de la cire, jusqu'à ce qu'enfin la cellule acquiert à peu près les dimensions d'une noix. Les larves ont alors atteint le terme de leur croissance et sont âgées de quinze jours environ. Elles se filent une coque de soie dans la cellule de cire, et s'y enferment. Une cellule contient ainsi trois, huit, dix cocons ou plus, autant qu'il y avait eu d'œufs pondus, et ces cocons sont disposés sans ordre les uns à côté des autres. La mère ronge et enlève la cire autour des cocons et facilite ainsi l'éclosion des jeunes ouvrières, qui surviennent au bout de quinze autres jours environ.

L'ouvrière venant d'éclore est de couleur terne et grisâtre; elle est faible. Peu de jours donnent à son vêtement les couleurs propres à l'espèce, à ses membres toute leur force. Désormais la mère, si ce sont là ses premiers-nés, ne sera plus seule à vaquer aux travaux. Autant d'ouvrières écloses, autant d'aides pleins de zèle. Avec la mère, elles s'occupent de la construction des cellules et du soin à donner aux larves. Butinant avec activité, les provisions qu'elles apportent au nid augmentent rapidement, et la population s'accroît à mesure. En même temps la famille, plus riche, peut se donner du confort; les cellules reçoivent une toiture protectrice en cire; des parois latérales, en cire également, s'y adjoignent quelquefois.

La structure intérieure se complique bientôt par l'adjonction de cellules nouvelles, l'agrandissement des gâteaux existants et la formation de nouveaux. Ceux-ci se superposent aux anciens, et le nombre des étages est en rapport avec celui de la population. Il ne devient cependant jamais considérable; et surtout l'on n'y voit jamais la régularité qui distingue les rayons parallèles des Abeilles. Souvent une assise unique de cellules constitue toute la cité.

Ainsi que nous l'avons vu faire à la femelle, les ouvrières rongent et enlèvent la cire qui entoure les cocons, et l'emploient à divers usages. Les cocons abandonnés par les Bourdons éclos reçoivent eux-mêmes une nouvelle destination. Ils peuvent servir, après réparation convenable, de réservoirs à miel et à pollen. D'autres réservoirs sont formés aussi dans les intervalles existant entre les cellules à couvain. Ces intervalles eux-mêmes, appropriés, peuvent servir au même usage; d'autres fois, découpés par lanières, ils sont incorporés à l'enveloppe du nid.

La mère cependant ne reste point inactive, et, loin d'imiter la vie désœuvrée de la mère des Abeilles, elle continue, comme au temps où elle était seule, à s'occuper de tous les travaux de l'intérieur, sortant beaucoup moins du nid. La ponte surtout devient plus active, pendant quelque temps du moins.

Nous n'avons jusqu'ici parlé que d'ouvrières et de petites femelles, comme provenant des œufs pondus par la reine. Elle pond également des œufs de mâles et de grosses femelles, semblables à elle. Seulement, circonstance fort remarquable, et qui n'a pas manqué de provoquer les réflexions des observateurs, tandis que les cellules destinées à recevoir des œufs d'ouvrières sont garnies intérieurement de pollen et de miel, les cellules où sont pondus les œufs de mâles et de femelles ne contiennent aucune provision.

«Les Bourdons, dit Huber, ne préparent jamais de pollen dans les cellules qui doivent servir de berceau aux mâles et aux femelles; les uns et les autres ne naissent ordinairement qu'au mois d'août et de septembre; les ouvrières paraissent dès les mois de mai et de juin. Quelle peut être la raison de la différence des soins que les ouvrières donnent aux mouches des trois sortes? Ce n'est pas qu'il y ait moins de pollen sur les fleurs au mois d'août qu'il n'y en a au mois de juin, car les ouvrières en apportent tous les jours, dans les mois d'août et de septembre, et d'ailleurs elles ont fait des provisions considérables à cette époque. Mais voici l'explication que je pourrais donner de cette négligence apparente. Le nombre des ouvrières est beaucoup plus grand au mois d'août qu'il ne l'est au mois de mai; à peine trouve-t-on au printemps quelques ouvrières dans les nids des Bourdons; dans les mois d'août et de septembre, au contraire, leur nombre est très considérable. Les vers qui sont nés dans le mois de mai et de juin courraient le risque de manquer de nourriture, s'ils n'avaient pas de provisions dans leurs cellules, car le petit nombre des ouvrières ne permettrait peut-être pas qu'elles aperçussent le moment où ils éclosent, et celui où ils ont besoin d'aliments; tandis qu'à la fin de l'été leur nombre peut suffire à surveiller et à nourrir tous les vers. La nature devait donc pourvoir au défaut du soin des ouvrières dans le temps où elles sont en plus petit nombre; mais cela était moins nécessaire à la fin de la saison, quand les soins et les secours étaient plus faciles à obtenir.»

La mère pondant, outre les ouvrières, des femelles et des mâles, suffirait à elle seule, comme la mère des Abeilles, à la perpétuation de l'espèce. Elle n'est cependant pas la seule pondeuse dans la colonie.

Le lecteur sait déjà que les grosses ouvrières ne diffèrent guère de la mère, extérieurement, que par la taille. Elles lui ressemblent encore par la faculté qu'elles ont de pondre des œufs fertiles. Déjà Huber avait affirmé que les ouvrières pouvaient pondre des œufs de mâles. Hoffer, par des observations irréprochables, a mis le fait hors de doute, et a de plus démontré qu'elles pondent aussi des femelles. Un exemple entre autres:

Le 20 juillet, l'auteur recueille un nid de *Bombus agrorum*. Vu la distance, l'opération dut être faite en plein jour, de sorte que plusieurs ouvrières, petites et grandes, échappèrent. Revenu au même endroit le 12 septembre, il y trouva un nid, que les ouvrières non capturées y avaient fondé à nouveau, et dans ce nid, un assez gros gâteau plein de larves et de cocons, une population d'ouvrières, de mâles nombreux et de quelques femelles. Surpris de la présence de ces dernières, car aucun auteur jusque-là n'avait signalé de fait semblable, Hoffer se livra à de nouvelles expériences, qui achevèrent de le convaincre. L'auteur pense néanmoins qu'à l'état normal de pareils faits ne se produisent que lorsque la vieille mère est morte prématurément d'une façon ou d'une autre, et qu'en ce cas-là seulement les individus survivants deviennent aptes à continuer la mission de la défunte. Opinion plausible, sans doute, mais digne néanmoins de confirmation. Car une question importante reste encore indécise, celle de savoir si les petites femelles, et plus généralement les ouvrières, peuvent être fécondées, auquel cas de pareils faits n'auraient plus rien de surprenant.

En définitive, durant le printemps, il ne naît en général que des ouvrières. Les mâles et les jeunes femelles naissent au fort de l'été ou sur sa fin. Il y a du reste beaucoup de différences à cet égard, suivant les espèces. Le Bourdon des prés, en tout des plus précoces, donne des mâles dès la troisième semaine de mai en Angleterre, selon Smith; un peu plus tôt dans le midi de la France; les jeunes femelles volent déjà en juillet. Dans la majorité des espèces, les mâles ne paraissent guère qu'au mois d'août, et on les voit voler encore fort tard dans la saison.

Ces mâles, tout aussi fainéants que ceux des Abeilles, consomment, sans produire aucun travail. Très frileux, les jours qui suivent leur éclosion, on les voit, dit Ed. Hoffer, se réfugier dans les endroits les plus chauds du nid, et se réchauffer au milieu des groupes d'ouvrières. Grisâtres au moment de leur sortie du cocon, leur robe devient de jour en jour plus éclatante, pendant que la nourriture dont ils se réconfortent sans cesse et l'exercice qu'ils font de leurs ailes en les agitant, au moment de la plus grande chaleur du jour, les rendent capables de prendre leur essor. Ils partent alors, et le plus souvent la famille ne les revoit plus.

Les mâles de toutes les espèces ne se comportent pas absolument de même. Hoffer nous raconte de la manière suivante les faits et gestes du B. Rajellus. «Sur la fin de juin, sortirent les premiers mâles, et il y en eut beaucoup jusqu'à la destruction du nid, en juillet, par le fait d'une taupe. Quand le soleil avait réchauffé suffisamment le sol, vers les dix heures et demie, un mâle sortait, puis un autre. Ils s'élevaient en l'air, volaient quelques instants dans le voisinage, puis venaient se poser d'ordinaire sur le nid, dont la mousse formait un dôme globuleux, très apparent au-dessus du gazon, ou bien sur le rempart de branchages dont j'avais entouré le nid, pour le garantir contre les poules; et là ils s'ensoleillaient à plaisir. Si j'essayais d'en saisir un, il s'envolait vivement, mais ne tardait pas à revenir se poser sur le nid. Quand l'air était tout à fait calme, ils jouaient entre eux en plein soleil. Ainsi l'un d'eux prenait son élan; un autre brusquement lui tombait dessus, comme on voit faire parfois les mouches, puis tous deux s'abattaient. Souvent toute la bande s'envolait et jouait en rond dans les airs, sans se préoccuper en aucune façon de mes visiteurs, quelquefois au nombre de 18, qui venaient contempler leurs amusements, à moins que les spectateurs, trop bruyants ou trop indiscrets, ne les obligeassent, par leurs éclats de rire ou leur voisinage trop immédiat, à s'envoler pour ne pas revenir de quelque temps. Et tous les jours de beau soleil sans vent, les mâles firent de même, sans beaucoup se soucier de manger, jusqu'à ce qu'enfin ils se dispersèrent l'un après l'autre sur les fleurs du jardin, où ils me parurent visiter surtout les *Salvia pratensis* et *officinalis*, et aussi les trèfles. Mais un jour, vers midi, un violent coup de vent survint avec menace de pluie; je vis de nombreux mâles rentrer précipitamment au nid, pêle-mêle avec les ouvrières. Autant que j'en ai pu juger, ils rentraient toujours au logis.»

Des habitudes aussi régulières ne paraissent pas être communes parmi les Bourdons. Il n'est pas rare de rencontrer le matin des mâles de diverses espèces blottis dans les fleurs, tout transis, couverts de rosée ou détrempés par la pluie. Quelquefois aussi une ouvrière se rencontre dans la même situation, surprise sans doute par la nuit ou le mauvais temps loin du nid.

Une des particularités les plus étranges de la biologie des Bourdons est l'existence parmi eux de ce que l'on a appelé le «Trompette» ou le «Tambour». Ce dernier nom, plus convenable peut-être que le premier, est employé par Gœdart. Ce vieux naturaliste, dont l'observation, oubliée ou traitée de fable, remonte à deux cents ans, s'exprime à ce sujet de la manière suivante.

«Parmi les Bourdons, il en est un qui, semblable au tambour (*Tympanita*) qui réveille les soldats, ou leur transmet l'ordre de lever le camp, de se mettre en marche, ou les excite au combat, réveille ses frères et les pousse au travail. Vers la septième heure du matin, il monte au faîte du nid, et, le corps à moitié en dehors de l'entrée, il agite et fait vibrer ses ailes, et produit ainsi un bruit qui, renforcé par la concavité du nid, n'est pas sans ressemblance avec celui du tambour. Et cela dure environ un quart d'heure. C'est pour l'avoir observé, entendu de mes oreilles et vu de mes yeux, que j'en parle. Plusieurs personnes curieuses des choses de la nature sont maintes fois venues tout exprès me visiter pour en être témoins, ont vu et entendu avec moi ce tambour des Bourdons.»

Malgré l'affirmation si positive de Gœdart, il a fallu les récentes observations de Hoffer, pour que l'on crût enfin que le trompette ou le tambour des Bourdons n'était pas une fable, comme le pensait Réaumur lui-même.

Telle était aussi la conviction de Hoffer, à la suite de nombreuses observations demeurées sans résultat, qu'il avait entreprises dans le but de s'assurer de l'existence de ce Bourdon musicien. Un jour enfin, le 8 juillet 1881, vers trois heures et demie du matin, l'heureux observateur entendit tout à coup un bourdonnement particulier s'élever d'un superbe nid de *Bombus ruderatus*, qu'il venait de recevoir la veille. Il s'approcha avec précaution, souleva doucement la planchette destinée à jeter de l'obscurité sur le nid (cette espèce niche sous terre), et il fut témoin d'un saisissant spectacle: «Tout en haut de la calotte de cire se tenait une petite femelle, le corps soulevé, la tête baissée, agitant ses ailes de toutes ses forces, et faisant entendre un bourdonnement intense. Quelques Bourdons montraient leur tête par les trous les plus larges.» Cette musique dura sans interruption jusqu'à quatre heures et un quart. Déjà quelques ouvrières étaient sorties. Le trompette tant désiré était enfin trouvé.

Le lendemain, vers trois heures, l'observateur était à son poste. Longtemps tout demeura silencieux. A trois heures dix-huit minutes, quelques courts bourdonnements se firent entendre, et Hoffer vit le trompette de la veille s'élever au haut du nid, et entonner son chant, qui dura, presque sans interruption, jusqu'à quatre heures et demie. Le Bourdon s'arrêta alors, manifestement épuisé, et puis, au bout de cinq minutes, rentra dans le nid. Et cela continua les jours suivants, jusqu'au 25 juillet, à quatre heures du matin, où le Bourdon mélomane fut supprimé. Le jour suivant, à quatre heures huit minutes, alors que déjà quelques Bourdons étaient partis pour la picorée, le remplaçant était là, exactement à la même place que l'ancien, et il se représenta de même les jours suivants.

E. Hoffer présume que toutes les espèces de Bourdons ne possèdent pas un trompette; et il croit d'ailleurs que, chez celles qui peuvent en avoir un, sa présence n'est pas constante et est subordonnée au chiffre de la population.

Mais pourquoi, dans un nid populeux, plutôt que dans un autre, est-il utile qu'un Bourdon se charge d'éveiller ses frères et de les appeler au travail? L'activité n'est-elle pas plus avantageuse, et l'office du réveille-matin plus nécessaire, précisément dans une société plus pauvre? Et puis enfin, dans ces sociétés d'insectes, où chacun, sans effort, et dans une entière spontanéité, travaille pour la communauté avec un zèle qu'on dirait excité par le seul intérêt personnel, où chacun et tous fonctionnent dans le plus parfait unisson, est-il à croire qu'un individu exerce sur ses pareils une direction ou une action quelconque, ait seul la faculté de concevoir une obligation et de la communiquer à tous? Ce serait assurément celui-là, et non la reine, qui n'a de royal que le nom, qui, avec une autorité réelle, mériterait véritablement ce titre.

Quant à nous, l'utilité de ce réveilleur des Bourdons nous échappe, surtout quand nous voyons, dans les observations de Hoffer, des ouvrières sorties dès quatre heures, alors que la diane ne commence à se faire entendre que huit minutes plus tard. Pourquoi donc, au lieu de s'empresser de sortir, la première ouvrière éveillée ne se charge-t-elle point des fonctions de trompette? Faudrait-il à celle qui les remplit quelque titre officiel? Serait-ce un Bourdon déterminé, et pas un autre, à qui seul doit incomber le devoir de réveiller ses frères? Il serait en tout cas assez mal choisi, ce réveilleur, qui n'est pas le premier levé.

Notez encore que son rappel dure un quart d'heure, vingt minutes, ou même plus. Est-il donc nécessaire qu'il soit si long, pour être efficace? Quelles dures oreilles que ces Bourdons! Eh oui, en effet, ils sont sourds, bien sourds, comme les Abeilles, comme les Fourmis; car on ne supposera pas, sans doute, que seuls ils entendent, alors que les Fourmis, les Abeilles, leurs cousines, n'entendent point. Et s'ils n'entendent pas, à quoi bon alors la sonnerie du trompette?

S'il est impossible de croire que ce bruyant personnage remplisse une fonction sociale quelconque dans la colonie, il est très naturel d'admettre qu'il ne s'agite tant que pour son propre compte. Il en est du trompette, vraisemblablement, comme des abeilles dites ventilateuses; ce doit être un Bourdon éclos depuis peu, n'ayant point encore fait sa première sortie, et qui se prépare, par un entraînement préalable, aux longs voyages qu'il lui faudra bientôt fournir. Il n'est nullement prouvé que le trompette, ainsi que Hoffer paraît le croire, soit tous les jours le même. Il serait d'ailleurs facile de s'en assurer, comme aussi de constater si c'est toujours ou non un bourdon venant d'éclore. Il est bon de rappeler à ce propos que Hoffer lui-même a vu, ainsi que nous l'avons rapporté plus haut, les mâles depuis peu sortis du cocon s'exercer dans le nid en agitant leurs ailes, et développer ainsi les muscles du vol.

On sait que les Abeilles, aussi bien que les Fourmis, n'admettent pas aisément les étrangers dans leur demeure, et que le plus souvent elles les tuent sans hésiter. Les Bourdons paraissent plus accommodants. Du moins a-t-on souvent trouvé dans un nid des individus appartenant à une ou à deux espèces différentes de celle qui l'avait construit. Quant à l'union artificielle de deux colonies d'espèce différente, si elle réussit quelquefois, ainsi que Hoffer l'a constaté, les intéressés s'y refusent le plus souvent d'une manière absolue, sans qu'il soit possible de se rendre compte de la cause de ces différences de sociabilité.

Il est tout aussi peu facile d'expliquer le désaccord des observations au sujet de l'humeur des Bourdons. Nous avons vu plus haut Réaumur, qui dit avoir ouvert des nids par centaines, affirmer que jamais il n'a vu les habitants songer à défendre leur domicile, ni manifester la moindre colère contre le perturbateur. Schenck et Schmiedeknecht parlent dans le même sens. Mais F. Smith, contrairement à l'opinion de ces naturalistes, affirme que les Bourdons défendent vaillamment leur nid, et qu'on ne les y attaque pas impunément. E. Hoffer est également convaincu de l'humeur batailleuse de ces créatures, d'ordinaire si placides. Elle se réveille vivement, nous le savons déjà, au moment de la ponte. Elle se manifesterait encore dans d'autres circonstances, où elle ne peut mériter que l'approbation, dans le cas de légitime défense. Hoffer soutient que les Bourdons, attaqués dans leur domicile, non seulement le défendent avec résolution, mais encore font preuve d'une certaine habileté. Il en cite de nombreux exemples. Tout un peloton de soldats fut une fois mis en fuite par des Bourdons des pierres. La petite troupe était au repos; un des soldats s'avisa de fourrer sa baïonnette dans un trou où il avait vu entrer un Bourdon. Un des habitants sortit aussitôt et le piqua cruellement au cou. Puis dix, vingt autres se jetèrent sur les autres soldats et les obligèrent à battre en retraite. L'auteur lui-même fut plus d'une fois mis en fuite par des Bourdons terrestres ou des Bourdons des pierres, dont il avait voulu recueillir les nids, ou pour les avoir seulement examinés de trop près.

Toutes les espèces, selon Hoffer, sont susceptibles d'entrer ainsi en fureur et de devenir agressives, lorsqu'on les tourmente dans leur nid, surtout s'il est assez peuplé. Seulement, comme le Bourdon ne peut piquer commodément que de bas en haut, vu la disposition de son aiguillon, il lui faut un certain temps pour trouver une situation favorable à l'usage de son arme, tandis qu'une Abeille ou une Guêpe, au contraire, piquent à l'instant même où elles atteignent.

Les jeunes femelles, les futures reines, sortent peu du nid, si bien qu'on en voit beaucoup moins à la fin de l'été et en automne, que plus tard, au printemps. N'ayant aucun souci de la communauté au sein de laquelle elles sont nées, si on les voit quelquefois sur les fleurs, c'est pour leur propre compte; elles se bornent à humer le nectar, et l'on ne voit jamais de pollen dans leurs corbeilles, quoique Huber ait dit le contraire. Elles volent lourdement d'une fleur à une autre, ou se posent paresseusement sur une branche, pour se réchauffer au soleil des heures entières, en attendant la visite des mâles vagabonds. C'est vers le temps de la naissance des femelles que les sociétés de Bourdons atteignent leur apogée.

A cette époque, la vieille reine vit encore, pelée, il est vrai, les ailes toutes déchirées sur leur bord. Bien rarement alors elle sort du nid, et si l'on en rencontre une, sa défroque est tellement usée, qu'il est parfois difficile de la rapporter à son espèce. Elle meurt enfin. Dès ce moment, la famille décline de jour en jour. La ponte des ouvrières et des petites femelles peut bien encore amener quelques naissances, mais elles sont loin de compenser les décès. La population décroît rapidement, les mâles se dispersent et ne rentrent plus. Les ouvrières, tous les jours plus éclaircies, n'en continuent pas moins activement leur mission, et luttent de leur mieux contre la ruine dont la maison est menacée. Les mauvaises journées, toujours plus nombreuses, les fleurs de plus en plus rares, les provisions épuisées et non renouvelées, la misère enfin, avec le froid, ont raison de leur courage; elles succombent l'une après l'autre, et avec elles les larves et les nymphes qui restent. Les jeunes femelles fécondées sont depuis longtemps parties. Chacune a trouvé pour son compte un abri contre les frimas qui vont venir, l'une dans un vieux tronc, l'autre dans un trou de muraille ou dans un épais tapis de mousse.

Le silence et la mort règnent seuls dans la cité, si pleine naguère de mouvement et de vie. S'il y a quelques vivants, ce sont des parasites, la vermine, qui trouve encore là, pour la mauvaise saison, un abri qui lui permettra d'aller recommencer au printemps, en de nouveaux nids, le cours de ses déprédations.

Le Bourdon partage les goûts de l'Abeille pour les labiées et les légumineuses; mais il affectionne encore tout particulièrement les chardons de toute sorte, dont il fouille assidûment les capitules de sa longue trompe. Grâce au développement de cet organe, il peut atteindre le nectar au fond de corolles où ne peut parvenir la langue plus courte de l'Abeille. Telles sont la pensée et le trèfle rouge. De nombreuses expériences ont convaincu Darwin que le Bourdon est indispensable pour la fécondation de ces plantes, et que si le genre Bourdon venait à disparaître ou devenait très rare en Angleterre, la pensée et le trèfle rouge deviendraient aussi très rares ou disparaîtraient complètement.

Mais il est des fleurs qui cachent leur nectar à des profondeurs telles, que seuls les Lépidoptères Sphyngides, dont la trompe est démesurément allongée, peuvent s'en emparer; il serait inaccessible aux Bourdons, s'ils n'usaient de l'ingénieux procédé que nous connaissons déjà, et qui consiste à pratiquer, à peu de distance du fond du tube, un trou qui leur permette d'y introduire leur trompe. Il n'est même pas nécessaire que le nectar se trouve trop profondément placé, pour que le Bourdon se décide à user de cet artifice.

Il est très fréquent de trouver perforées des fleurs dont sa trompe peut atteindre le fond. Tel est le trèfle rouge dont nous venons de parler. Il suffit, pour que la perforation ait lieu, que les fleurs à corolle tubuleuse soient réunies en très grand nombre dans un lieu déterminé. C'est le cas d'un champ de trèfle, des vastes nappes couvertes de bruyères fleuries. On est surpris de voir le nombre de fleurs perforées que l'on trouve en ces circonstances. Darwin en cite de curieux exemples. «Je faisais une longue promenade, dit-il, et de temps en temps je cueillais un rameau d'*Erica tetralix*; quand j'en eus une poignée, j'examinai toutes les fleurs avec ma loupe. Ce procédé fut renouvelé fréquemment, et, quoique j'en eusse examiné plusieurs centaines, je ne réussis pas à trouver une seule corolle qui n'eût été perforée…. J'ai trouvé des champs entiers de trèfle rouge dans le même état. Le docteur Ogle a constaté que 90 pour 100 des fleurs de *Salvia glutinosa* avaient été perforées. Aux États-Unis, M. Barley dit qu'il est difficile de trouver un bouton de *Gerardia pedicularia* non percé, et M. Gentry en dit autant de la Glycine.

L'Abeille domestique elle-même sait employer ce procédé commode de la perforation, pour atteindre des nectars qui lui seraient autrement interdits. Il y a mieux. Elle sait aussi profiter des perforations qui sont l'ouvrage des Bourdons. Tous ces animaux, en opérant ainsi, n'agissent pas simplement sous l'impulsion de l'aveugle instinct. Ils font assurément preuve d'intelligence. On n'en peut douter, quand il s'agit de tirer parti du labeur d'autrui. Et pour celui que l'insecte exécute lui-même, le raisonnement est manifeste. Nous venons de dire que le Bourdon est parfaitement capable de s'emparer du nectar du trèfle rouge. Il troue cependant cette fleur, quand elle est en grand nombre. Quel en peut être le motif? Il n'y a que l'économie du temps. Il est avantageux pour le Bourdon et aussi pour l'Abeille de visiter en un temps donné le plus de fleurs possible. Une fleur trouée exige moins de temps pour être épuisée de son nectar qu'une fleur non perforée, et l'Abeille peut plus tôt passer de cette fleur à une autre.

Darwin a fréquemment observé, dans plusieurs espèces de fleurs, que, la perforation une fois effectuée, Abeilles et Bourdons suçaient à travers ces perforations et allaient droit à elles, renonçant au procédé ordinaire, et finissaient même par prendre une telle habitude d'user de ces trous, que, lorsqu'il n'en existait pas dans une fleur, ils passaient à une autre, sans essayer d'introduire leur trompe par la gorge.

Ainsi un premier acte d'intelligence pousse ces insectes à trouer les corolles tubuleuses, alors même que la longueur du tube n'exige pas cette perforation; un second effet de leur raison leur apprend qu'il y a avantage à user de cette perforation, une fois produite par d'autres; un troisième acte intellectuel leur fait adopter ce mode de visite, et les fait renoncer au mode ordinaire et normal. «Même chez les animaux haut placés dans la série, comme les singes, remarque Darwin, nous éprouverions quelque surprise à apprendre que les individus d'une espèce ont, dans l'espace de vingt-quatre heures, compris un acte accompli par une autre espèce, et en aient profité.» Nous sommes bien loin de cet instinct aveugle, inconscient, immuable, que certains naturalistes attribuent aux animaux, et plus particulièrement aux Insectes, leur refusant par suite tout acte relevant de l'intelligence. Nous ne voyons d'aveugle ici que l'esprit de système, l'homme et non la bête.

Si la perforation des corolles est avantageuse aux Bourdons et aux Abeilles, on ne peut dire qu'elle le soit aux fleurs elles-mêmes, bien au contraire. Le trèfle, dont la fécondation est favorisée par les investigations normales des Bourdons, par l'introduction de la trompe de ces insectes dans la gorge de la corolle, perd absolument les bénéfices de cette introduction, quand la corolle est perforée. La fécondation croisée, d'une fleur à une autre, que toutes les observations démontrent avantageuse, quand elle n'est pas indispensable à la multiplication de la plante, devient alors impossible. La plante perd donc autant et plus que l'hyménoptère ne gagne, car celui-ci n'épargne guère le plus souvent que son temps et son travail, alors que la fleur y perd en fécondité amoindrie, ou devient même absolument infertile, si elle est incapable de se féconder elle-même, et exige impérieusement, pour mûrir ses graines, le pollen d'une autre fleur. Nouvelle preuve que chaque espèce tend à se développer suivant son intérêt propre, que tout n'est pas réglé en ce monde suivant les lois d'une harmonie préétablie et constante. Heureusement que le progrès est en somme le résultat de toutes ces tendances en sens divers ou opposés, et l'effet d'adaptations de plus en plus parfaites, plus dignes vraiment de notre admiration, que cette immutabilité, cet automatisme, que certains esprits s'évertuent à trouver partout dans la nature.

Peu d'hyménoptères ont autant de parasites que les Bourdons.

Parmi les plus remarquables sont les Psithyres, leurs très proches alliés, à qui nous ferons l'honneur mérité d'un chapitre spécial.

Un de leurs pires ennemis est un petit lépidoptère, une mite, l'*Aphonia colonella*, dont les chenilles enlacent parfois tout le nid d'un réseau de soie, à l'intérieur duquel elles dévorent en sûreté cellules et cocons. Quand leur nombre est suffisant,—et il peut s'élever jusqu'à plusieurs centaines d'individus,—c'en est fait de la famille des Bourdons, elle ne tarde pas à être anéantie. Bien des nids finissent de la sorte.

De grosses et belles mouches, les Volucelles, ennemies aussi des Guêpes, sont quelquefois bien funestes aux Bourdons, dont elles dévorent les larves (fig. 30).

Un autre diptère, curieux par ses formes, autant que par ses habitudes, le *Conops* (fig. 31), à l'abdomen en massue, vit parmi les viscères mêmes du

Bourdon, y subit toutes ses métamorphoses, et vient ensuite à l'extérieur, en disjoignant violemment les anneaux de l'abdomen. Douées d'une grande vitalité, ces mouches résistent fréquemment aux agents qui tuent leurs hôtes, et plus d'une fois un entomologiste a vu, au fond de ses boîtes, au printemps, un Conops sorti du corps d'un Bourdon capturé à la fin de la saison précédente.

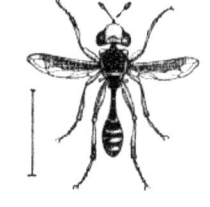

Fig. 30.—Volucelle zonée.　　　　　　　　Fig. 31.—Conops.

Les Fourmis, dont on sait la friandise pour toute chose sucrée, s'introduisent souvent dans les nids des Bourdons, pour en piller les provisions.

Les Mutilles (fig. 32), hyménoptères ayant l'aspect de grosses fourmis, dont le corps rouge et noir est orné de bandes et taches de poils blanchâtres, vivent souvent aux dépens des Bourdons. Leurs larves dévorent celles de ces derniers, et leur nombre peut être assez grand, en certains cas, pour diminuer notablement la population d'un nid, ou même l'anéantir.

Une sorte d'*Acarus*, le *Gamasus Coleoptratorum*, envahit souvent le corps des Bourdons. Ce n'est qu'une sorte de commensal, et l'hyménoptère ne lui sert que de véhicule pour se faire voiturer dans les lieux où il doit trouver des vivres en abondance. Les jeunes femelles, qui se sont chargées en automne de ces poux, les conservent tout l'hiver, et les introduisent dans le nid qu'elles construisent au printemps suivant. Ils pullulent quelquefois par myriades dans les détritus qui s'accumulent sur le plancher.

Fig. 32.—Mutilles.

Plusieurs petits mammifères, tels que le Mulot, la Souris, la Belette, le Renard, doivent compter parmi les destructeurs des Bourdons. Ils en ravagent les nids, mangent tout à la fois provisions et habitants. La Taupe aussi, dit-on, dans l'occasion, se régale des larves et des nymphes. Nous ne pouvons à ce propos ne pas mentionner l'opinion du colonel Newman cité par Darwin[10]. Il existerait, d'après cet observateur, une relation qu'on était loin de soupçonner entre des êtres aussi différents que les Chats, les Mulots, les Bourdons et certaines plantes visitées par ces derniers. Le nombre des Bourdons, dans une région donnée, dépendrait, dans une grande mesure, du nombre des mulots qui détruisent leurs nids. M. Newman, qui a beaucoup étudié les habitudes de ces hyménoptères, estime que plus des deux tiers de leurs nids sont ainsi détruits chaque année en Angleterre. Comme le nombre des mulots dépend de celui des chats, les nids des Bourdons doivent, par une conséquence forcée, être plus abondants près des villages et des petites villes qu'ailleurs. Et M. Newman affirme que c'est bien en effet ce qui a lieu. «Il est donc parfaitement possible, ajoute Darwin, que la présence d'un animal félin dans une localité puisse y déterminer l'abondance de certaines plantes, en raison de l'intervention des Souris et des Abeilles.»

A la liste des ennemis des Bourdons, Schmiedeknecht ajoute l'homme lui-même, qui souvent bouleverse, sans s'en douter, avec la faux et le râteau, les nids dont le couvain est détruit. A quoi je puis ajouter le fait d'un jeune berger, qui me surprit beaucoup en me disant que les Bourdons, qu'il me voyait capturer avec mon filet, faisaient du miel comme les Abeilles. Pressé par mes questions, il me conta qu'il lui arrivait souvent de suivre leur vol en courant, de découvrir ainsi leur nid, et de s'emparer de leur miel. Ce gardeur de moutons avait tout seul trouvé le procédé qui sert à certains sauvages pour découvrir et piller les nids des Abeilles.

Les Bourdons sont répandus dans toutes les parties du monde, à l'exception de l'Australie. Ce sont plus particulièrement des animaux des régions froides et tempérées; quelques-uns sont même exclusivement arctiques. Aussi sont-ils de beaucoup plus fréquents dans les montagnes que dans les plaines. Les Alpes, les Pyrénées, le Caucase sont fort riches en Bourdons, tant en espèces qu'en individus.

LES PSITHYRES.

Les Psithyres sont les commensaux des Bourdons, leurs parasites, dans le vrai sens étymologique du mot. Ayant la même livrée, la même forme générale que leurs hôtes, ils ont des habitudes bien différentes. Autant le Bourdon est laborieux et actif, autant le Psithyre est lent et paresseux. Le même aliment les nourrit. Mais tandis que le Bourdon recueille lui-même ses provisions de bouche, et les emmagasine, dépensant à cela une somme considérable de travail, le Psithyre, lui, se nourrit d'aliments qu'il n'a point amassés. Profitant du labeur d'autrui, il glisse ses œufs, comme le Coucou, au milieu de ceux des Bourdons, et ses petits naissent, grandissent, nourris et choyés comme les enfants de la maison. La nature, hélas! nous donne parfois de bien mauvais exemples!

Les analogies des Psithyres avec les Bourdons leurs hôtes sont tellement frappantes, qu'on les a longtemps confondus avec ceux-ci; et même, depuis que leurs mœurs parasitiques, découvertes par Lepelletier de Saint-Fargeau, sont connues de tous les naturalistes, il s'en est trouvé pour les maintenir dans le genre *Bombus*. Cependant l'absence d'ouvrières, le défaut d'organes de récolte chez les femelles, légitiment suffisamment la distinction des deux genres. Les tibias postérieurs des femelles de Psithyres sont dénués de corbeilles; ils sont étroits, convexes extérieurement, et velus, comme ceux des mâles; le premier article des tarses de la même paire de pattes est grêle, manque de brosses au côté interne, et du crochet caractéristique au haut de son bord postérieur.

Fig. 33.—Psithyres.

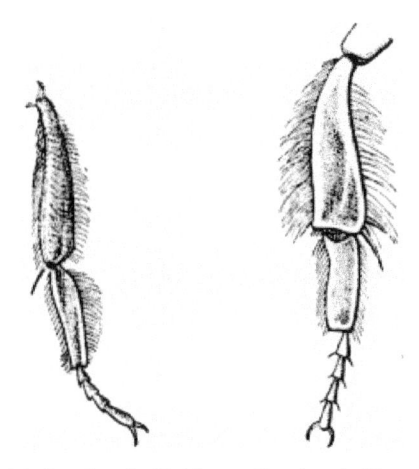

Fig. 34. Jambe de Psithyre. Jambe de Bourdon.

Quant aux mâles, aucun bon caractère ne permet de les distinguer de ceux des Bourdons. L'œil exercé du naturaliste les reconnaît par habitude, comme des espèces familières, plutôt que par des caractères bien définis. Les mâles de Psithyres sont bel et bien de véritables Bourdons.

Si différentes que soient, dans leur ensemble, les habitudes des Bourdons et des Psithyres, elles conservent néanmoins quelques traits communs. Comme celles des Bourdons, les femelles des Psithyres, fécondées en automne, hivernent; puis, au printemps, un peu plus tard que les premières, elles sortent de leurs retraites. D'un vol assez lourd, on les voit se poser quelquefois sur les fleurs, plus souvent rôder çà et là, fureter dans les buissons, à la recherche des nids déjà commencés des Bourdons, pour s'y introduire furtivement et y pondre. A mesure que l'été approche, on en voit de moins en moins sur les fleurs; elles deviennent, comme les femelles de Bourdons, de plus en plus casanières, et ne se nourrissent guère plus qu'aux frais de leurs hôtes. Ceux-ci, en général, prennent leur parti de la présence de ces intrus. Avant la fin de l'été, les mâles se montrent, et bientôt aussi les jeunes femelles, et on voit les uns et les autres sur les fleurs durant tout l'automne. Les choses se passent ensuite comme chez les Bourdons; les mâles meurent avant les premiers froids, et les femelles fécondées cherchent un refuge pour y passer l'hiver.

La présence des Psithyres n'est pas rare dans les nids de Bourdons. Sur 48 nids de *B. variabilis* explorés par Ed. Hoffer, 35 seulement se trouvaient sans parasites. Cette intrusion n'est pas sans causer un préjudice plus ou moins grave aux légitimes habitants. Hoffer, à qui nous devons, sur le compte de ces parasites, une foule d'observations non moins intéressantes que celles qu'il a fait connaître au sujet de leurs hôtes, a reconnu qu'un nid est toujours plus faible, quand il contient des Psithyres, que lorsqu'il n'y en a point.

Les Psithyres ne font donc pas que s'ajouter en surcroît à la population normale; ils ne se bornent pas non plus à se substituer, individu contre individu, aux Bourdons, car en ce cas la population totale devrait rester la même. Une aussi importante diminution oblige à croire qu'il y a suppression effective de larves des bourdons, ou plutôt de leurs œufs. Et il est permis de supposer que la femelle Psithyre, loin de se contenter d'introduire ses enfants dans la famille du Bourdon, doit, d'une façon ou d'une autre, détruire un certain nombre de ceux de son hôte. Il serait intéressant que l'observation vînt dire ce qui se passe positivement à cet égard.

Les premiers observateurs, se fondant sur l'analogie, la presque similitude qui existe entre le vêtement des Psithyres et celui des Bourdons, ont cru que, grâce à cette trompeuse ressemblance, ces intrus parvenaient à mettre en défaut la vigilance de ces derniers, et à se faire passer, selon la propre expression de Lepelletier de Saint-Fargeau, «pour les enfants de la maison». C'était oublier la délicatesse extrême des sens de ces insectes, que de borner à la vue les moyens qu'ils ont de reconnaître les leurs. Dans leurs sombres retraites, il n'y a pas d'ailleurs à parler de la vue, qui ne leur peut être d'aucun secours. D'une manière générale, les couleurs d'un Psithyre sont, de celles qui conviennent à un Bourdon; mais il est absolument inexact qu'un Psithyre porte nécessairement la livrée de ses hôtes. Si les *Psithyrus rupestris* et *vestalis* ont respectivement à peu près le costume des *Bombus lapidarius* et *terrestris* qu'ils exploitent, le *Ps. Barbutellus* ne ressemble guère au *B. pratorum* qui l'héberge, et le *Ps. campestris* est tout à fait différent des *B. agrorum* et *variabilis*, ses nourriciers ordinaires.

Les observations de Hoffer nous fournissent des renseignements précieux sur la nature des rapports qui existent entre Bourdons et Psithyres. Elles montrent, ce qu'on était loin de supposer jadis, que ces rapports sont quelque peu tendus, pour ne pas dire davantage.

«Les Bourdons avec lesquels cohabitait déjà un Psithyre, dit cet habile observateur, semblaient trouver son apparition toute naturelle, lorsqu'il rentrait au nid; ni la reine, ni les ouvrières ne paraissaient le moins du monde gênées par sa présence. Pendant le mauvais temps ou pendant la nuit, tous reposaient côte à côte sur les gâteaux; cependant le Psithyre se tenait de préférence dans le bas, et le plus souvent en dessous des gâteaux. C'est là qu'il se réfugiait promptement, quand on dérangeait le nid, et même sous la mousse, s'il y en avait.»

«Lorsque j'introduisais un parasite dans un nid de Bourdons qui déjà n'en possédait pas un autre, il s'élevait aussitôt un grand tumulte parmi les habitants, comme il s'en produit toujours à la rentrée d'un des leurs; tous se portaient vers lui d'un air hostile, mais sans essayer de le piquer ou de l'attaquer en aucune façon. Quant à lui, il se glissait aussi vite que possible sous les gâteaux, et peu à peu toute la société rentrait dans le calme.»

L'entrée du parasite excite donc la colère des Bourdons, et l'intrus y échappe en se réfugiant avec promptitude en lieu sûr. Les choses se passent-elles toujours avec autant de placidité? On en peut juger par les lignes suivantes.

«Le 14 août 1881, dit Hoffer, j'examinais un nid moyennement volumineux, de *Bombus silvarum*, et j'y trouvais, avec une vieille femelle, 10 mâles et 29 ouvrières, une vieille femelle morte du *Psithyrus campestris*. Évidemment cette dernière avait dû se faufiler dans le nid du *Bombus*, et y avait été tuée, car il n'y avait pas d'autre parasite, et il n'en naquit aucun dans la suite.»

Hoffer raconte encore qu'un Psithyre, qu'il avait introduit dans un nid de Bourdon, y fut mal accueilli et se sauva prestement. «Je conclus de ces faits, ajoute l'auteur, que les Bourdons connaissent parfaitement les pillards de leurs provisions; mais certaines formes, se sentant impuissantes vis-à-vis du parasite, dont la taille surpasse la leur de beaucoup, se résignent à subir sa société.»

Si l'on considère l'uniformité générale de l'organisation des Bourdons et des Psithyres, on est obligé d'admettre que les deux genres ne sont que deux formes d'un même type, et sont unies entre elles par la plus étroite affinité. Pour les naturalistes qui adhèrent à la doctrine du transformisme, cette parenté n'est pas purement idéale, elle est réelle. Le genre parasite ne serait qu'une lignée issue du genre récoltant, et ayant perdu les organes de récolte par suite de son adaptation à la vie parasitique.

Nous avons vu plus haut que la rencontre, dans un nid de Bourdon, d'individus d'une autre espèce que celle à laquelle il appartient, n'est pas un fait très rare. Ce fait vient à l'appui de l'hypothèse. Ces habitudes ont dû exister anciennement comme aujourd'hui, de même que l'on voit, chez l'Abeille domestique, des sujets d'une colonie réussir à s'installer dans une autre, malgré l'hostilité que soulève d'ordinaire une pareille intrusion. On conçoit donc qu'une femelle, au réveil du printemps, en train de rechercher un lieu convenable pour y édifier son nid, ait rencontré un commencement de colonie déjà fondé par une femelle plus précoce; que, trouvant ce logis à sa convenance, elle s'y soit installée, ce que les fréquentes absences de la légitime propriétaire rendaient d'autant plus facile. Dispensée d'exécuter les travaux déjà effectués, et même de prendre part à leur agrandissement, elle aura pu, sans autre souci, vaquer à la ponte. Sa progéniture, héritant de la paresse maternelle, l'aura également transmise à sa descendance, toujours plus exagérée dans les générations successives; et en même temps l'atrophie graduelle aura de plus en plus dégradé et finalement fait disparaître les instruments de travail restés sans emploi. Ainsi a pu surgir de la souche des Bourdons, le rameau des Psithyres.

―――

LES MÉLIPONES.

Les Mélipones et leurs très proches parentes, les Trigones, sont des Abeilles sociales propres aux régions tropicales. Fort nombreuses en espèces, on les trouve au Mexique, aux Antilles, surtout au Brésil; quelques-unes habitent l'Inde, la Chine, les îles de l'océan Indien; une espèce est même indiquée comme propre à l'Australie.

Ces Abeilles (fig. 36) sont dépourvues d'aiguillon, ce qui, joint à quelques autres caractères, les distingue notablement des Abeilles domestiques et des Bourdons: ainsi leurs cellules alaires sont quelque peu différentes, et le premier article de leurs tarses postérieurs est autrement conformé, triangulaire au lieu d'être quadrangulaire, et dépourvu, à son angle supérieur et externe, du crochet caractéristique dont cet organe est muni chez le Bourdon et l'Abeille; les pattes sont proportionnellement plus longues, les tibias postérieurs, qui portent les corbeilles, beaucoup plus dilatés.

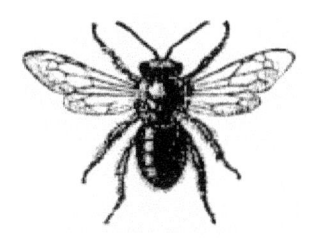

Fig. 33.—Mélipone.

L'Abeille domestique, avec ses nombreuses races, est exclusivement propre à l'ancien monde. L'Amérique, qui ne possédait point d'Abeilles, mais qui ne tarda point à en recevoir après la conquête, tirait déjà des Mélipones et des Trigones les produits que l'*Apis mellifica* procurait aux nations civilisées. Les sauvages Guaranis, les Botocudos, les Chiquitos, longtemps avant l'arrivée des Européens, recherchaient avidement le miel des Mélipones, et appréciaient surtout leur cire, qui leur servait pour l'éclairage et plusieurs autres usages.

Quoique les espèces d'Abeilles américaines soient fort nombreuses, elles sont encore peu connues. Cela tient surtout à ce que les naturalistes qui les ont recueillies ne l'ont fait que par accident pour ainsi dire, occupés surtout de recherches d'autre nature. Aussi la biologie de ces insectes est-elle encore fort incomplète, et l'on ne sera pas surpris d'apprendre, par exemple, que sur 35 espèces décrites par Lepelletier de Saint-Fargeau, cet entomologiste n'a connu que trois mâles, dont deux isolés, et pas une seule femelle; et que F. Smith, sur 15 espèces ajoutées par lui à cette liste, ne fait connaître qu'un mâle. En sorte que, jusqu'à ces dernières années, aucune femelle n'avait encore été observée par un naturaliste.

Un apiculteur distingué, domicilié jadis à Bordeaux, M. Drory, a eu la bonne fortune d'avoir en sa possession quarante-sept colonies de Mélipones ou Trigones, appartenant à 11 espèces différentes, dues à l'obligeance d'un apiculteur bordelais, établi à Bahia (Brésil). Grâce à cet observateur zélé, plusieurs lacunes de l'histoire de ces Abeilles ont pu être comblées. Nous ferons de nombreux emprunts aux intéressantes notices que M. Drory a publiées sur leur compte dans le *Rûcher du Sud-Ouest*.

La plupart des Mélipones, mais surtout les Trigones, sont plus petites que les Abeilles, et leurs proportions beaucoup plus grêles; l'abdomen surtout est considérablement rétréci chez quelques espèces. Quelques Trigones atteignent tout au plus 3 ou 4 millimètres. La *Mélipone scutellaire* (*M. scutellaris* Latreille) égale presque la taille de l'Abeille domestique, mais elle est beaucoup plus belle. Son corselet, noir avec l'écusson roux, est vêtu de poils roux-dorés; ses segments abdominaux sont ornés d'une agréable bordure blanche, la face de lignes blanchâtres.

On connaît aujourd'hui, grâce à M. Drory, la femelle de la *Mélipone scutellaire*. Elle est très différente de l'ouvrière, que l'on connaissait depuis longtemps. Il y a même lieu de distinguer les femelles jeunes ou vierges des femelles fécondées ou reines. Les femelles vierges sont un peu plus petites que les ouvrières; leur couleur générale est brune; la tête et le corselet sont plus petits; l'abdomen est court et dépourvu de bordures blanches; les jambes sont plus grêles, d'un brun clair; les postérieures dénuées d'organes de récolte, comme chez la reine-abeille; les tibias convexes, couverts de poils soyeux; les antennes sont plus longues que chez l'ouvrière; la face est dépourvue des lignes blanches qui ornent la face de celle-ci.

La femelle fécondée est, selon l'expression de M. Drory, un «véritable monstre», à côté de celle qui vient d'être décrite. L'énormité de son abdomen surtout la rend difforme: il est deux fois plus long, et large à proportion. Les anneaux en sont tellement distendus, que la membrane intersegmentaire, plus large que les segments cornés, fait que l'abdomen paraît blanc avec des raies brunes en travers. Un abdomen si pesant rend naturellement la démarche de la bête fort embarrassée. Quand elle marche la tête en bas, il traîne disgracieusement, pendant à droite ou à gauche par l'effet de son poids, et il retombe lourdement, quand elle passe d'un gâteau à un autre.

Le mâle ressemble tellement à l'ouvrière, qu'il est très facile à confondre avec elle. Il en a les couleurs, avec des formes un peu plus grêles; il en diffère d'ailleurs, comme c'est la règle chez toutes les Abeilles, par un article de plus aux antennes et un segment de plus à l'abdomen, par l'absence de brosse et de corbeille aux pattes postérieures; enfin sa face est presque entièrement blanche.

Dans leur pays, les Mélipones établissent leurs nids dans le creux des arbres ou des rochers; quelques-unes nichent, comme les Bourdons, dans le sol. On en voit quelquefois cohabiter avec des termites, et vivre, dit-on, en bonne intelligence avec ces terribles rongeurs.

Les nids des Mélipones sont très différents de ceux des Abeilles. Les gâteaux, au lieu d'être disposés verticalement, sont horizontaux. Un premier rayon est construit sur le plancher de l'habitation, soutenu par des colonnettes de cire. Ces cellules, pressées les unes contre les autres, sont hexagonales; celles du pourtour ont leur surface libre ou extérieure cylindrique, mais toutes ont le fond sphéroïdal. Elles sont naturellement verticales, puisque le gâteau est horizontal, et leur orifice est supérieur, leur fond inférieur, c'est-à-dire qu'elles sont dressées et non pendantes, comme les auteurs l'ont dit maintes fois, se répétant les uns les autres. Le premier qui en a parlé, Huber, doit avoir eu entre les mains un nid bouleversé sans doute dans le voyage, mal interprété en tout cas (fig. 37).

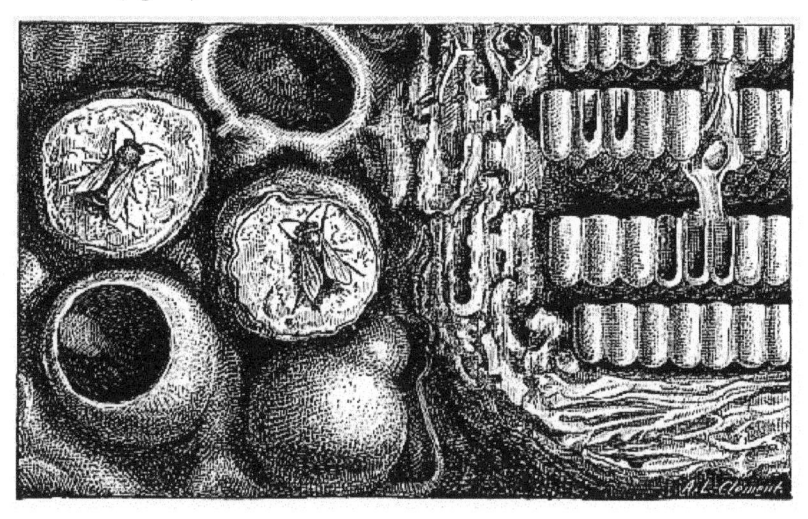

Fig. 37.—Nid de Mélipone scutellaire.

Les cellules sont sur un seul rang, et non sur deux comme chez les Abeilles. Donc, moins d'économie de place et de matériaux que chez ces dernières.

Chez les Abeilles, la ponte a lieu dans des cellules vides, et dès que la larve est éclose, un premier repas lui est servi et renouvelé au fur et à mesure de ses besoins. Chez les Mélipones, il en est tout autrement. Les cellules sont d'abord approvisionnées, l'œuf n'y est pondu qu'ensuite. Les ouvrières entassent dans la cellule de la pâtée de pollen jusqu'à atteindre environ les trois cinquièmes de la hauteur, et par-dessus, une petite quantité d'un aliment plus fluide, transparent, sans trace de pollen, quelque chose d'analogue à la gelée qui forme le premier repas de la larve d'Abeille. C'est là toute la ration d'une larve, ce qu'il lui faudra pour atteindre au terme de son développement. Cela fait, la reine s'approche de la cellule, s'assure, par une inspection qui paraît attentive, que tout est bien, puis se retourne, introduit le bout de son abdomen dans la cellule et pond un œuf. Pendant cette opération, plusieurs ouvrières sont là, entourant la reine, et comme si elles sentaient bien toute l'importance de l'acte qui s'accomplit, ne cessent de palper doucement de leurs antennes l'abdomen de la pondeuse. Enfin la reine se soulève; l'œuf, qui est assez gros, se voit dans la cellule; elle se retourne pour le regarder, constater que tout est bien, puis s'éloigne. Les ouvrières s'approchent aussitôt, pour se renseigner à leur tour; puis l'une d'elles, avec une promptitude inouïe, une étonnante dextérité, tournant autour de la cellule, en façonne le bord avec ses mandibules, de manière à l'infléchir en dessus. On voit graduellement ce bord se déprimer, puis s'étendre de la circonférence au centre, l'orifice se rétrécir de plus en plus, enfin disparaître. Pendant qu'elle évolue ainsi autour de l'axe de la cellule, l'ouvrière prend appui, du bout de son abdomen, sous le côté interne du bord qu'elle mordille. C'est donc le corps ployé en deux qu'elle travaille, posture on ne peut plus incommode, et qui va s'exagérant à mesure que l'opération avance; on voit son cou, tout blanc, se tendre de plus en plus, au point qu'il semble, dit M. Drory, qu'il va céder et se rompre. Mais bientôt, l'orifice devenu très petit, elle dégage son abdomen, et la fermeture s'achève en quelques coups de mandibules. «En moins de temps qu'il n'en faut pour l'écrire, la cellule est operculée.»

J'ai été moi-même témoin de cet étonnant spectacle, dans un nid de *Trigona clavipes*, que je devais à l'obligeance de M. Drory, et puis confirmer de tout point la description qu'il a donnée de la ponte.

«L'insecte est donc forcé de se développer dans un récipient *sans air*», remarque l'habile apiculteur que je viens de citer. Cela peut surprendre, par comparaison avec ce qui a lieu chez les Abeilles, dont la larve grandit dans une cellule ouverte. Mais ce développement en chambre close est la règle, chez presque tous les Hyménoptères, et il existe, chez l'Abeille elle-même, pour toute la durée de l'état de nymphe.

Le ver éclos mange d'abord la gelée liquide, puis il entame la pâtée compacte. Quand celle-ci est entièrement consommée ou à peu près, il a acquis toute sa taille. Il se file alors une coque de soie, pour subir ses métamorphoses, après quoi la jeune Mélipone ronge le haut de la cellule et se montre à l'état parfait.

Les mêmes cellules, chez les Abeilles, servent successivement au développement de plusieurs générations d'ouvrières. Elles ne servent qu'une fois chez les Mélipones. Quand une cellule est devenue vide, les ouvrières en rongent les parois et n'en laissent subsister que le fond, qu'elles déblayent et nettoient des restes de pollen et autres résidus, en sorte que, lorsque tout l'étage est éclos, il n'en reste qu'une mince plaque, dont la surface, assez inégale, laisse voir les traces des fonds des cellules.

Mais tandis que le couvain se développait dans ce premier étage, un second s'élevait au-dessus, reposant sur le premier par des piliers de soutènement, ingénieusement placés dans les angles des cellules inférieures, afin de ne pas en obstruer la cavité. L'ensemble formé par les deux étages est protégé par des lamelles de cire disposées tout autour, contournées, entortillées les unes dans les autres, de manière à ne donner accès dans le nid que par des chemins compliqués, des sortes de labyrinthes. Les étages se superposent ainsi les uns aux autres, ajoutant leur poids aux assises inférieures, qui fléchissent quelque peu, jusqu'à ce que le plafond soit atteint. L'ensemble présente alors l'aspect d'une sorte de cône, car les étages, de forme sensiblement circulaire, ont un diamètre de plus en plus étroit de la base au sommet. L'édifice arrêté dans son développement, la colonie cherche une autre demeure, fournit un ou plusieurs essaims, ou périt.

Chez les Abeilles, les cellules qui servent au développement des larves peuvent servir, en d'autres temps, de magasins pour les provisions. Les Mélipones ont des récipients spéciaux pour cet usage. Ce sont des outres de cire, en forme de godets, à fond arrondi, dont la dimension varie suivant l'espèce ou plutôt la taille des Mélipones qui les construisent. Chez la Mélipone scutellaire, ces amphores sont de la grosseur d'un œuf de pigeon, pas plus grosses qu'un pois chez l'*Imhati mosquita*.

Ces outres sont attachées, en dehors des gâteaux, sur les parois du nid, et soudées les unes aux autres. A mesure que le nid s'élève, de nouveaux réservoirs sont superposés aux anciens; aussi ces derniers ont-ils les parois plus épaisses que les plus récents. Les uns reçoivent de la pâtée de pollen, les autres du miel. Tant qu'ils ne sont pas pleins, ils restent largement ouverts, et rien de plus curieux que de voir les butineuses venir y dégorger leur provision de miel ou s'y débarrasser de leur fardeau de pollen. Dès que les réservoirs sont remplis, ils sont fermés avec soin. Puis, quand la récolte journalière ne suffit plus à l'entretien, une urne, puis une autre sont mises en perce, et les habitants viennent y puiser par un petit orifice pratiqué à cet effet dans la partie supérieure et centrale du couvercle.

Les Mélipones et Trigones sont beaucoup plus vives, plus pétulantes que les Abeilles dans tous leurs mouvements. Quoique moins bien armées, et n'ayant que leur bouche pour attaquer et se défendre, elles sont plus batailleuses et plus pillardes. Par contre savent-elles se mettre à l'abri des invasions de leurs ennemis ou de leurs pareils, mieux que ne le font les Abeilles, dont la porte, largement ouverte, est plus difficile à défendre contre une attaque de vive force. Leur trou de vol est très petit et ne peut livrer passage qu'à un seul individu, en sorte qu'une seule sentinelle en peut garder l'entrée.

Ce n'est pas tout. Ce trou de vol si étroit ne donne pas directement accès dans le nid. Un long tunnel, un boyau sinueux fait de cire, est le seul et unique chemin qui mène de la porte d'entrée aux étages à couvain, et de ceux-ci aux magasins, situés, comme on l'a vu, en dehors du labyrinthe feuilleté. C'est tout juste si deux ouvrières peuvent marcher de front dans ce chemin couvert, long parfois de plus de 20 centimètres. Grâce à cette précaution, inconnue des Abeilles, mais dont on pourrait peut-être voir l'analogue dans le conduit qui mène au nid des Bourdons, les effluves odorants ne peuvent se répandre au dehors et éveiller les convoitises des insectes pillards. Autre avantage, la défense de la maison en devient beaucoup plus facile.

«Le jour et la nuit, une sentinelle est en faction à la porte, et gare à celui qui approche! Même une Abeille est perdue. La sentinelle donne l'alarme et se jette la première sur l'ennemi, qui succombe toujours. Le dard venimeux de l'abeille ne lui sert à rien. La Scutellaire, bien plus agile qu'elle, lui tranche la tête ou le corselet d'un coup de ses mandibules, qui sont terribles, ou, si la Mélipone ou la Trigone est de petite taille, trois ou quatre à la fois se jettent sur l'abeille, la saisissent aux jambes, aux antennes, aux ailes, qu'elles mordillent avec fureur, et tous meurent ensemble, agresseur et défenseurs, ces derniers sans jamais lâcher prise.»

Les petites espèces ferment leur trou de vol la nuit. S'il fait froid, la porte est construite d'une épaisse couche de cire; si, au contraire, il fait chaud, elle est mince et ressemble à un tissu transparent, à travers les mailles duquel les sentinelles passent leurs antennes.

Huber a constaté l'absence, chez les Mélipones, des *moules à cire* qui se trouvent sous les segments ventraux des Abeilles. Mais comme ces moules manquent aussi aux Bourdons, Huber suppose qu'il doit en être des Mélipones comme de ces derniers, qui sécrètent de la cire à la façon des Abeilles. Il n'en est point ainsi. M. Drory a découvert qu'elle est produite, chez les Mélipones et les Trigones, non point sous les segments ventraux, mais sous la partie dorsale des segments, d'où elle se détache sous forme d'une pellicule fine, blanche et transparente, recouvrant tout le dessus de l'abdomen; les 5 premiers segments prennent part à cette formation.

Chose bien étrange, les mâles, qui toujours, dans le monde des Abeilles, se font remarquer par leur paresse, feraient ici exception. M. Drory aurait reconnu que les mâles des Mélipones et des Trigones sécrètent de la cire, de la même manière que les ouvrières. Empressons-nous de donner acte à l'habile apiculteur de cette réhabilitation, dont ce sexe avait bien besoin.

Fabriquant de la cire, ils peuvent, sans doute, concourir à l'édification des cellules et des réservoirs à provisions. C'est l'opinion de M. Drory. Mais il leur refuse la faculté de recueillir le pollen, que leurs pattes ne sauraient emmagasiner, ni le miel, que leur langue trop courte ne pourrait aller puiser dans les fleurs.

La cire est absolument incolore, au moment où la Mélipone la prend sur son dos avec ses pattes postérieures. Travaillée, elle est de couleur brune, grossière, de consistance plus molle que celle des Abeilles. Comment s'opère sa transformation? Comme les Abeilles, les Mélipones pétrissent la cire avec leur bouche; au sortir de cette manipulation, elle a acquis sa couleur propre. C'est la salive, de toute évidence, qui s'y mêle et lui communique ses propriétés nouvelles. Cette salive, on le sait par les morsures parfois cruelles que ces insectes font pour se défendre, est jaune ou brune, d'une odeur forte et désagréable.

Les Mélipones font la collecte du pollen de la même manière que les Abeilles, et en forment, aux pattes de derrière, des pelotes proportionnellement beaucoup plus grosses. Quant à la propolis, que les Abeilles ne récoltent qu'au fur et à mesure de leurs besoins, les Mélipones et Trigones la ramassent en tout temps, et en font des réserves dans un coin de leur habitation. Très avides de tout ce qui peut leur être utile, elles pillent avec un empressement qui ressemble à de la fureur les vieilles ruches inhabitées; elles en grattent la propolis, et s'en font aux pattes des pelotes qu'elles emportent. M. Drory a même constaté à ses dépens, qu'elles ne dédaignent pas le vernis récemment employé. Pendant plus de quinze jours, il vit des Scutellaires et autres occupées à détacher le vernis dont il avait fait peindre un grand pavillon.

Dans l'ardeur du pillage, ces violents insectes vont même jusqu'à se dépouiller entre eux.

«Une fois, raconte M. Drory, j'ai fait beaucoup rire quelques amis, en les rendant témoins de ce genre de vol entre pillardes. Les Mélipones étaient occupées à ronger la propolis et à s'en faire d'énormes pelotes aux pattes de derrière. Les survenantes trouvaient plus simple de ronger ces pelotes, pour s'en approprier la matière. Et la préoccupation des premières était telle que, pour un temps au moins, le larcin réussissait. La volée s'en apercevait cependant quelquefois; elle défendait son bien, et de là une bataille, qui finissait bientôt par la fuite précipitée de la voleuse.»

Les Mélipones essaiment comme les Abeilles, mais l'essaim ne se pose pas à quelque distance de la ruche; il s'en va toujours au loin. Ici, la mère féconde, incapable de voler, vu l'énorme développement de son abdomen, reste probablement dans la souche. M. Drory suppose qu'une des femelles non fécondées, qu'on voit toujours en plus ou moins grand nombre dans la colonie, la quitte à un moment donné, et détermine ainsi la formation de l'essaim.

L'Abeille a le vol hésitant et maladroit; fréquemment elle manque l'entrée de la ruche, se pose à côté ou tombe à terre. Le vol de la Mélipone est plus vif, plus élégant, et d'une remarquable précision. La Mélipone qui rentre au logis arrive rapidement et tout droit à la porte, et, «à peine l'a-t-on vue, dit M. Drory, qu'elle y a disparu». Avec autant d'agilité, la sentinelle se retire pour livrer passage à la butineuse, qui lui passe sur le corps, et elle reparaît aussitôt à son poste. Quand la population est un peu nombreuse, les entrées et les sorties sont très fréquentes, et ce va-et-vient de la sentinelle se répète avec une rapidité et une constance que rien ne lasse. S'il en fallait croire Huber, la même sentinelle demeurerait en faction toute une journée; mais cela paraît difficile à croire.

Chez les petites espèces, un petit entonnoir en cire est construit en dehors du trou de vol. Son utilité s'explique par ce fait que, chez ces espèces, la population étant très nombreuse, le nombre des butineuses revenant de la picorée est quelquefois assez grand, pour que leur rentrée devienne difficile. Elles se posent alors sur le bord de l'entonnoir, autour duquel des factionnaires d'ailleurs montent une garde assidue, et chacune, à tour de rôle, se présente à l'entrée.

Moins délicates que les Abeilles, qui ne tolèrent aucune impureté dans leur ruche, les Mélipones et les Trigones, qui ne sortent que lorsque le temps est très beau et la température au-dessus de 18° centigrades, accumulent leurs excréments, tant qu'elles demeurent au logis, dans un coin de leur habitation. Là aussi elles entassent maints débris et même les cadavres de leurs sœurs. Le beau temps revenu, des fragments sont découpés dans le tas et portés dehors.

«La plupart des Mélipones et des Trigones, dit M. Drory, sont des animaux inoffensifs. Des onze espèces que j'ai eu l'occasion d'élever, deux étaient un peu méchantes (*Melipona postica* et *muscaria*), et une l'était beaucoup, la *Trigona flageola*, dont le nom local, fort expressif, et qu'on nous dispensera de traduire, est *caga fogo*. Les manifestations hostiles des deux premières espèces de Mélipones consistent à s'insinuer dans les cheveux de l'imprudent qui les approche de trop près, ainsi que dans la barbe, les cils, les oreilles, en faisant entendre un bruissement considérable, et répandant une odeur très pénétrante. Le seul moyen de s'en défaire est de fuir prestement, et de se peigner avec précaution. Si l'on s'obstinait à rester sur place, on risquerait d'avoir bientôt toute la colonie dans ses cheveux.

«Mais quant aux *caga fogo*, c'est plus sérieux; leur nom seul dit comment se manifeste leur colère. Ils se jettent, comme leurs congénères, dans les cheveux, et aussi sur la figure et sur les mains; ils rentrent dans les manches, ils s'insinuent sous les vêtements, et ils mordent sans rémission et sans plus lâcher prise. Ils font un bruissement épouvantable, et répandent, par leur salive, une odeur tellement forte et pénétrante, que si vous en avez une douzaine ou deux dans votre moustache, vous risquez d'avoir des tournoiements de tête et de ressentir des nausées. Mais ce n'est pas tout. Leur salive est tellement corrosive, que chaque morsure forme une tache sur la peau, qui peut persister deux mois et plus. Pendant plus de huit jours, il est impossible de se peigner, tant les petites pustules causées par les morsures produisent une douleur atroce. C'est l'équivalent d'une vraie brûlure. Ces pustules sont remplies d'un liquide aqueux, et tout autour apparaît une auréole rougeâtre. Les marques de ces plaies persistent longtemps, plus de deux mois.»

«Mon vénéré ami, M. Brunet, de Bahia, à la bonté duquel je dois toutes mes colonies, assailli par ces trigones, qu'il allait m'envoyer, a été tellement torturé par elles, qu'il en a été huit jours malade, alité, en proie à une fièvre très forte, et le charpentier, son aide, a dû rester quinze jours sans pouvoir travailler.»

Hôtes d'un climat chaud, les Mélipones et les Trigones ne peuvent produire par leur propre chaleur la température nécessaire à leur existence dans nos contrées. Elles ne savent pas lutter contre le refroidissement, comme les Abeilles, en s'entassant les unes sur les autres et formant *la grappe*, selon l'expression des apiculteurs. A 18 degrés, elles ne sortent qu'en très petit nombre; à 15 degrés pas du tout; à 10 degrés elles meurent. Au contraire, plus la température est élevée, plus elles sont vives, plus elles travaillent, et plus elles semblent être heureuses, dit M. Drory.

«Il en résulte que ces insectes, si intéressants pour la science, n'ont aucune valeur matérielle, pour les apiculteurs d'Europe. Les jours de sortie, en été, sont déjà limités, et la proportion de miel est, par suite, très minime. Un hivernage artificiel occasionnerait des frais considérables, pour n'obtenir en définitive, avec beaucoup de peine, qu'un résultat négatif. Sur 47 colonies de ces abeilles exotiques que j'ai possédées, je n'ai réussi à en sauver que deux, qui ont traversé, à Bordeaux, l'hiver de 1873-74, pendant lequel j'ai hiverné 21 colonies à la fois. Mais au mois d'avril ces colonies étaient si faibles, qu'elles ne tardèrent pas à périr l'une après l'autre.»

Dans leur pays natal, si l'élevage en domesticité des Mélipones et des Trigones est peu rémunérateur, à cause du peu de durée de leurs colonies, leurs produits sont en général fort appréciés et activement recherchés. On attribue au miel de quelques-unes d'entre elles une grande puissance nutritive, et, à Santiago, des malades réputés incurables se mettent à la suite des chercheurs de nids de Mélipones, pour se nourrir exclusivement de miel et de maïs grillé. Partis exténués, émaciés, ils reviennent, dit Page[11], gros, gras et robustes, de ces expéditions curatives.

On vend couramment dans les marchés de quelques villes de l'Amérique du Sud, les urnes à miel des Mélipones, que les Indiens vont recueillir dans les bois.

D'après d'Orbigny, les Indiens de Santa-Cruz connaissent 13 espèces de ces Abeilles, dont 9 sont dépourvues d'aiguillon et donnent un miel excellent; 3 dont le miel est dangereux, et une seule armée d'un aiguillon et, pour cette raison, négligée.

La préférée est une toute petite Trigone, longue de trois à quatre millimètres, appelée *Omesenama* par les Indiens, et *Señorita* par les Espagnols. Son miel est exquis. Parmi celles dont le miel est dangereux, d'autant plus que la saveur seule ne le distingue point des autres, on peut citer l'*Oreceroch* et l'*Overecepes*, dont le miel occasionne d'affreuses convulsions, et l'*Omocayoch*, dont le miel exquis jouit de propriétés enivrantes, et fait perdre pour un temps la raison. Moins expérimentés que les Indiens, les Espagnols, de crainte d'erreur, n'osent se fier qu'à la petite *Señorita*.

La cire brute, molle et brunâtre, est loin d'égaler celle de nos Abeilles. On parvient à l'utiliser cependant. Les sauvages l'emploient telle quelle à différents usages. Mais on est parvenu, par des procédés spéciaux, à la purifier et à la blanchir.

Si l'on compare les Méliponites aux autres Abeilles sociales, au point de vue de la perfection relative des sociétés qu'elles forment, il est manifeste qu'elles sont supérieures aux Bourdons et inférieures à l'Abeille domestique. L'organisation sociale peu compliquée des Bourdons, leur industrie rudimentaire, tout en les mettant au dernier rang parmi les Abeilles vivant en communauté, les rapprochent en même temps des Abeilles solitaires. Leurs sociétés sont annuelles, comme l'évolution biologique de ces dernières; leurs femelles, isolées, hivernantes, sont, pour un temps au moins, solitaires. La division du travail entre les divers individus associés est à son minimum. Anatomiquement et physiologiquement, les ouvrières bourdons diffèrent à peine des femelles véritables. Elles pondent comme celles-ci, quoique moins, et la femelle travaille comme les ouvrières, alors que, chez l'Abeille et la Mélipone, elle vit dans une royale paresse. De la grosse femelle à la plus petite ouvrière, tous les degrés existent, à tous égards, et il est des individus appelés indifféremment, et tout aussi légitimement, petites femelles ou grandes ouvrières.

Les Mélipones tiennent beaucoup plus des Abeilles que des Bourdons. Leur organisation est plus semblable, dans ses traits généraux. Remarquons cependant que, par la conformation des pattes, le Bourdon ressemble plus que la Mélipone à l'Abeille. La Mélipone, à cet égard, s'est développée dans une direction un peu différente. Inversement, par l'approvisionnement des cellules, fait en une fois, le développement des larves en chambre close, la Mélipone a retenu, sans la moindre altération, un des traits les plus accentués des habitudes des solitaires. L'élevage au jour le jour, les soins continués aux larves pendant la durée de leur développement, sont, au contraire, chez le Bourdon et l'Abeille, un des côtés les plus remarquables de la vie sociale.

Chez la Mélipone et l'Abeille, uniformité absolue des ouvrières entre elles, et distinction tranchée entre celles-ci et la reine, par suite division du travail portée à son plus haut point. La reine est pondeuse et rien de plus, inhabile à tout travail, incapable même de se nourrir toute seule. L'ouvrière, elle, n'a pour lot que le travail; de la maternité elle a perdu la faculté essentielle, pour n'en conserver que le labeur: nourrice dévouée, mais point mère. Sous ce double rapport, l'adaptation est aussi parfaite chez la Mélipone que chez l'Abeille. Peut-être même la première a-t-elle fait un pas de plus dans ce sens, car le développement monstrueux de l'abdomen rend la reine Mélipone incapable de s'élever sur ses ailes.

Mais si nous apprécions l'une et l'autre au point de vue de leur industrie, la supériorité appartient sans conteste à l'Abeille. Perfection du plan, fini de l'exécution, économie des matériaux, de l'espace et du temps, les travaux de l'Abeille ont toutes ces qualités à un si haut degré, que la séparation des magasins et de la chambre à couvain, chez la Mélipone, la complication protectrice de l'entrée du nid, sont loin de les contrebalancer. L'habitation de la Mélipone, plus savamment conçue dans l'ensemble, est moins soignée dans les détails; celle de l'Abeille est plus simple dans le plan, plus savante dans l'exécution. C'est l'excellence dans la simplicité.

APIDES SOLITAIRES

LES XYLOCOPIDES.

Les Xylocopes ouvrent la série des Abeilles solitaires.

Fig. 38.—Xylocope.

Tout le monde a vu, dès les premiers soleils de mars, une sorte de gros Bourdon noir voler bruyamment autour des piquets, des charpentes, des vieux bois de toute sorte. C'est l'Abeille ronge-bois, la Xylocope à ailes violettes (*Xylocopa violacea*), la plus grosse de nos Abeilles. Un peu plus tard, on la voit beaucoup sur les fleurs, qu'elle dépouille activement de leur pollen et de leur miel. Les Légumineuses, particulièrement la Glycine, les Acanthes, où elle s'enfarine d'une façon grotesque, sont ses plantes préférées.

Sa grande taille, le bruit qu'elle fait en volant, la font redouter du vulgaire. C'est pourtant un débonnaire animal, prêt à se sauver au moindre geste; bien armé, cela est vrai, mais n'usant de son redoutable aiguillon que dans le cas de légitime défense. C'est de plus un robuste ouvrier, un infatigable travailleur.

Réaumur a décrit avec une parfaite exactitude les longs et pénibles travaux de la Xylocope.

«Celle qui rôde au printemps dans un jardin, y cherche un endroit propre à faire son établissement, c'est-à-dire quelque pièce de bois mort d'une qualité convenable, qu'elle entreprendra de percer. Jamais ces Mouches n'attaquent les arbres vivants. Telle se détermine pour un échalas; une autre choisit une des plus grosses pièces qui servent de soutien au contre-espaliers. J'en ai vu qui ont donné la préférence à des contrevents, et d'autres qui ont mieux aimé s'attacher à des pièces de bois aussi grosses que des poutres, posées à terre contre des murs, où elles servaient de banc. La qualité du bois et sa position entrent pour beaucoup dans les raisons qui la décident. Elle n'entreprendra point de travailler dans une pièce de bois placée dans un endroit où le soleil donne rarement, ni dans du bois encore vert; elle sait que celui qui non seulement est sec, mais qui commence à se pourrir, à perdre de sa dureté naturelle, lui donnera moins de peine.» C'est pour un motif semblable, qu'on a vu une fois, au Muséum de Paris, une Xylocope s'établir dans un tube métallique, dont le calibre lui avait paru convenable.

Lorsqu'elle a fait son choix, elle se met à l'ouvrage, qui exige, selon la remarque de Réaumur, de la force, du courage et de la patience. Elle commence par creuser un trou à peu près horizontal d'abord, qui s'infléchit, ensuite brusquement vers le bas, en un conduit vertical ou légèrement oblique. Cette galerie, large de 15 à 18 millimètres, est profonde de 20 à 30 centimètres, quelquefois davantage. Si l'épaisseur du bois le permet, une deuxième galerie, et même une troisième, sont établies à côté de la première. «C'est là, assurément, un grand ouvrage pour une Abeille, remarque Réaumur, mais aussi n'est-ce pas celui d'un jour; elle y est occupée pendant des semaines et même pendant des mois».

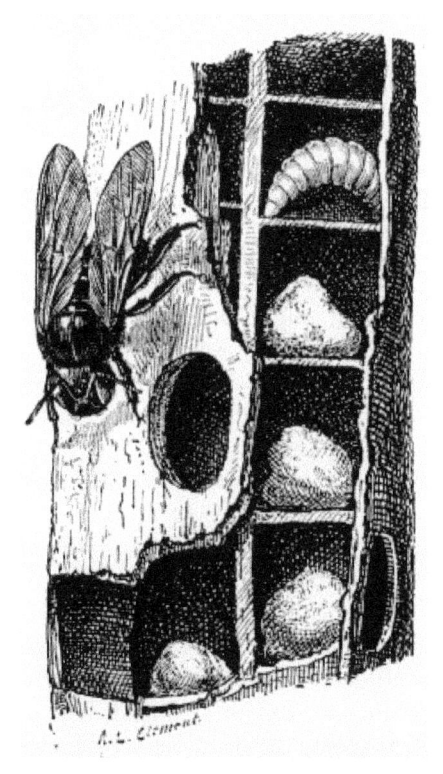

Fig. 39.—Nid de Xylocope.

Pour exécuter ce pénible travail, la Xylocope n'a d'autres instruments que ses mandibules, solides, il est vrai, et terminées par un tranchant acéré. Des muscles puissants, dont le volume est indiqué par l'énorme tête qui les contient, actionnent ces robustes tenailles, qui enlèvent le bois par parcelles semblables à de la sciure. Quand on se tient, le soir venu, près d'une pièce de bois où une Xylocope a élu domicile, on perçoit un sourd grincement, de temps à autre interrompu; c'est l'infatigable taraudeur, qui n'a pas encore terminé sa journée et songé à prendre un repos bien gagné.

La galerie suffisamment approfondie, tout n'est point terminé. La Xylocope entasse dans le fond une provision de pâtée pollinique jusqu'à une hauteur d'environ deux centimètres et demi. La quantité reconnue suffisante, un œuf est pondu par-dessus, puis une cloison horizontale, faite de sciure agglutinée par la salive de l'Abeille, vient enfermer le tout. Et voilà une première cellule. Une seconde, une troisième, autant qu'en comporte la longueur de la galerie, sont approvisionnées et clôturées de même (fig. 39).

Comment se fait, chez la Xylocope, la cueillette du pollen? Réaumur dit n'avoir jamais eu occasion de la surprendre dans cette occupation, ni l'avoir jamais vue rentrer au logis avec des pelotes aux pattes. Mais le célèbre observateur s'est gravement trompé, en prenant pour un organe collecteur de pollen, pour une sorte de corbeille, une petite cavité allongée, à fond lisse, creusée dans le haut de la partie interne du premier article des tarses postérieurs. L'erreur est d'autant plus inexplicable, que cette particularité est exclusivement propre au mâle; et Réaumur n'a cependant pas méconnu ce sexe, puisqu'il en décrit et figure d'autres organes avec sa fidélité habituelle.

Nous ne trouvons pas, chez les Xylocopes, et nous ne verrons plus désormais, chez les Abeilles que nous aurons à passer en revue, les corbeilles que nous avons vues chez les Abeilles sociales. Cet organe si spécialisé est étroitement lié à la forme sous laquelle le pollen est transporté dans l'habitation. Toutes les Abeilles sociales mêlent, au moment de la cueillette, le pollen à du miel et en font une pâtée. De là la corbeille, c'est-à-dire une surface creusée et polie à la face externe du tibia. Aucune Abeille solitaire n'ajoute du miel au pollen en le récoltant. C'est à l'état pulvérulent qu'il est pris, et apporté tel quel au nid, où se fait le mélange, qui, dans tous les cas, est nécessaire. Or, cette poussière, sans cohésion, ne pourrait tenir entassée dans un récipient tel que la corbeille. L'Abeille solitaire la recueille à l'aide d'une brosse à longs crins, entre lesquels les petits grains polliniques s'arrêtent d'autant plus facilement que ces crins, loin d'avoir une surface lisse, sont rugueux, dentelés, ou même rameux. Bien différente de celle que nous connaissons chez l'Abeille domestique ou le Bourdon, cette brosse varie beaucoup de forme et de situation, suivant les diverses espèces de Solitaires. Dans la Xylocope, elle garnit la face externe du tibia postérieur, et se prolonge sur le premier article des tarses, qui est fort développé et beaucoup plus long que le tibia.

Successivement, et suivant l'ordre dans lequel ils ont été pondus, les œufs éclosent dans les cellules, c'est-à-dire de bas en haut. En sorte que, si, à un moment donné, on met à jour les galeries, on voit, dans les différentes chambres, les vers d'autant plus gros qu'ils sont logés plus bas. La pâtée, dans chaque chambre, diminue à mesure que le ver grossit; et quand il n'y en a plus, il a atteint toute sa taille. Après quelques jours d'un repos quelque peu agité, il se transforme en nymphe, plus tard en insecte parfait.

C'est au fort de l'été, que les premiers-nés des Xylocopes commencent à se montrer. Leur mère est morte depuis peu. On voit de vieilles femelles toutes fripées, des ailes déchiquetées, voler encore dans les premiers jours du mois d'août.

Qu'advient-il de la génération nouvelle? Réaumur n'en dit rien, et tout récemment on l'ignorait encore, si bien qu'un entomologiste allemand, Gerstæcker, admettait deux générations dans l'année, chez les Xylocopes, celle du printemps, dont nous avons vu les travaux, et celle qui éclôt en été. Il n'y en a qu'une. On peut d'abord reconnaître, que les Xylocopes qui volent à la fin de l'été et en automne, sont peu actives, lentes et paresseuses, tout autant que les jeunes femelles des Bourdons. Comme elles, on les voit de temps à autre sur les fleurs, pour y puiser leur propre subsistance, et faire de longues stases au soleil. Comme elles aussi, elles passent l'hiver dans divers réduits, dans les arbres creux, dans les galeries que leurs mères ont creusées, dans des trous du sol. Elles en sortent au printemps, comme transfigurées, douées d'une activité qui les fait se montrer partout, et paraître plus nombreuses qu'en automne. Contrairement à ce qui a lieu chez les Bourdons, ici les mâles hivernent comme les femelles. Mais ils ne vivent que peu de jours, et les femelles restent seules, pour vivre plusieurs mois encore, et exécuter les longs travaux que l'on sait.

Fig. 40.—Cératine.

Les *Cératines* (fig. 40) sont de charmantes petites Abeilles, au corps bleuâtre, parfois bronzé, avec une tache blanche sur la face, dont les affinités ont été souvent méconnues. Ce sont véritablement, malgré leur exiguïté, de proches parentes des Xylocopes, dont elles reproduisent les traits et les mœurs. Leur taille ne dépasse guère quelques millimètres; l'une d'elles (*C. parvula*), n'en mesure que trois et demi; les plus grosses, les géantes du genre, atteignent jusqu'à 12 millimètres. Qu'est-ce à côté de la Xylocope, qui dépasse un pouce? Les Cératines sont des Xylocopes en miniature.

Assez longtemps l'on a cru, sous prétexte que les Cératines ne possèdent pas d'organes apparents de récolte, qu'elles étaient parasites d'autres Abeilles. Léon Dufour a démontré qu'elles sont nidifiantes. Mais, plus faibles que les Xylocopes, ce n'est pas au bois qu'elles s'adressent pour y creuser des galeries: la moelle de certains végétaux, surtout celle des ronces sèches, est la seule matière qu'elles travaillent. Leurs cellules ne diffèrent point, à part le volume, de celles des Xylocopes. Édifiées au printemps, c'est en été aussi qu'elles donnent la génération nouvelle. Celle-ci, mâle et femelle, inactive pendant l'automne, hiverne pour n'entrer en activité qu'au printemps suivant, un peu plus tard que les Xylocopes.

Les ronces sèches sont encore utilisées par les Cératines pour leur sommeil hivernal. Durant toute la mauvaise saison, on peut trouver dans les ronces des Cératines engourdies, quelquefois en grand nombre dans la même galerie. Elles sont là, par 10, 12 et plus, à la file, la tête tournée vers le bas, et si l'on brise la ronce qui les contient, on les voit marcher lentement à reculons du côté de l'orifice supérieur. Il est à remarquer que, dans ces sortes de dortoirs, on ne trouve jamais de mélange d'espèces. Certaines, réputées très rares, ne se trouvent en nombre que dans les ronces, en hiver; c'est à peine si, de loin en loin, on en rencontre un individu sur les fleurs. Tel est le cas précisément de la *Ceratina parvula* déjà mentionnée, qui se trouve à Marseille et dans quelques autres parties de l'Europe méridionale. Elle mérite encore à un autre titre d'être signalée, car on n'en connaît encore que la femelle. Cela tient sans doute à ce que, dans cette espèce, par une remarquable exception, le mâle meurt avant l'hiver, ainsi qu'il arrive chez les Bourdons.

Tandis que les Cératines s'associent d'ordinaire pour passer l'hiver en commun, les Xylocopes ne se rencontrent guère qu'isolées. Toutefois, M. Marquet m'a dit avoir plus d'une fois trouvé plusieurs individus du *X. cyanescens* hivernant, comme les Cératines, à la queue leu-leu, dans une tige sèche d'Asphodèle, de *Phragmites* ou autre plante creuse. Le *X. minuta*, dans les environs de Royan, se rencontre parfois logé de la même façon dans les tiges mortes de l'Angélique. Une analogie de plus avec les Cératines.

Les Xylocopes ont pour parasite un superbe hyménoptère, du groupe des Scoliens, le *Polochrum repandum*, à corps cerclé de noir et de jaune, dont la larve dévore celle de l'Abeille et se file ensuite un cocon brun, que l'on trouve quelquefois dans les cellules de la Xylocope. Cet insecte, dont le docteur Giraud a fait connaître les habitudes, paraît être fort rare.

Les Cératines, de leur côté, hébergent un parasite, bien différent, mais qui n'est pas pour nous tout à fait un inconnu. C'est un Diptère Conopide, qui se comporte vis-à-vis des Cératines comme son congénère, l'ennemi des Bourdons. Mais il est, naturellement, de taille très petite. Il m'est arrivé mainte fois de trouver, mortes dans les ronces, pendant l'hiver, des Cératines dont les segments abdominaux étaient fortement distendus. Ces cadavres, conservés jusqu'à la belle saison, donnaient au printemps le frêle *Physocephala pusilla*.

Le genre Xylocope, représenté en Europe par une dizaine d'espèces seulement, en compte près de 150, répandues dans toutes les parties du globe, l'Australie comprise. Beaucoup de ces espèces exotiques portent la livrée sombre de notre Ronge-bois indigène; mais la plupart sont beaucoup plus belles, ornées qu'elles sont de bandes ou de taches formées de poils dont les couleurs vives, jaune, fauve, roux, ou même blanc, tranchent sur un fond noir. Quelquefois les deux sexes présentent une disparité fort remarquable, et telle qu'on ne soupçonnerait jamais qu'ils forment une seule et même espèce: tel mâle est olivâtre, et sa femelle est noire avec le dos jaune serin; un autre est entièrement fauve, et sa femelle toute noire. Quelques espèces atteignent des proportions colossales, comme le *X. latipes*, qui peut dépasser 35 millimètres.

On ne connaît guère qu'une quarantaine d'espèces de Cératines, ce qui tient pour une bonne part, sans doute, à leur petitesse, qui les fait échapper à l'attention des naturalistes voyageurs. Quelques-unes, comme le *C. hieroglyphica*, sont bariolées de jaune.

LES ANTHOPHORIDES.

Plus encore que les Xylocopides, les Anthophorides diffèrent des Abeilles sociales. Leurs organes de récolte, comme ceux de l'Abeille Ronge-bois, consistent en une brosse tibio-tarsienne, mais beaucoup mieux caractérisée par la longueur des poils qui la forment et qui épaississent considérablement leurs pattes postérieures. Ajoutons quelques particularités dans les organes buccaux, dans la nervation des ailes, nous aurons les principaux caractères distinctifs de la famille.

Plus élégantes de formes, plus coquettes de parure, les Anthophorides sont de fort jolies Abeilles, mais bien peu connues du public, car leur taille médiocre ne les signale point à l'attention.

Fig. 41.—Anthophore à masque.

Leur genre le plus important est celui des Anthophores (*Anthophora*). Ce nom, qui signifie *Porte-fleurs*, est on ne peut plus mal appliqué, attendu que les Anthophores ne portent jamais des fleurs autre chose que le pollen. Nous n'en prendrons point prétexte toutefois, comme il est banal de le faire, pour nous élever contre les abus de la terminologie scientifique, ni surtout pour changer cette appellation défectueuse, comme des esprits chagrins en prennent quelquefois la liberté, ajoutant ainsi, sans le vouloir, un mal à un autre.

Abondamment répandues dans toutes les parties du globe, nombreuses en espèces et en individus, les Anthophores habitent de préférence les contrées chaudes du nouveau et de l'ancien monde. On a déjà remarqué que ce genre est surtout européen, car près d'un tiers des espèces décrites appartiennent à la faune circumméditerranéenne, un autre tiers à l'Europe centrale et septentrionale (Dours). Mais il y a lieu de croire que ces proportions changeraient sensiblement, si les faunes extra-européennes étaient mieux connues.

Les espèces de nos climats ont en général, sur un tégument sombre, une villosité délicate, souvent veloutée, formant une parure sobre, élégante plutôt que riche, où les nuances plus ou moins vives du roux et du fauve se marient diversement au blanc éclatant ou au noir profond. Mais quelques espèces des

Indes et de l'Australie se parent de poils écailleux dont l'éclat rivalise avec celui des plumes des Colibris; quelquefois l'épiderme lui-même s'illumine de teintes métalliques cuivrées ou violâtres.

Les Anthophores commencent à voler dès les premiers beaux jours, affectionnant particulièrement les Labiées, sur lesquelles, indistinctement, butinent la plupart des espèces. Mais quelques-unes ont des préférences. L'*Anthophora quadrimaculata* ne visite guère que les *Stachys*; l'*A. furcata* est vouée à la Mélisse; l'*A. femorata* est fidèle à la Vipérine (Borraginée). En Algérie, où les Labiées printanières sont rares, nous dit le docteur Dours, auteur d'une monographie du genre, les Anthophores se fixent sur les Asphodèles, qui couvrent les plaines incultes de leurs nombreuses panicules.

La plupart des espèces d'Anthophores sont printanières; un petit nombre sont estivales; quelques-unes seulement volent encore en automne.

Ce sont bien les plus vives de toutes les Abeilles. Un auteur anglais, Shuckard[12], parlant de l'une d'entre elles, qualifie sa vivacité d'*électrique*. Telle est la vélocité de leur vol, que souvent elle les dérobe à la vue; un chant particulièrement aigu et caractéristique dit seul au chasseur d'Hyménoptères que c'est une Anthophore qui passe. Mais il n'a pas le temps de brandir son filet, la pétulante Abeille, avec sa gaie chanson, est déjà bien loin. Il faut, pour s'emparer de ces agiles créatures, ou bien les suivre sur les talus où elles nichent et cherchent un abri pour la nuit ou contre les intempéries, ou sur les bouquets de Labiées, où elles butinent avec une élégante dextérité. Se poser légèrement sur une corolle, s'enlever aussitôt pour passer à une autre, ce n'est plus la lenteur maladroite du Bourdon ou de l'Abeille. L'Anthophore visite bien 10 à 12 fleurs quand ces derniers n'en voient que 2 ou 3.

L'auteur anglais que nous citions tout à l'heure a émis l'idée, au moins originale, qu'il serait possible de ranger les chants des diverses espèces d'Abeilles dans une échelle musicale, suivant leur tonalité. Une charmante petite Anthophore, la *bimaculata*, est, selon lui, la plus musicale de toutes les Apiaires. «Ce n'est pas, nous dit-il, un bourdonnement monotone et endormant que le chant de cette Anthophore, mais une jolie voix de contralto; c'est la vraie Patti des Abeilles. La rapidité de ses évolutions ajoute à l'intensité de son chant, et sa vélocité est quelquefois remarquable. Elle s'élance comme un trait de lumière, et la vitesse de son approche ou de son éloignement module agréablement ses accents.»

Presque tous les mâles d'Anthophores diffèrent de leurs femelles par la couleur jaune ou blanche de la face. Rarement ils partagent avec la femelle cet attribut presque exclusif de leur sexe. Ils s'en distinguent mieux par la conformation de leurs pattes. Ces organes, impropres à tout travail, sont ordinairement plus grêles, en tout cas dénués de brosses. Certains ont les tarses intermédiaires longuement ciliés, munis de grandes houppes de poils en éventail au premier et au dernier article. D'autres ont les fémurs renflés, les tibias armés d'épines, d'apophyses, de plaques, qui parfois les rendent difformes. Une taille plus petite, des proportions moins robustes différencient encore les mâles. C'est d'ailleurs une règle qui souffre bien peu d'exceptions parmi les Abeilles, et en général parmi les Insectes, que le sexe fort n'est point le sexe mâle. Il n'est pas pour cela le sexe beau, au contraire. Cela est certain, tout au moins chez nos Anthophores. Bien souvent la parure diffère d'un sexe à l'autre, assez même parfois, pour qu'il soit impossible de les apparier sans autre renseignement. De là le nom de *dispar*, donné à telle espèce qui n'est pas seule à mériter l'épithète. En pareil cas, ce n'est jamais le mâle qui est le mieux partagé.

Fig. 42.—Jambe postérieure d'Anthophore (brosse tibio-tarsienne).

Une loi bien connue de l'évolution des Insectes veut que les mâles éclosent avant les femelles. Cette règle s'affirme tout particulièrement chez les Abeilles solitaires. Depuis longtemps les Apidologues ont signalé, soit d'une manière générale, soit à propos de quelque espèce déterminée, cette précocité des mâles. Croirait-on qu'elle ait pu faire de nos jours l'objet d'une dissertation inaugurale? Le fait s'est pourtant produit dans une université d'Allemagne. La Haute Faculté de philosophie d'Iéna conférait, en 1882, le grade de docteur à M. W. H. Müller, de Lippstadt, pour avoir démontré, par des exemples, que les mâles, chez les Abeilles, se montrent avant les femelles. Alléché par le titre savant de ce travail, *La protérandrie des Abeilles*, nous avons eu la curiosité de savoir ce qui se trouvait dessous, nous attendant bien à quelque découverte nouvelle de la science allemande. Nous n'avons trouvé rien de neuf, rien que ne sache le collectionneur d'Hyménoptères encore novice, qui a filoché quelque peu dans les champs.

Les Anthophores mâles se montrent donc plus tôt que leurs femelles. Longtemps ils les attendent, visitant les touffes de Labiées odorantes, courant d'un vol rapide le long des talus ensoleillés où leurs compagnes sommeillent encore, guettant, pour la happer au passage, la première fraîche éclose. Et plus d'un a la défroque ternie, les ailes fripées, le jour de ses noces.

Un mâle a-t-il aperçu une femelle, aussitôt il s'attache à ses pas, la suit comme son ombre, planant, immobile, à 20 ou 30 centimètres en arrière, *feminæ assiduus comes*, dit Kirby, *quam, dum nectar florum sugit, lætus circumvolat.*[13] Quitte-t-elle une fleur pour passer à une autre, il se déplace avec elle, comme retenu par un fil invisible qui maintiendrait la distance. Peu à peu cependant il s'approche par petits élans contenus, et semble vouloir appeler son attention. Puis tout à coup, emportés l'un et l'autre dans un essor vertigineux, ils disparaissent dans les airs.

A l'exception de l'*Anthophora furcata*, qui niche dans le bois, toutes les Anthophores confient leur progéniture à la terre. Elles construisent leurs nids dans les talus exposés au levant ou au midi, quelquefois dans les murailles. La femelle, seule à exécuter ces travaux, commence par creuser dans l'argile un tuyau cylindrique, horizontal d'abord, puis infléchi vers le bas. A ce couloir d'entrée, dont les parois sont polies avec soin, font suite plusieurs chambres, dont le nombre varie suivant les espèces, et qui toutes ont leur orifice dans la galerie principale. Leurs parois ne sont pas simplement entaillées dans la terre; un crépi d'un à deux millimètres, d'une consistance supérieure à celle du sol, les revêt entièrement; la surface interne de ce stuc, fait d'argile gâchée avec la salive de l'Anthophore et purgée de tout grain de sable, est polie avec une rare perfection. Toutes les précautions sont prises pour ménager la peau sensible des larves, à qui ces cellules serviront de berceau (fig. 43 et 44).

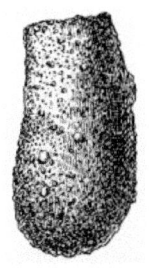

Fig. 43.—Cellule ou coque en terre de l'Anthophore à masque.

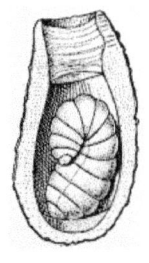

Fig. 44.—Cellule d'Anthophore à masque contenant une larve; au fond se voit un culot de résidu pollinique et en haut le bouchon de terre, fait de plusieurs couches, qui ferme la cellule.

Le terrain dans lequel travaille l'Anthophore est souvent difficile à entamer. Mais elle possède l'art de le ramollir, pour ménager les efforts de ses mandibules. A cet effet, avant d'attaquer l'argile, elle l'imbibe d'une goutte de liquide dégorgé, et la terre ainsi détrempée cède sans grande peine. Ainsi opère du moins l'*A. parietina*, que l'on surprend souvent puisant le liquide nécessaire à ses travaux au bord des petits ruisseaux ou des flaques d'eau situés à peu de distance du terrain qu'elle exploite. Elle est peu difficile, du reste, quant au liquide qu'elle emploie. A défaut d'eau pure, elle ne dédaigne pas de se servir d'eau souillée par toute sorte d'immondices. M. Gribodo assure qu'elle n'hésite pas à absorber jusqu'au purin découlant des fumiers. On éprouve quelque peine à voir une aussi charmante bête, sans souiller toutefois le noir velours de sa robe, humer avidement de sa trompe tendue les liquides les plus infects.

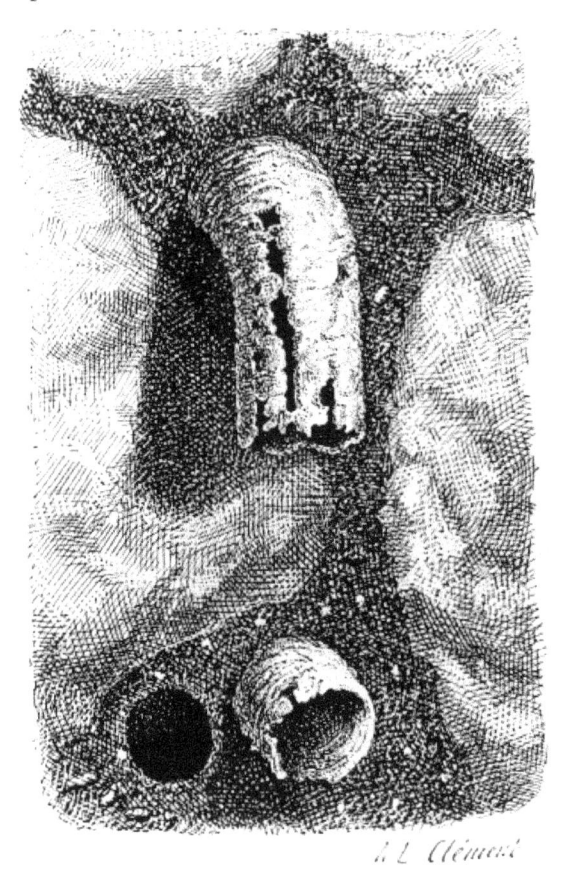

Fig. 45.—Nid de l'Anthrophora parietina.

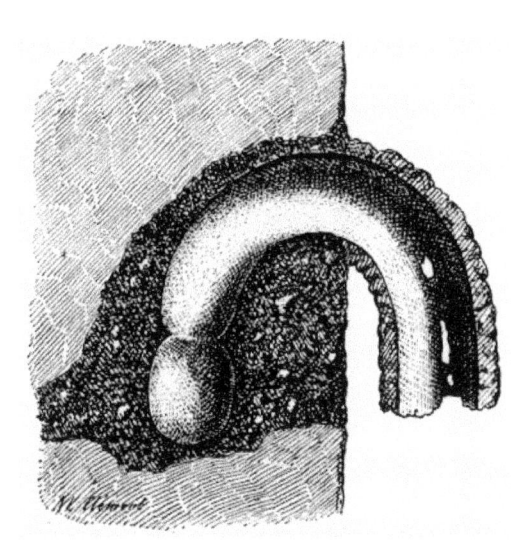

Fig. 46.—Section de la galerie et de la cheminée de l'Anthophora parietina.

Cette même maçonne a la singulière habitude de se servir d'une partie des matériaux qu'elle extrait du sol, pour édifier, à l'orifice de la galerie qu'elle est en train de creuser, une cheminée recourbée vers le bas, dont la longueur peut atteindre 6 à 7 centimètres (fig. 45 et 46). Ce tube, assez fragile, est fait de petits grumeaux de terre, soudés irrégulièrement les uns aux autres, laissant entre eux des intervalles qui font de l'ensemble un travail à jours assez grossièrement guilloché. Il est fort curieux de voir l'abeille en train d'allonger sa cheminée. Quand elle a détaché du fond de la galerie une petite motte de terre détrempée, elle la prend entre ses mandibules, et, marchant à reculons jusqu'au bord extérieur de la cheminée, elle la fait passer, d'une paire de pattes à l'autre, à la place où elle doit être fixée, et là un mouvement rapide de l'extrémité de l'abdomen, une sorte de frémissement, l'applique et lui donne la disposition voulue. Aussitôt l'Anthophore disparaît, retourne au fond de la galerie détacher encore une charge de terre, qu'elle apporte et colle de même à l'extrémité de son tube. Ainsi s'accroît ce dernier. Mais il ne faut pas croire, comme on l'a dit souvent, que toute la terre extraite de la galerie et des cellules soit employée à la formation de la cheminée. Bien au contraire, c'est la moindre partie des déblais qui sert à cet usage. Au pied du talus, exactement au-dessous de l'endroit où travaille l'Anthophore, s'élève en effet une petite pyramide de terre, dont le volume augmente à mesure que le travail progresse. On voit d'ailleurs l'ouvrière jeter souvent dehors la boulette de terre qu'elle vient d'extraire.

Quel est l'usage de la cheminée? On a dit qu'elle pouvait servir à garantir le nid contre l'invasion des parasites. Mais que peut faire à cela un allongement de quelques centimètres au vestibule qui donne accès dans les cellules? Il n'y a qu'à voir les parasites entrer et sortir librement par cette cheminée qui est censée devoir les écarter, pour comprendre qu'elle ne constitue pas pour eux le moindre obstacle. Il est même probable, que la saillie de cet appendice au-dessus de la surface du talus appelle l'attention des insectes voletant dans le voisinage, les invite à se poser dessus, et favoriserait plutôt les méfaits des brigands de toute sorte qui déciment la race de la pauvre *pariétine*.

Convenons que le but véritable de cette construction nous échappe. Le seul usage qu'on lui connaisse, c'est de conserver à portée de l'abeille des matériaux de remblai dont elle peut avoir besoin. On la voit en effet, quand elle est en train de clôturer les cellules, entamer la cheminée, en enlever un fragment après l'autre, et les emporter dans l'intérieur de la galerie. Tous les travaux finis, ce qui reste de la cheminée sera emporté par la première ondée, et il n'en restera plus de trace.

Mais revenons aux cellules. Elles sont construites, approvisionnées, puis fermées l'une après l'autre, à peu près comme cela se passe chez la Xylocope. Le pollen, apporté dans les brosses sans mélange d'aucun liquide, est mêlé de miel et pétri à l'entrée de la cellule, puis déposé dans le fond. Nombre d'allées et venues sont nécessaires pour que la quantité soit suffisante. Un œuf est alors déposé dessus, et l'Anthophore, reprenant la truelle, se met à maçonner l'entrée. Elle façonne de la terre pétrie avec de la salive et la dispose sur le bord de la cellule, en anneaux concentriques de plus en plus petits, jusqu'à fermeture complète. Une première assise est renforcée par une seconde et plus, jusqu'à une épaisseur de plusieurs millimètres. Le couvercle achevé présente extérieurement une surface lisse, un peu concave. La cellule close, dont la forme varie suivant les espèces, ressemble assez à un petit dé à coudre un peu élargi vers le bas (fig. 43), légèrement courbé dans sa longueur, en sorte qu'un côté est un peu plus ventru que l'autre. C'est le côté inférieur, celui sur lequel, les provisions consommées, la larve repose couchée sur le dos, la tête fléchie sur la poitrine et toujours placée vers l'orifice (fig. 44).

L'*Anth. personata*, la plus grande des espèces françaises, ne fait jamais plus de cinq cellules au bout de son couloir. D'autres espèces en construisent un bien plus grand nombre, en les empilant à la file. L'*Anth. dispar* en fait 10 ou 11. Certaines espèces peuvent aller jusqu'à 20. Mais ces chiffres ne doivent pas être pris comme donnant la mesure de la ponte entière. On a lieu de croire, en effet, que la même femelle peut creuser plus d'une galerie. Cela est surtout probable quand il s'agit de l'*A. personata*.

Cette dernière, son travail terminé, laisse sa galerie toute grande ouverte, après en avoir uni la paroi et effacé toute trace des cellules. De gros trous, de la largeur du doigt, font reconnaître, dans les talus, les colonies de cette Anthophore. L'*A. parietina*, au contraire, bouche avec soin sa galerie, au niveau même de la surface du talus, si bien que, la cheminée détruite, plus rien ne révèle à l'extérieur la présence de ses nids.

Lorsqu'un terrain a toutes les qualités qui plaisent aux Anthophores, ni trop dur, ni trop friable, plutôt argileux que sableux, surtout bien exposé aux rayons du soleil, on les voit quelquefois par centaines et par milliers l'exploiter à la fois. Point d'accord toutefois; nulle aide fraternelle; chacun pour soi. C'est merveille de voir cet essaim bourdonnant, inoffensif d'ailleurs, ces Abeilles qui vont et viennent, sans jamais se heurter, ni se gêner l'une l'autre, chacune active à sa besogne et n'ayant souci du voisin. Parmi ces trous, qui tous se ressemblent, chaque maçonne reconnaît le sien et s'y jette sans hésiter.

Quelquefois cependant, de loin en loin, les choses ne se passent pas aussi bien. Si laborieux que l'on soit, on aime ses aises; et si l'on peut ménager sa peine, on le fait volontiers. Les Anthophores, comme tant d'autres nidifiants, réemploient les cellules vides de l'année précédente: un nettoyage, d'insignifiantes réparations suffisent à les remettre à neuf. De là à s'emparer, si possible, d'un nid déjà commencé, il n'y a pas loin, et le coup est tenté quelquefois. Rarement il réussit, car la propriétaire, rentrant chez elle, ne se fait pas faute de livrer à la voleuse une rude bataille, et force reste au droit.

Les Anthophores n'ont qu'une génération dans l'année. Nées d'œufs pondus au printemps, elles ne quitteront leurs cellules qu'au printemps de l'année suivante. La larve sortie de l'œuf met cependant peu de jours à consommer la pâtée que sa mère a préparée pour elle. Mais, tandis que celle de la Xylocope ne tarde pas à se transformer, la larve d'Anthophore passe de longs mois dans le repos, profondément assoupie dans sa cellule. Sa transformation en nymphe se fait sans que, préalablement, elle se soit filé une coque de soie. L'épaisse paroi de la cellule la protège assez contre les intempéries, sa surface exactement polie ne peut froisser sa peau délicate.

Les Anthophores les plus précoces dans leur apparition, telles que les *A. personata* et *pilipes*, sont déjà complètement transformées dans leurs cellules, en automne, et elles passent l'hiver dans cet état. L'*A. parietina*, qui ne commence à voler qu'en avril, demeure durant tout l'hiver à l'état de larve, pour subir rapidement toutes ses transformations quelques jours auparavant. Dans tous les cas, l'Anthophore, au moment de venir à la lumière, détruit de ses mandibules l'épais bouchon qui sépare sa cellule de la galerie, et, devenue libre, se pose quelque temps au soleil pour se réconforter à sa bienfaisante chaleur, et finalement prend son essor.

Bien nombreux sont les parasites des Anthophores.

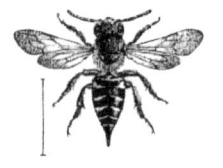

Fig. 47.—Mélecte.   Fig. 48.—Cœlioxys rufescens.

Des Abeilles inhabiles dans l'art de bâtir et de récolter le pollen et le miel, les Mélectes (fig. 47) au vêtement de deuil, taches blanches sur fond noir, les Cœlioxys (fig. 48) à l'abdomen conique, se rencontrent fréquemment dans leurs cellules. Ils y dévorent, en tant que larves, les provisions qui ne leur étaient point destinées, et se substituent, individu pour individu, au lieu et place des enfants de l'Anthophore.

Fig. 49.—Anthrax sinuata.

De gracieux et frêles Diptères, les Anthrax (fig. 49), vivent aussi aux dépens de ces Abeilles, mais d'une tout autre façon. Ce n'est point la pâtée qui fait l'objet de leurs convoitises, mais bien la chair et le sang de la larve elle-même. Comment un si débile animal parvient-il à introduire ses larves dans la cellule de l'Anthophore? Ç'a été longtemps un mystère. Nous aurons à raconter plus loin, d'après M. H. Fabre, l'incomparable observateur des insectes, comment l'Anthrax vient à ses fins. Disons seulement que, fort tardives dans leur évolution, capables de résister à un long jeune, ses larves ne commencent parfois à dévorer celle de l'Anthophore que peu de temps avant sa transformation. La plupart ont terminé leur œuvre avant l'hiver; mais quelques-unes ne s'attaquent à leur hôte qu'au printemps, si bien que celui-ci a eu le temps quelquefois de se transformer en nymphe; il m'est arrivé même une fois de trouver une larve d'Anthrax suçant le cadavre d'une Anthophore près de dépouiller son voile de nymphe, déjà douée de sa coloration normale et pourvue de ses poils.

Ce peu de précocité de l'Anthrax, et aussi son indifférence quant à l'espèce de chair qu'il dévore, fait qu'il s'attaque aux parasites de l'Anthophore, à la Mélecte, au Cœlioxys, aussi bien qu'à l'Abeille elle-même. Mais quand il dévore la larve de l'un ou de l'autre de ces parasites, celle-ci a déjà dévoré celle de l'Abeille récoltante.

Le parasitisme de l'Anthrax pèse ainsi à la fois et sur l'Anthophore et sur ses ennemis. Si la génération actuelle de la première ne bénéficie point de la suppression des parasites contemporains, sa race, en définitive, en profite, les parasites supprimés ne se reproduisant point. L'Anthrax apporte évidemment une restriction au développement de ces derniers. Mais son action sur la multiplication de l'Anthophore est bien complexe et fort difficile à déterminer. Plus il y a de cellules envahies par la Mélecte et le Cœlioxys, plus il y aura de parasites atteints par l'Anthrax, et plus ces parasites diminueront. Moins il y a de parasites, plus grand sera le nombre absolu d'Anthophores dévorées par l'Anthrax. Y a-t-il, somme toute, pondération exacte? Qui pourrait le dire?

Un petit hyménoptère Chalcidien, au corps bronzé, au dos gibbeux, à l'abdomen armé d'une tarière assez longue, le *Monodontomerus æneus* (fig. 50) est encore un parasite des Anthophores et de plusieurs autres Mellifères. Ce chétif insecte, long de 3 à 4 millimètres, est pour elles un ennemi redoutable. A l'aide de sa tarière, il troue la coque de terre de l'Anthophore et projette dans l'intérieur plusieurs œufs, vingt, trente et plus. Autant de petites larves suceront bientôt celle de l'Anthophore, dont il ne restera plus, au bout de quelques jours, qu'une peau flasque et vide. Plus tard, le printemps venu, tous les Chalcidiens transformés s'échapperont du nid par un petit trou semblable à celui que ferait une forte épingle.

Fig. 50.—Monodontomerus.

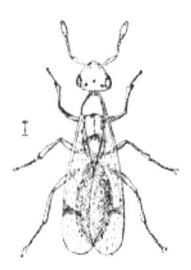

Fig. 51.—Melittobia femelle.

Un Chalcidien encore, la *Melittobia* (fig. 51), un imperceptible moucheron, à peine plus long qu'un millimètre, s'attaque également à l'Anthophore, mais par un procédé bien différent. A voir cette misérable créature, si lente dans ses mouvements, si faible, si insignifiante, jamais l'idée ne pourrait venir qu'elle aussi peut avoir raison d'une bête cent et cent fois plus lourde qu'elle. Elle y parvient cependant; mais quels travaux avant de réussir! Il faut que ce petit corps fluet, aussi mince qu'un fil, traverse de part en part l'épaisse muraille derrière laquelle sommeille paisiblement la larve convoitée. Pour se faire un chemin, il n'a que ses mandibules, et quelles mandibules dans un si petit corps! Avec du temps cependant, bien du temps, il vient, à bout de sa pénible tâche. Voilà la *Melittobia* sur la larve d'Anthophore; elle se promène, satisfaite, sur la gigantesque masse, la palpant de ses antennes, s'arrêtant de temps à autre pour pondre dessus des œufs invisibles, que la loupe seule révèle.

Fig. 52.—Melittobia mâle.

Quelques jours après, on aperçoit sur l'Anthophore des petits vers par douzaines. Ce sont des larves de *Melittobia*, et de jour en jour l'Anthophore devient flasque et se ratatine. Les petits vers repus se métamorphosent... en nymphes. Quelques-unes de celles-ci commencent à peine à se colorer, qu'on voit surgir une grotesque petite créature, à la démarche saccadée, aux mouvements bizarres. On la loupe: c'est un vrai monstre (fig. 52). Une grosse tête, armée d'antennes coudées, d'une forme extraordinaire, des ailes réduites à de courts appendices, impropres au vol. Pour ajouter à l'étrangeté, ce petit être est aveugle. On s'en aperçoit bien à sa démarche incertaine, à ses antennes palpant dans le vide, comme le bâton de l'aveugle; la loupe d'ailleurs ne montre que des vestiges d'organes visuels sur son crâne. Rien en un mot qui ressemble à la pondeuse, d'où viennent toutes ces nymphes qui vont bientôt éclore.

Serait-ce quelque autre parasite? Nullement. C'est le mâle de la *Melittobia*. Né avant les femelles, il attend que celles-ci dépouillent leurs langes de nymphe, et, en attendant, impatient, il tourmente, de ses étranges antennes, les plus colorées, les plus mûres d'entre elles. Entre temps surgit un être semblable, puis un troisième, cinq ou six en tout. Peu de sympathie entre ces frères. Quand l'un rencontre l'autre, une passe d'armes est de rigueur. Grotesques en tout, jusque dans leur colère, on les voit fièrement campés sur leurs jambes, la tête haute, les antennes battant dans le vide, s'agiter de mouvements désordonnés, essayer de se saisir, rouler enfin l'un sur l'autre dans une inextricable mêlée de pattes et d'antennes; puis ils se séparent tout d'un coup, calmés, et recommencent leur paisible tournée. L'un d'eux, tous deux parfois, se retirent plus ou moins éclopés de la bataille.

Enfin les femelles éclosent. On en compte une centaine, plus ou moins, vingt à trente environ, un harem pour chaque mâle. Les femelles fécondées ne font pas long séjour dans le nid. Comme leur mère y est entrée, elles en sortent, en perforant la muraille, non point isolément et chacune pour son compte; un seul passage suffit. Mais dure et longue est la besogne. Celle qui la première s'est mise à entamer la maçonnerie se trouve bientôt à bout de forces; mais plusieurs sœurs sont là, toutes prêtes à lui succéder, et ainsi, l'une après l'autre, passent au premier rang et approfondissent le trou de mine. Après de longues heures, l'étroit couloir est enfin percé d'outre en outre, et toute la nichée s'envole en quelques instants. Quand toutes sont parties, si l'on cherche au milieu des dépouilles des nymphes, on retrouvera les cadavres des mâles.

Audouin, et Newport après lui, ont observé la *Melittobia*. Le dernier surtout l'a bien fait connaître et exactement décrit le mâle. Cet être bizarre ne mérite pas notre attention seulement par sa conformation et ses habitudes, mais encore par le caractère tout particulier de la disparité sexuelle qu'il présente. D'ordinaire, chez les Insectes, quand la dissemblance s'affirme hautement entre les deux sexes, c'est le mâle qui a l'avantage. Il est ailé, quand la femelle est aptère, comme cela se voit chez les Mutilles, parasites des Bourdons, chez les Lampyres, que tout le monde connaît; il a des yeux développés, alors que la femelle les a réduits ou nuls. L'adaptation, ici, a produit un résultat inverse. La femelle *Melittobia* a des ailes et des yeux; le mâle est aveugle, et ses ailes sont des moignons impropres au vol.

A la série déjà longue des ennemis des Anthophores, il nous faut ajouter encore deux Coléoptères de la famille des Vésicants, les Méloés et les Sitaris.

Nous ne pouvons que résumer ici l'étonnante histoire des métamorphoses de ce dernier, qu'ont illustrée les admirables recherches de M. Fabre.

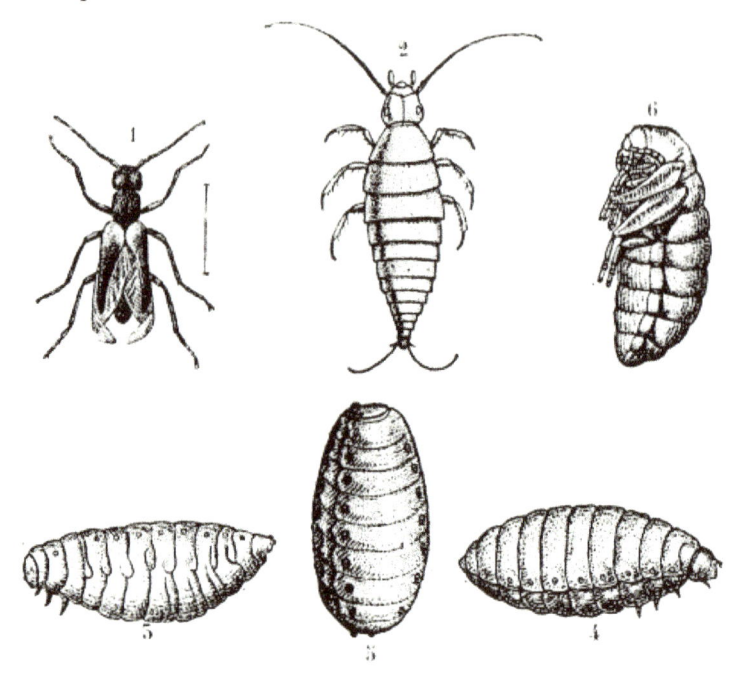

Fig. 53.—Sitaris humeralis. 1, adulte;—2, larve primaire ou triongulin;—3, larve secondaire;—4, pseudonymphe; 5, larve tertiaire;—6, nymphe.

Le *Sitaris humeralis* (fig. 53) pond dans les galeries des Anthophores, après que celles-ci ont approvisionné les cellules. Ses œufs éclosent quelque temps après. Les jeunes larves, longues d'un millimètre, sont fort agiles, munies de longues pattes que terminent trois crochets, d'où le nom de *triongulins*, donné à ces animalcules; leur tête porte de longues antennes, et le bout de leur abdomen deux soies recourbées. Groupées en un monceau, immobiles, elles passent sans nourriture les longs mois de l'automne et de l'hiver, jusqu'au réveil des Anthophores. Les mâles de celles-ci, sortant les premiers, se chargent au passage de ces animalcules, qui vont s'accrocher aux poils du corselet, attendant l'occasion de passer sur le corps de l'Anthophore femelle, puis de celle-ci sur l'œuf, au moment où il est pondu sur la provision de miel. L'œuf entamé par des mandibules aiguës est dévoré. Ce repas terminé, la larve change de peau et apparaît toute différente de ce qu'elle était jusque-là. A la place de la petite larve élancée et agile, se voit maintenant, reposant sur le miel, un ver court et ventru, muni de courtes pattes et d'antennes imperceptibles. Il dévore la pâtée qui devait nourrir l'Anthophore, puis se ratatine en une sorte de barillet ellipsoïde, inerte, et passe ainsi tout l'hiver. On dirait une pupe de Diptère. Il en diffère en ce que, de cette fausse pupe ou nymphe, ne sortira pas immédiatement l'insecte parfait, le Sitaris. En effet, si l'on ouvre, au printemps l'enveloppe ambrée de cette sorte d'outre, on reconnaît avec étonnement une nouvelle larve assez semblable à la seconde. «Après une transfiguration des plus singulières, l'animal est revenu en arrière.» De cette troisième forme provient une nymphe ordinaire, d'où sortira le Sitaris, qui, vers le milieu du mois d'août, perce le couvercle de la cellule de l'Anthophore, s'engage dans le couloir et devient libre sur le talus.

Nous n'avons pu donner ici tout au plus qu'une esquisse de la vie des Sitaris. C'est dans les *Souvenirs entomologiques* de M. Fabre qu'il faut lire leur véritable histoire. Nous ne savons pas, dans la littérature scientifique contemporaine, de pages plus attachantes.

Cette évolution compliquée du Sitaris, trois formes larvaires au lieu d'une, plus une pseudonymphe, ajoutées aux trois termes classiques de la métamorphose, a reçu de M. Fabre le nom d'*hypermétamorphose*. Nous trouverions encore le même tableau dans la vie évolutive des Méloés. Nous ne nous y arrêterons pas, d'autant plus que leur histoire laisse quelques points à éclaircir encore.

Tous ces parasites, tant d'ennemis divers, vivant les uns des provisions, les autres de la chair même des Anthophores, doivent, on le conçoit bien, exercer une influence sensible sur leur multiplication. Pour en donner une idée, je ne puis mieux faire que de donner ici la statistique que m'a fourni l'examen du contenu de 150 cellules d'*Anthophora parietina* recueillies en janvier.

*Produit de 150 cellules d'*ANTHOPHORA PARIETINA.				
Anthophores	mâles éclos	31	56 éclosions.	78 anthophores.
—	femelles écloses	25		
—	mâles morts	3		
—	femelles mortes	1	22 morts.	
—	nymphes mortes	1		

—	larves mortes	17		
Mélectes			13	
Cœlioxys éclos		7		
—	morts	3	16	
—	nymphes mortes	2		
—	larves mortes	4		51 parasites.
Anthrax dans Anthophore		8	16	
— ans Cœlioxys		8		
Sitaris			1	
Monodontomerus (cellules)			4	
Coques avec pollen			17	21 coques improductives.
— vides, mais closes			4	
Total			150	

N. B.—Les nombres représentent exclusivement des cellules et non des individus. Ainsi, pour les *Monodontomerus*, par exemple, le nombre 4 indique 4 cellules occupées par ces parasites et non point 4 individus de leur espèce. On a vu que chaque cellule envahie par eux contient un grand nombre d'individus.

On voit par ce tableau que, 51 cellules sur 150, soit le tiers, sont occupées par des parasites, 78 seulement par des Anthophores. Encore de ce dernier nombre faut-il déduire 22 mortes, ce qui réduit le nombre d'Anthophores venues à bien à 56, c'est-à-dire à peu près au tiers encore du nombre total des cellules, et au chiffre atteint par les parasites. En sorte que ceux-ci ont détruit environ la moitié des Anthophores.

On reconnaît encore que l'Anthrax, qui vit indifféremment de l'Anthophore et du Cœlioxys, détruit autant de l'un que de l'autre.

Le *Monodontomerus*, moins impartial, s'attaque plus volontiers à l'Anthophore. Les quatre cellules qu'il occupe dans le tableau n'avaient contenu que la larve de l'Abeille. Mais on le trouve quelquefois dans un cocon de Cœlioxys, ou sur le cadavre d'une Mélecte. Il n'épargne pas, à l'occasion, l'Anthrax lui-même. Il m'est même arrivé de trouver, dans une cellule d'*A. parietina*, un cocon de *Cœlioxys rufescens* contenant une nymphe d'Anthrax dévorée par des *Monodontomerus*.

Ces parasites superposés, tout en rendant bien difficile l'appréciation du rôle dévolu à chacun d'eux, ne montrent pas sous un jour bien réjouissant la vie de ces pauvres bestioles. Quel spectacle attristant que ces massacres accumulés, tous ces assassinats perpétrés dans la profondeur et le silence des talus! Était-il donc indispensable que l'équilibre des espèces s'obtînt par des procédés si féroces? L'harmonie n'était-elle possible qu'à ce prix?

Et cependant le soleil égaie de ses rayons les pentes argileuses; et l'Anthophore, insouciante du péril qui menace sa progéniture, poursuit avec ardeur son travail. A voir son activité, son zèle infatigable, elle se plaît, sans doute, à ce labeur dont les deux tiers seront en pure perte. Evidemment elle est heureuse. L'activité, la joie, sont bien le lot de tout ce petit monde affairé qui bourdonne le long du talus. Mais ne creusons pas dessous, nos yeux verraient un spectacle affligeant pour notre sensibilité, troublant pour notre intelligence.

Tout à côté des Anthophores se placent les *Eucères* et les *Macrocères*, dont l'organisation et les mœurs sont à peu près les mêmes. Leurs femelles en diffèrent à peine et exécutent des travaux analogues. Les mâles sont remarquables par leurs grandes antennes, dont la longueur égale parfois celle du corps, et a valu aux deux genres les noms que Latreille leur a donnés. (Fig. 58 et 59.)

Fig. 54.—Eucère longicorne mâle.

Fig. 55.—Eucère longicorne femelle.

LES GASTRILÉGIDES.

Nous passons à une famille d'Abeilles bien différentes de celles qui nous ont occupés jusqu'ici, qui toutes récoltaient le pollen à l'aide de leurs pattes postérieures. Il n'existe plus de brosse tibiale, mais une brosse ventrale. D'où le nom de *Gastrilégides*.

Tête volumineuse, ordinairement armée de mandibules robustes; une grande lèvre supérieure, plus ou moins quadrangulaire, infléchie, embrassée par les mandibules et recouvrant la base des mâchoires, à l'état de repos; pattes courtes et fortes; abdomen plus ou moins aplati, jamais concave au-dessous; aiguillon toujours dardé de bas en haut; seulement deux cellules cubitales aux ailes antérieures; lèvre inférieure longue, susceptible par conséquent de pénétrer dans des fleurs assez profondes. Ce dernier caractère est le seul qui les rapproche quelque peu des Abeilles déjà étudiées.

Fig. 56.—Ventre de Gastrilégide.

Mais l'organe le plus caractéristique est la brosse ventrale (fig. 56). Tous les segments de l'abdomen, sauf le premier, portent sur leur face inférieure, toujours aplatie, ou du moins très peu convexe, de longs poils raides, un peu inclinés en arrière, presque dressés quand les segments se distendent, tous à peu près de même longueur. C'est presque notre brosse à habits.

A l'aide de cet instrument, l'abdomen de l'Abeille, frottant sur les étamines chargées de pollen, recueille cette poussière, qui s'y attache avec la plus grande facilité. Les pattes interviennent souvent aussi dans cette opération, celles des deux dernières paires grattant le pollen avec les tarses, dont le premier article, élargi en palette et garni de cils à sa face interne, sert à l'appliquer contre la brosse. C'est le cas, lorsqu'il s'agit pour l'Abeille de recueillir le pollen d'une Labiée ou d'une Légumineuse. Mais il en est autrement quand elle butine sur un capitule de Composée. La brosse alors agit seule, ou du moins le concours des pattes est beaucoup moins nécessaire. Il suffit, pour s'en convaincre, de voir la trépidation rapide dont l'abdomen est agité, pendant que la butineuse le promène sur les étamines. Pour faciliter l'action de la brosse, l'abdomen est un peu relevé, de manière à distendre les segments ventraux, étaler la brosse et en redresser tous les crins.

A considérer l'étendue de la brosse, l'énorme quantité de pollen dont elle peut se charger, on comprend que cet appareil est supérieur, au point de vue du travail produit, à la brosse tibiale des Anthophores, aux corbeilles des Apides.

De même que les Abeilles munies de brosses tibiales, les Gastrilégides recueillent et apportent dans leurs nids le pollen à l'état de nature. Le pollen enlevé de leur brosse a toujours en effet l'aspect pulvérulent et n'a aucune saveur sucrée. C'est seulement dans le nid qu'il est mêlé à du miel et transformé en pâtée.

La famille des Gastrilégides est fort riche en espèces répandues dans toutes les parties du globe. En tant qu'organisation, c'est le groupe le plus naturel peut-être et le plus homogène parmi les Abeilles. Mais leurs habitudes offrent des particularités assez différentes, qui ont servi de base, plus que la conformation des organes, à l'établissement d'un certain nombre de divisions génériques, dont nous passerons les plus importantes en revue.

LES OSMIES.

Les différents genres de Gastrilégides se distinguent par des caractères de peu d'importance. Nous nous contenterons, pour les Osmies, du plus sensible à première vue, celui qui donne à ces abeilles leur physionomie propre dans la famille, la convexité du dos de l'abdomen.

Une vestiture abondante ou nulle, longue ou rare, formant ici des bandes, là des taches, ou bien un revêtement uniforme; un épiderme sombre ou paré des plus brillants reflets métalliques, diversifient beaucoup leur aspect extérieur. Les mâles, munis d'antennes plus ou moins longues, d'appendices divers, de crocs, d'épines, de dents, qui arment le bout de l'abdomen, sont encore plus dissemblables entre eux. Ajoutons que leur face, jamais colorée, est pourvue d'ordinaire d'une barbe développée.

Différentes surtout sont les habitudes de ces Abeilles. Raconter la vie d'un Bourdon, c'est faire l'histoire de tous les Bourdons. La biologie d'une Anthophore est à peu près celle de toutes les autres. Il en est tout autrement chez les Osmies. On ne pourrait décrire les faits et gestes d'une espèce et la donner pour type de ses congénères. Autant d'espèces, presque autant de modes d'existence.

Toutes cependant sont des maçonnes. Mais quel caprice dans le style des constructions, le choix des matériaux et de l'emplacement! Bien des espèces restent à observer, beaucoup de découvertes par conséquent restent à faire. On en jugera par les exemples qui suivent.

Un grand nombre d'Osmies, très accommodantes, adoptent, pour y bâtir leurs cellules, un trou quelconque dans la terre, le bois, les murailles, pourvu qu'il ne soit ni trop étroit, ni trop large. Qu'il y ait la largeur d'une cellule, cela suffit; s'il en faut mettre deux ou trois côte à côte, on s'en contente encore. Il va de soi que, pour des architectes aussi peu difficiles, de vieux nids qu'un rien remet à neuf, sont une précieuse trouvaille. C'est même ce qu'on préfère. Que de fois la galerie ou les cellules des Anthophores, ou de n'importe quel nidifiant, sont mises à profit pour les constructions de l'Osmie! J'ai vu, dans une vieille ruche à cadres vide, toutes les rainures des parois remplies de cellules de l'*Osmia rufa*; il y en avait plus de deux cents dans l'étroit intervalle laissé entre le plancher et une planchette superposée à une autre et la dépassant d'un côté de quelques centimètres; le trou de vol lui-même en était obstrué. On a vu mainte fois la même Osmie s'installer sans façon dans une serrure dont la clef était retirée, et la remplir de ses constructions. M. Schmiedeknecht l'a vue bâtir une vingtaine de cellules entre le rideau et le châssis d'une fenêtre. Trouve-t-elle un roseau coupé, assez large pour recevoir une cellule, elle n'hésite pas à s'y loger et à le bourrer d'une longue file de coques. De là à s'installer dans des tubes de verre d'un diamètre convenable, il n'y a pas loin, et l'ingénieux entomologiste de Vaucluse, M. Fabre, s'est heureusement servi de cet artifice pour attirer les Osmies dans son cabinet de travail, tout à fait à portée pour ses études. S'il le faut, si aucun trou convenable ne se rencontre dans le voisinage, l'Osmie rousse se décide, à contre-cœur, à entamer l'argile ou le vieux bois, à tarauder une branche morte. Mais combien elle aime mieux quelque vieux nid à réparer! Car elle aussi connaît la loi du moindre effort et sait la mettre en pratique.

N'oubliez pas que, suivant les cas, pour utiliser au mieux la place, elle sait, ou bien ranger ses cellules à la file, leur donner même une forme cylindrique exacte, quand il s'agit d'un tube un peu juste, ou bien les entasser sans ordre déterminé, quand le local est spacieux. Cette absence totale d'exclusivisme, cette flexibilité du génie architectural de la maçonne, n'est rien moins que conforme à la théorie de l'instinct immuable et aveugle. Pour sortir si aisément de ses habitudes, ou mieux, pour n'en avoir pas et se plier sans effort aux mille conditions que le hasard peut offrir, il faut bien avoir quelque atome d'intellect.

Il y a mieux. Gerstæcker a montré, dans une jolie petite Osmie au corps d'un bleu sombre (*O. cyanea*), à la brosse ventrale noire, un exemple plus frappant de cette adaptation facile, qu'on est bien tenté de dire raisonnée. Dans les environs de Berlin, cette Osmie a l'habitude de nicher dans les parois d'argile, les trous des poteaux ou des vieux arbres. Je l'ai moi-même trouvée dans de pareilles conditions, et aussi dans le vieux nid retapé d'une guêpe solitaire, l'*Eumenes unguiculus*. Aux environs de Freienwald, Gerstæcker trouva cette Osmie nichant dans des trous, sur le revers d'une chaussée, où fleurissait en nombre la Sauge des prés, sur laquelle elle butine toujours. Elle avait trouvé commode de s'installer là, tout à portée de la fleur aimée. Et cependant, à deux cents pas seulement, était une ferme dont les murs, faits d'argile, lui offraient toutes les conditions que d'ordinaire elle recherche. Une multitude d'Abeilles récoltantes et parasites, de Guêpes, de Fouisseurs y avaient élu domicile, mais pas une de ces Osmies.

Comme bien d'autres, les *O. bicolor* et *aurulenta* nichent d'ordinaire dans les talus, et elles y forment quelquefois, selon F. Smith, de grandes colonies. Leur instinct naturel est donc de creuser péniblement l'argile dure, ce qu'elles font avec une infatigable persévérance. Mais elles se dispensent de ce labeur et renoncent à ces habitudes invétérées de leur espèce, si elles trouvent à leur portée des coquilles vides d'escargots. L'*O. rufa*, dont nous connaissons l'extrême indifférence en fait de domicile, fait souvent de même. Pour que l'Osmie prenne possession d'une coquille, deux conditions essentielles sont requises: c'est qu'elle repose au milieu du gazon et des herbes, et que son orifice soit tourné en bas. Le nombre des cellules qu'elle y construit varie suivant la longueur et le diamètre de la coquille: il y en a ordinairement quatre, quelquefois cinq ou six, mais beaucoup plus quand il s'agit d'une grande coquille, comme celle de l'*Helix pomatia*. Les cellules approvisionnées et closes, le tout est protégé avec soin par une muraille faite de brins de bois, de paille et choses semblables, cimentées entre elles, fermant l'entrée de la coquille.

Et admirez l'habileté et l'art architectural de la petite abeille. Si elle s'est logée dans la demeure de l'*Helix aspersa*, qui est plus grande que celles des *H. hortensis* ou *nemoralis*, la spire est trop large pour une seule cellule. La maçonne n'est pas pour cela dans l'embarras: elle bâtit deux cellules côte à côte. Plus bas, la spire est plus large encore; eh bien, elle y construira deux cellules couchées en travers contre les deux précédentes. «Et voilà, ajoute Smith, le petit animal que l'on calomnie follement en prétendant que c'est une pure machine!»

Fig. 57.—Nid d'Osmie dans une ronce.

Quelques Osmies, telles que les O. *leucomelana* et *tridentata*, s'établissent dans les ronces sèches, dont elles creusent la moelle pour y loger leurs cellules, qu'elles superposent et séparent au moyen de diaphragmes faits de terre agglutinée par une substance adhésive, ou de feuilles mâchées et cimentées (fig. 57).

L'*O. gallarum* niche également dans les ronces, mais elle se creuse encore des galeries dans certaines galles du chêne; dans ce cas, au lieu de placer les cellules en série longitudinale, elle leur donne un arrangement en rapport avec la forme de ce nouveau local.

L'*O. Papaveris* a une curieuse habitude, qui lui avait valu jadis le nom générique d'*Anthocopa*. D'après Schmiedeknecht, qui a maintes fois observé sa nidification, elle aime à creuser une galerie sur le côté des sentiers battus, dans les champs de blé. Cette galerie est verticale, et l'abeille en tapisse les parois avec des pétales de coquelicot, qu'elle a coupés et qu'elle applique en plusieurs couches. La riche garniture dépassant l'orifice en dehors, trahit par sa couleur rouge le nid de l'Osmie. Une seule cellule est construite et approvisionnée au fond de la galerie. Le travail terminé, les pétales sont rabattus en dedans, comme les bords d'un cornet que l'on ferme, et le trou est comblé avec de la terre ou du sable.

L'*Osmie crochue* (*O. adunca*), comme plusieurs de ses congénères, aime à s'approprier, moyennant quelques réparations, les nids d'autres abeilles maçonnes. Mais elle a aussi son industrie personnelle, qu'elle met en œuvre dans les fentes des pierres ou des murailles, où elle entasse, non sans art, ses cellules de terre.—Ainsi fait à peu près l'*Osmie émarginée* (*O. emarginata*), qui bâtit dans les larges intervalles que les pierres laissent entre elles, et qui, avec le temps, se remplissent de terre apportée par les vents. Le mortier qu'elle emploie est une matière d'origine végétale gâchée avec de la terre, ce qui donne à la construction une couleur d'un vert sombre. Morawitz l'a vue édifier son nid sur des pierres mêmes.

Ce qui n'est qu'accident chez cette Osmie, est l'ordinaire chez d'autres. Ainsi l'*O. Loti* adosse ses nids en terre cimentée mêlée de grains de sable contre les petites anfractuosités des blocs de granit, habitude qui lui avait valu, de la part de Gerstæcker, le nom d'*O. cæmentaria*. Cet instinct, exceptionnel dans le genre, est au contraire le propre de celui des Chalicodomes, qui nous occuperont plus loin.

Bien curieuse, enfin, est la construction de l'*O. fuciformis*, faite aussi de terre et de grains de sable, mais attachée aux chaumes et cachée sous des touffes de gazon.

Cette diversité sans égale que nous montre la nidification des Osmies, n'est pas la notion qu'il importe le plus d'en retenir. A y regarder de près, on reconnaît qu'au fond, sous cette variation toute superficielle, un procédé général assez uniforme se dégage. L'Osmie, tout comme l'Anthophore, fait des cellules avec de la terre ou de la terre mêlée de sable, quelquefois avec de la terre diversement combinée avec des matières végétales broyées, et ces cellules, le plus souvent, s'empilent régulièrement dans une galerie creusée dans la terre. C'est le cas le plus fréquent, le type de construction dont presque toutes les espèces sont susceptibles de s'écarter, mais auquel elles reviennent toujours, comme au plan normal, à la donnée naturelle à l'espèce. C'était déjà le procédé de l'Anthophore, avec plus de fini dans l'exécution des cellules.

Si la galerie est creusée dans le bois, dans la moelle, dans un milieu qui, par lui-même, soit une protection contre les agents extérieurs, les frais d'une véritable cellule sont épargnés, et l'Abeille se contente de séparer les logettes successives, dont les parois sont celles du tube lui-même, par un diaphragme de terre ou de ciment végétal.

Cet esprit d'initiative, disons-le, cette intelligence indéniable, qui ne supprime pas l'instinct, mais se superpose à lui, permet à l'Osmie, pour économiser le temps et la peine, d'adapter ses cellules, non pas seulement à un conduit étroit, mais à des cavités de toute forme. C'est un trou dans le sol ou dans le bois, c'est le nid d'un autre hyménoptère ou la maison d'un mollusque. Le procédé nouveau arrive même à se substituer à l'ancien, à l'instinct primitif succède un autre instinct. Un peu plus, et l'*O. aurulenta* cesserait tout à fait de nicher dans la terre, pour ne plus se loger que dans les coquilles, dont elle tire si bien parti, comme a fait l'*O. emarginata*, qui ne bâtit plus que dans les fentes ou les jointures des pierres, et mieux encore l'*O. Loti*, qui sait construire à l'air libre et se contente d'une simple anfractuosité dans la pierre.

L'habileté de l'Osmie à tirer parti des locaux les plus divers, son aptitude à se conformer à la loi du moindre effort, voilà tout le secret de son indifférence quant au choix de l'emplacement qu'elle adopte. C'est là le trait le plus marquant de ses mœurs, c'est là sa physionomie particulière.

La nourriture que les Osmies préparent pour leurs larves ne contient qu'une très faible proportion de liquide, si même elle en contient. «Les vivres consistent surtout en farine jaune. Au centre du monceau, un peu de miel est dégorgé, qui convertit la poussière pollinique en une pâte ferme et rougeâtre. Sur cette pâte, l'œuf est déposé, non couché, mais debout, l'extrémité antérieure libre, l'extrémité postérieure engagée légèrement et fixée dans la masse plastique. L'éclosion venue, le ver, maintenu en place par sa base, n'aura qu'à fléchir un peu le col pour trouver sous la bouche la pâte imbibée de miel. Devenu fort, il se dégagera de son point d'appui et consommera la farine environnante.»

«Lorsque les provisions sont homogènes, ces délicates précautions sont inutiles. Les vivres des Anthophores consistent en un miel coulant, le même dans toute sa masse. L'œuf est alors couché de son long à la surface, sans aucune disposition particulière, ce qui expose le nouveau-né à cueillir ses premières bouchées au hasard. A cela nul inconvénient, la nourriture étant partout de qualité identique.» (Fabre, *Souvenirs entomologiques*, 3ᵉ série.)

Fig. 57bis.—Cocon d'Osmie cornue.

La larve met peu de jours à consommer ses vivres. Le repas fini, elle prend quelque temps de repos, puis se file une coque parcheminée, résistante et de couleur brune, chez les grosses Osmies, mince et plus ou moins transparente chez quelques petites espèces. Les Osmies dont les cellules sont peu ou point pressées entre elles, comme les *O. cornuta* et *rufa*, font des cocons ovoïdes, surmontés d'une petite pointe conique, dont le sommet est perforé d'un petit trou (fig. 57*bis*). C'est la forme la plus ordinaire, on peut même dire la forme typique du cocon des Gastrilégides, car elle se reproduit fidèlement dans tous leurs genres. Quand les cellules sont habituellement disposées en série dans un conduit cylindrique, la compression fait disparaître ce prolongement du pôle supérieur du cocon, qui devient cylindrique et se termine aux deux bouts par deux calottes plus ou moins surbaissées.

Lorsqu'une Osmie exploite les constructions d'autrui, s'établit dans un trou peu profond ou dans la coquille d'une Hélice de taille médiocre, elle n'édifie dans ces cavités qu'un nombre restreint de cellules, qui ne peuvent donner la mesure de sa ponte. On n'a ainsi que des pontes partielles. Quand l'Osmie se fait une galerie à elle, nous savons que c'est en général un long tube, où peuvent s'étager un nombre considérable de cellules. On a beaucoup de raisons de croire, en pareil cas, que ces cellules représentent une ponte totale, ou peu s'en faut.

Or, les mâles éclosent les premiers. Les mâles étaient donc logés dans les cellules supérieures, sans quoi ils auraient dû, pour arriver au jour, bouleverser ces dernières, et il est facile de s'assurer qu'ils ne l'ont point fait. Les éclosions n'ont donc point lieu par ordre de primogéniture. On peut constater, en effet, en ouvrant un nid achevé depuis peu de temps, ou auquel la femelle travaille encore, que la cellule du fond, la première bâtie, contiendra, par exemple, une larve d'une certaine grosseur, la cellule suivante une larve plus petite, la troisième cellule une larve plus petite encore ou même un œuf. Les cellules les plus anciennes contiennent les larves les plus avancées, les premiers-nés de la famille. Et c'est précisément dans l'ordre inverse que se font les sorties.

La conclusion est donc que les premiers œufs pondus sont des œufs de femelle, les derniers pondus des œufs de mâles.

Il y a plus. On peut toujours reconnaître, au seul volume d'un cocon ou d'une cellule, d'une espèce donnée, quel cocon, quelle cellule renferme un mâle; quel cocon, quelle cellule contient une femelle. Les femelles occupent les cocons et les cellules les plus volumineux, les mâles sont dans les cocons et les cellules les plus petits. La femelle commence donc par bâtir et approvisionner des cellules destinées à recevoir des œufs de femelles; elle bâtit et approvisionne en second lieu des cellules qui recevront des œufs de mâles.

Allons plus loin encore. Dans les cellules de femelles, la pâtée de pollen est plus considérable que dans les cellules de mâles. Il faut donc que, dès le temps où la femelle construit la cellule, elle lui donne le volume approprié au sexe de l'œuf qui y sera pondu et qui se trouve encore dans son ovaire; que par avance aussi elle dépose dans la cellule la quantité de nourriture qui convient à ce sexe.

Le sexe de l'œuf est donc prévu par la pondeuse, dès avant sa ponte! A moins de supposer que c'est précisément la quantité de nourriture qui détermine le sexe; que l'œuf, au moment de sa ponte, est de sexe indifférent, qu'il est neutre, et qu'un repas copieux fait une femelle, qu'une ration amoindrie fait un mâle.

La question, heureusement, est facile à résoudre par l'expérience. M. Fabre a fait nicher des Osmies dans des roseaux de diamètre convenable; puis, ouvrant ces roseaux en temps opportun, il a interverti les rations, servi aux larves qui devaient donner des femelles une ration de mâle, et inversement. Qu'est-il arrivé? Que rien n'a été changé au résultat essentiel; que tout est resté en l'état, comme si l'expérimentateur eût laissé à chacun sa ration naturelle. Les mâles sont restés mâles, les femelles sont restées femelles. Les larves nées dans de petites cellules ont mangé à leur appétit et ont laissé des restes; les femelles se sont contentées de la portion congrue qui leur était faite; les plus mal partagées sont mortes. A la vérité, les mâles étaient bien venus, de belle prestance, nous dit M. Fabre; le supplément de provende leur avait quelque peu profité. Par contre, les femelles étaient chétives, plus petites même que certains mâles. Leur larve affamée, anémiée, n'avait pu tirer de son corps qu'une dose de soie insuffisante et n'avait filé qu'un cocon mince et peu consistant.

La quantité de nourriture ne détermine donc point le sexe. L'œuf est déjà mâle ou femelle au moment où il est pondu. Pas de place au doute sur ce point. C'est le langage même des faits.

La femelle, conclut M. Fabre, connaît donc le sexe de l'œuf, au moment de la ponte, avant même, puisque ce sexe est déjà prévu dès le temps où elle bâtit, où elle approvisionne la cellule destinée à le recevoir.

Une si grave conclusion méritait que M. Fabre essayât de la contrôler par d'autres données expérimentales. Il n'a pas manqué de le faire. Diverses espèces, mais surtout les Osmies *cornue* et *tricorne*, lui en ont fourni la confirmation la plus éclatante.

Dans une première série de faits, l'habile observateur nous montre comment l'Osmie approprie à son usage les nids de diverses autres maçonnes, et particulièrement ceux de l'Anthophore à masque (*A. personata*).

«J'ai examiné, dit-il, une quarantaine de ces cellules (de l'Anthophore) utilisées par l'une et l'autre des deux Osmies. La très grande majorité est divisée en deux étages au moyen d'une cloison transversale. L'étage inférieur comprend la majeure partie de la chambre et un peu du goulot qui la surmonte. La demeure à double appartement est clôturée, dans le vestibule, par un informe et volumineux amas de boue desséchée. Quel artiste maladroit que l'Osmie en comparaison de l'Anthophore! Son travail, cloison et tampon, jure avec l'œuvre exquise de l'Anthophore, comme une pelote d'ordure sur un marbre poli.

«Les deux appartements obtenus de la sorte sont d'une capacité très inégale, qui frappe aussitôt l'observateur.... La capacité mesurée de l'un est triple environ de celle de l'autre. Les cocons inclus présentent la même disparate: celui d'en bas est gros, celui d'en haut est petit. Enfin celui d'en bas appartient à une Osmie femelle, et celui d'en haut à une Osmie mâle.

«Plus rarement, la longueur du goulot permet une disposition nouvelle, et la cavité est partagée en trois étages. Celui d'en bas, toujours le plus spacieux, contient une femelle; les deux d'en haut, de plus en plus réduits, contiennent des mâles.

«Tenons-nous-en au premier cas, le plus fréquent de tous. L'Osmie est en présence de l'une de ces cavités en forme de poire. C'est la trouvaille qu'il faut utiliser du mieux possible: pareil lot est rare et n'échoit qu'aux mieux favorisées du sort. Y loger deux femelles à la fois est impossible, l'espace est insuffisant. Y loger deux mâles, ce serait trop accorder à un sexe n'ayant droit qu'aux moindres égards. Et puis faut-il que les deux sexes soient également partagés en nombre. L'Osmie se décide pour une femelle, dont le partage sera la meilleure chambre, celle d'en bas, la plus ample, la mieux défendue, la mieux polie; et pour un mâle, dont le partage sera l'étage d'en haut, la mansarde étroite, inégale, raboteuse dans la partie qui empiète sur le goulot. Cette décision, les faits l'attestent, nombreux, irréfutables. Les deux Osmies disposent donc du sexe de l'œuf qui va être pondu, puisque les voici maintenant qui fractionnent la ponte par groupes binaires, femelle et mâle, ainsi que l'exigent les conditions du logement.

«Encore un fait et j'ai fini. Mes appareils en roseaux installés contre les murs du jardin m'ont fourni un nid remarquable d'Osmie cornue. Ce nid est établi dans un bout de roseau de 11 millimètres de diamètre intérieur. Il comprend treize cellules, et n'occupe que la moitié du canal, bien qu'il y ait à l'orifice le tampon obturateur. La ponte semble donc ici complète.

«Or, voici de quelle façon singulière est disposée cette ponte. D'abord, à une distance convenable du fond ou nœud du roseau, est une cloison transversale, perpendiculaire à l'axe du tube. Ainsi est déterminée une loge d'ampleur inusitée, où se trouve logée une femelle. L'Osmie paraît alors se raviser sur le diamètre excessif du canal. C'est trop grand pour une série sur un seul rang. Elle élève donc une cloison perpendiculaire à la cloison transversale qu'elle vient de construire, et divise ainsi le second étage en deux chambres, l'une plus grande, où est logée une femelle, et une plus petite, où est logé un mâle. Puis sont maçonnées une deuxième cloison transversale et une deuxième cloison longitudinale perpendiculaire à la précédente. De là résultent encore deux chambres inégales peuplées pareillement, la grande d'une femelle, la petite d'un mâle.

«A partir de ce troisième étage, l'Osmie abandonne l'exactitude géométrique, l'architecte semble se perdre un peu dans son devis. Les cloisons transversales deviennent de plus en plus obliques, et le travail se fait irrégulier, mais toujours avec mélange de grandes chambres pour les femelles et de petites chambres pour les mâles. Ainsi sont casés trois femelles et deux mâles, avec alternance des sexes.

«A la base de la onzième cellule, la cloison se trouve de nouveau à peu près perpendiculaire à l'axe. Ici se renouvelle ce qui s'est fait au fond. Il n'y a pas de cloison longitudinale, et l'ample cellule, embrassant le diamètre entier du canal, reçoit une femelle. L'édifice se termine par deux cloisons transversales et une cloison longitudinale, qui déterminent, au même niveau, les chambres 12 et 13, où sont établis des mâles.

«Rien de plus curieux que ce mélange des deux sexes, lorsqu'on sait avec quelle précision l'Osmie les sépare dans une série linéaire, alors que le petit diamètre du canal exige que les cellules se superposent une à une. Ici l'apiaire exploite un canal dont le diamètre est disproportionné avec le travail habituel; il construit un édifice compliqué, difficile, qui n'aurait peut-être pas la solidité nécessaire avec des voûtes de trop longue portée. L'Osmie soutient donc ces voûtes par des cloisons longitudinales, et les chambres inégales qui résultent de l'interposition de ces cloisons reçoivent, suivant leur capacité, ici des femelles et là des mâles.»

L'Osmie connaît donc à l'avance le sexe de l'œuf qu'elle pondra plus tard. Bien plus que cela, le sexe de l'œuf est facultatif pour la mère, qui, volontairement le détermine, suivant l'espace dont elle dispose, «espace fréquemment fortuit et non modifiable», établissant ici un mâle, là une femelle.

«Il n'y a donc pas à hésiter, conclut M. Fabre, si étrange que soit l'affirmation: l'œuf, tel qu'il descend de son tube ovarique, n'a pas de sexe déterminé. C'est peut-être pendant les quelques heures de son développement si rapide à la base de sa gaîne ovarienne, c'est peut-être dans son trajet à travers l'oviducte, qu'il reçoit, au gré de la mère, l'empreinte finale d'où résultera, conformément aux conditions du berceau, ou bien une femelle, ou bien un mâle.»

Quoi qu'il en soit de cette hypothèse relative au lieu et au temps où la détermination du sexe s'opère, elle doit, si elle n'est point une illusion de l'expérimentateur, avoir une conséquence dont la vérification lui servira de contrôle.

Voici cette question nouvelle. Admettons que, dans les conditions normales, une Osmie eût donné naissance en tout à vingt œufs par exemple, et que cette ponte naturelle eût contenu, pour simplifier les choses, 10 mâles et 10 femelles. Qu'arrivera-t-il dans des conditions différentes créées par l'expérimentateur? La proportion des sexes se maintiendra-t-elle quand même, ou bien verrons-nous naître, 12, 14, 16 mâles, contre 8, 6, 4 femelles? Y aura-t-il, en un mot, permutation de sexes?

Eh bien, oui, si extraordinaire que cela puisse paraître, c'est ce qui arrive. Nous ne pouvons entrer dans tout le détail expérimental imaginé par M. Fabre pour la solution de ce problème, le plus délicat de tous ceux qu'il a abordés. Obligé de faire un choix, nous dirons seulement qu'il a réussi à amener l'Osmie tricorne à lui donner des pontes intégrales, mais fragmentées en pontes partielles, chacune contenue dans la coquille d'une hélice de dimension et de formes rationnellement choisies. La coquille adoptée était celle de l'*Helix cœspitum*, qui, configurée en petite Ammonite renflée, s'évase par degrés peu rapides et possède jusqu'à l'embouchure, dans sa partie utilisable, un diamètre à peine supérieur à celui qu'exige un cocon mâle d'Osmie... D'après ces conditions, la demeure ne peut guère convenir qu'à des mâles rangés en file.

Voici les relevés statistiques fournis par quelques pontes, prises parmi celles qui ont donné les résultats les plus concluants:

«Du 6 mai, début de ses travaux, au 25 mai, limite de sa ponte, une Osmie a successivement occupé sept hélices. Sa famille se compose de 14 cocons, nombre très voisin de la moyenne; et sur ces 14 cocons, 12 appartiennent à des mâles et 2 seulement à des femelles.

«Une autre, du 9 mai au 27 mai, a peuplé six hélices d'une famille de 13, dont 10 mâles et 3 femelles. Ces dernières ont pour rang, dans la série totale, les numéros, 3, 4 et 5.

«Une troisième a peuplé onze hélices, labeur énorme. Cette laborieuse s'est trouvée aussi des plus fécondes. Elle m'a fourni une famille de 26, la plus nombreuse que j'aie jamais obtenue de la part d'une Osmie. Eh bien, en cette lignée exceptionnelle se trouvaient 25 mâles, et 1 femelle, une seule, occupant le rang 17.»

M. Fabre n'a pu obtenir la permutation inverse, c'est-à-dire des pontes de femelles avec peu ou point de mâles. Mais il la regarde comme possible, bien qu'il n'ait pu imaginer le moyen de la réaliser.

Peut-être aurions-nous quelques réserves à faire sur quelques-unes des conclusions que l'auteur tire des expériences que nous avons rapportées. Désirant ne point nous départir de notre rôle d'historien, ni aborder des discussions qui seraient déplacées dans un ouvrage de la nature de celui-ci, nous nous en abstiendrons. Nous nous empressons toutefois de reconnaître que des résultats aussi remarquables sont dignes de toute l'attention des physiologistes.

LES ANTHIDIES

Les Anthidies (*Anthidium*) sont de fort jolies abeilles à brosse ventrale, reconnaissables au bariolage jaune, rarement blanchâtre, dont leur tégument noir est orné, et qui dessine sur leur abdomen des bandes souvent interrompues ou des taches de formes variées. Dans quelques espèces méridionales, le jaune passe au rougeâtre ou à l'orangé, et le fond noir lui-même tantôt tourne graduellement au roux, tantôt disparaît peu à peu devant l'envahissement du jaune. Quelquefois, au contraire, le dessin jaune se réduit au point de disparaître totalement; c'est le cas de l'*Anthidium montanum*, espèce montagnarde, habitant les Pyrénées et les Alpes.

Par une exception remarquable, les mâles d'*Anthidium* sont d'ordinaire plus grands et plus robustes que leurs femelles. C'était une nécessité, chez des insectes dont les noces sont la suite d'un rapt véritable, où le mâle, d'un brusque élan, saisit violemment la femelle qu'il a aperçue butinant en paix sur les Labiées, l'emporte, et disparaît avec elle dans les airs. Aussi le ravisseur est-il armé en conséquence. Ses pattes, douées d'une force de contraction étonnante, sont frangées de cils très propres à retenir le corps qu'elles embrassent; les derniers segments de l'abdomen sont munis d'épines, de crochets redoutables d'aspect, inoffensifs d'ailleurs, et concourant au même but.

L'espèce la plus répandue, la plus anciennement décrite et la mieux connue, d'Anthidie à manchettes (*A. manicatum*) (fig. 58 et 59), fait ses nids d'une façon très originale. Avant tout, une galerie lui est nécessaire: elle utilise pour cela un trou dans la terre, qu'elle approfondit ou approprie, les conduits creusés dans le bois par les larves de coléoptères xylophages; elle ne dédaigne pas les longues galeries des Xylocopes. Jusque-là, rien que nous ne connaissions déjà. Mais nous n'avons encore vu que des taraudeurs et des maçons. L'*Anthidie* est matelassier. Il tapisse ses alvéoles d'un duvet cotonneux, récolté sur les feuilles et les tiges de certaines labiées, le *Ballota fœtida*, diverses espèces de *Stachys*, et beaucoup d'autres sans doute.

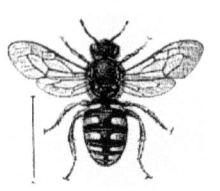

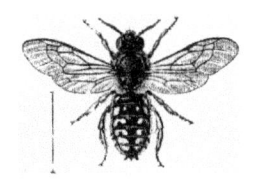

Fig. 58.—Anthidie à manchettes femelle.   Fig. 59.— Anthidie à manchettes mâle.

Il est curieux de voir l'Anthidie opérer sa cueillette de coton. Il suit une branche ou la tige du haut en bas et en racle le duvet avec une dextérité merveilleuse. Quand le ballot qu'il a amassé est assez gros, presque autant que le tondeur lui-même, il l'emporte en le serrant sous sa tête et sa poitrine avec les pattes antérieures. Dans cet épais et chaud matelas est enveloppée la pâtée de pollen qui nourrira la larve. Beaucoup d'espèces ont des habitudes semblables. Une d'entre elles, fort mignonne, l'*Anthidium lituratum*, se loge, comme quelques Osmies, dans le canal médullaire des ronces desséchées et y entasse en file ses cellules de coton.

On a longtemps cru, et Lepeletier l'affirme, que tous les *Anthidium* pratiquaient la même industrie. M. Lucas a fait connaître, dans l'*Exploration scientifique de l'Algérie*, des habitudes tout autres chez une belle espèce à dessins rougeâtres, l'*A. sticticum*, qui est commun en Algérie et dans le Midi méditerranéen de la France. C'est dans les coquilles de diverses espèces d'hélices qu'il établit ses cellules. Le nombre de celles-ci varie de une à trois, chacune contenue dans un des tours de la spire, et toujours adossée à la rampe interne. Les cocons étant trop petits, surtout le plus bas placé, pour remplir la largeur de l'espace où ils sont logés, le vide est rempli d'une maçonnerie faite de petits cailloux et de terre. Pour achever de remplir la coquille jusqu'à la bouche, une quantité de petits cailloux mêlés de terre y sont entassés, formant une masse incohérente, sans matière d'aucune sorte qui unisse ces matériaux. La bouche enfin est hermétiquement close au moyen d'une muraille tout à fait lisse à l'extérieur, faite d'une terre jaunâtre, parfois de fiente de chameau, et dans laquelle sont engagés des fragments de coquille au nombre de huit à dix, de forme à peu près carrée. Quand il y a trois cocons dans la même hélice, les deux sexes peuvent s'y trouver réunis, mais le plus souvent les cocons sont de même sexe (fig. 60 et 61).

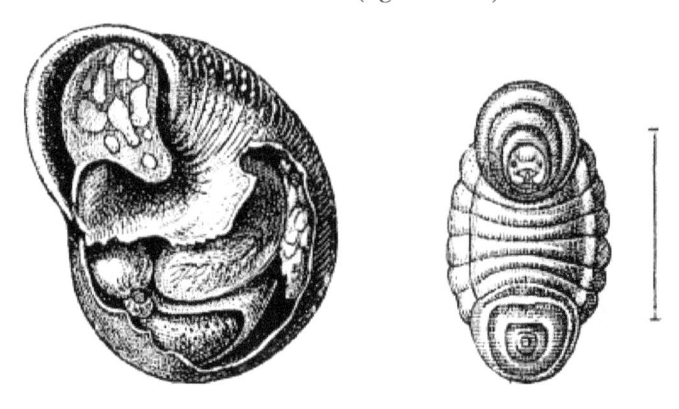

Fig. 60 et 61.—Cocon d'anthidie tacheté dans une coquille d'hélice.

L'*A. sticticum* n'est pas le seul qui aime à se loger dans les coquilles. Les *A. septemdentatum* et *bellicosum*, observés par M. Fabre, partagent les mêmes goûts. Parmi les diverses espèces d'hélices adoptées par ces deux Anthidies, celle de l'*Helix aspersa* est le plus fréquemment habitée. Invariablement, le deuxième tour de la spire est le seul occupé; les tours plus élevés, trop étroits, ne le sont jamais, non plus que le premier, qui est trop large, difficulté qui n'eût pas arrêté une Osmie. Mais tandis que l'*A. sticticum* ferme l'embouchure de la coquille tout au ras, nos deux Anthidies établissent leur cloison transversale plus haut, vers le commencement du premier tour, en sorte que rien à l'extérieur n'indique si la coquille est ou non habitée. Il faut, pour le savoir, la casser.

«La cloison est formée de menus graviers que cimente un mastic de résine, recueillie en larmes récentes sur l'oxycèdre et le pin d'Alep. Par delà s'étend une épaisse barricade de débris de toute nature: graviers, parcelles de terre, aiguilles de genévrier, chatons de conifères, petites coquilles, déjections sèches d'escargot. Suivent une cloison de résine pure, un volumineux cocon dans une chambre spacieuse, une seconde cloison de résine pure, et enfin un cocon moindre dans une chambre rétrécie.» C'est donc, au fond, la même architecture que celle de l'*A. sticticum*, la cloison seule est déplacée.

M. Fabre a trouvé le plus souvent deux cocons dans chaque hélice, et dans la moitié des cas les deux sexes étaient présents à la fois; et alors, toujours le mâle se trouvait dans le cocon le plus bas situé, la femelle dans le cocon de dessus. Les deux sexes sont donc pondus suivant la règle ordinaire, la femelle d'abord, le mâle ensuite. Seulement ici, le cocon le plus gros est celui du mâle, tandis qu'ailleurs c'est le plus petit? Nous avons déjà dit que, chez les Anthidies, le mâle est plus grand que la femelle. De ce que la plus grande cellule est logée dans une partie plus spacieuse de la spire que la petite cellule, nous ne sommes donc nullement obligés d'en conclure, avec M. Fabre, que «d'inégalitité des deux loges est la conséquence forcée de la configuration de la coquille», que, «par la seule disposition générale du réduit, sont déterminées en avant une ample chambre et en arrière une autre chambre de bien moindre capacité.»

Certains Anthidies utilisent donc, comme le font beaucoup d'Osmies, les coquilles des hélices, et c'est là un nouveau témoignage de l'étroite affinité des deux genres. Remarquons toutefois que le plan des constructions intérieures n'est pas le même. L'épaisse palissade de pierrailles, qui comble le vide entre la cellule inférieure et la cloison, n'est pas connue de l'Osmie. En revanche nous ne voyons pas, chez l'Anthidie, autant d'habileté à tirer le meilleur parti de l'espace. Il suit un plan uniforme, dont il ne s'écarte jamais. L'Osmie sait en varier les détails, suivant les conditions. L'instinct de l'Anthidie est mieux fixé, plus parfait peut-être dans ses résultats; il s'y mêle moins d'intelligence.

Quand M. Fabre, dans une communication amicale, me fit part de ses observations sur les *Anthidies* habitants des hélices et pétrisseurs de résine, une espèce m'était déjà connue travaillant une substance de cette nature. C'est le tout petit *A. strigatum*, qui s'installe dans un logement aussi coquet que fragile. Il a jeté son dévolu sur les capsules desséchées et entr'ouvertes à leur sommet des Lychnides (*Lychnis dioica*). Il y installe ordinairement deux cellules, quelquefois une, rarement trois. Le placenta central, durci et débarrassé de ses graines, lui sert de point d'appui pour ses constructions. Les cellules, au lieu d'être faites de coton ou de terre, sont formées d'une substance résineuse, mêlée de quelques fibres ou poils végétaux de provenance inconnue. Quand le cocon est filé, il est très immédiatement entouré de cette résine comme d'un épais enduit de couleur brunâtre.

M. Fabre m'a signalé encore un autre *Anthidium*, comme faisant des cellules résineuses ou plutôt cireuses, dans des nids construits sous des pierres ou dans la terre. C'est le *laterale*.

Quelle que soit leur profession, bourreliers ou résiniers, les Anthidies n'ont d'autres outils que les mandibules et les pattes. Il était curieux de rechercher si, dans chacune des deux corporations, les instruments de travail ne présentaient pas quelque particularité de structure en rapport avec leur usage spécial. L'examen attentif des pattes antérieures n'a rien montré de particulier. Mais l'étude des mandibules a donné ce résultat qui n'est pas fait pour surprendre:

Toutes les espèces, connues comme tapissant leur nid de bourre végétale, ont une conformation des mandibules qui leur est propre; tous ceux que l'on sait travailler la résine en ont une autre.

Il ne s'agit ici, bien entendu, que des femelles. Les mâles, qui ne font rien, quelle que soit la spécialité de leur femelle, ont les mandibules étroites et munies de trois dents.

Les femelles travaillant le coton ont le bord des mandibules découpé en cinq ou six denticules, qui en font un instrument admirablement conformé pour racler et enlever les poils de l'épiderme des végétaux. C'est une sorte de peigne ou de carde (fig. 62).

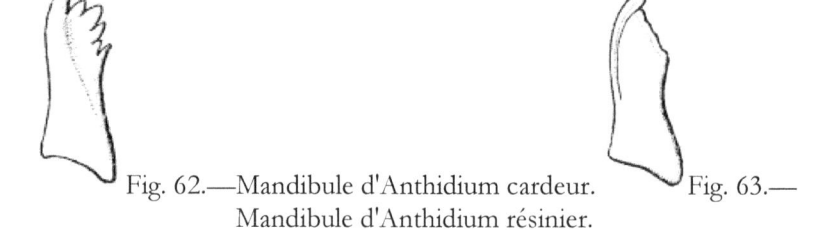

Fig. 62.—Mandibule d'Anthidium cardeur. Fig. 63.— Mandibule d'Anthidium résinier.

Les femelles manipulant la résine n'ont point le bord de la mandibule denticulé, mais simplement sinué; l'extrémité seule, précédée d'une échancrure assez marquée, chez quelques espèces, forme une dent véritable; mais cette dent est obtuse, peu saillante. La mandibule n'est en somme qu'une sorte de cuiller, parfaitement propre à détacher et façonner en boulette une matière visqueuse (fig. 63).

Les deux types de mandibule sont si nettement accusés, qu'il est possible de déterminer, sans les avoir vus à l'œuvre, à laquelle des deux catégories,—résiniers ou cotonniers—appartiennent les Anthidies dont la nidification n'a pas été observée.

L'évolution des Anthidies est de tout point conforme à celle des Osmies. Le cocon que la larve se file est de même forme, un peu plus large seulement à proportion, plus lisse, plus coriace, et surmonté aussi d'un petit appendice conique. Le cocon terminé adhère assez à l'enveloppe cotonneuse, qui semble n'en former qu'une couche externe plus grossière. La larve y passe, immobile et somnolente, la fin de l'automne et l'hiver, pour ne se transformer en nymphe qu'au printemps. L'éclosion a lieu quelques jours après.

Les Anthidies sont des abeilles estivales. Les plus précoces ne commencent à se montrer qu'au mois de juin; les plus tardifs volent encore en septembre. Ils recherchent surtout le miel fortement parfumé des Labiées, mais ne dédaignent point les Borraginées et les Légumineuses. Parmi ces dernières, le *Lotus corniculatus* est une des plus visitées. Quelques autres plantes attirent aussi certaines espèces. L'*A. contractum* fréquente assidûment le réséda. Sur les plages sablonneuses, l'*A. laterale* butine avec activité sur les têtes bleuâtres de l'*Eryngium maritimum*, qu'il délaisse, s'il trouve dans les dunes voisines, une Centaurée qu'il préfère.

Le vol de ces abeilles, au moins chez le mâle, est puissant et rapide. Il s'accompagne d'un bourdonnement dont le timbre et l'intensité rappellent le chant des Anthophores.

L'espèce la plus répandue dans nos contrées, l'Anthidie à manchettes, est aussi celle qui a la plus grande extension, car elle s'observe dans toute l'Europe, de l'Angleterre et de la Norvège à la Méditerranée, et au delà, dans l'Afrique septentrionale. Les espèces résinières paraissent cantonnées dans les localités où se trouvent des Conifères.

On connaît plus d'une centaine d'espèces d'*Anthidium*, répandues dans l'ancien et le nouveau monde. Aucune n'est indiquée comme vivant en Australie. A en juger par la conformation des mandibules, on est autorisé à penser que les espèces exotiques ont, en général, des habitudes analogues à celles des Anthidies européens, c'est-à-dire qu'elles doivent, comme ces dernières, être vouées au travail du coton ou de la cire.—D'après F. Smith, un Anthidie de Port-Natal attache ses nids aux branches des arbustes et des plantes basses, et fait des cellules entourées d'une enveloppe laineuse, et séparées les unes des autres.

LES MÉGACHILES.

Les Gastrilégides de ce nom, qui signifie *grande lèvre*, n'ont pas la lèvre supérieure sensiblement plus grande que les autres; tous, nous le savons déjà, ont cet organe particulièrement développé. Quoi qu'il en soit, le genre *Mégachile* a souvent été pris pour type de la famille et lui a prêté son nom. Beaucoup d'auteurs disent *Mégachilides* au lieu de *Gastrilégides*.

C'est la forme de l'abdomen, déprimé en dessus, plus ou moins rétréci en arrière, qui donne aux Mégachiles leur physionomie propre. Cet organe a beaucoup de tendance à se relever en haut, et souvent l'insecte meurt l'abdomen si fortement redressé, que son axe fait un angle presque droit avec celui de la partie antérieure du corps. Un autre caractère, aussi général que facile à saisir, consiste en ce que la deuxième cellule cubitale des ailes antérieures reçoit dans sa base l'insertion des deux nervures récurrentes. Nous nous contenterons de ces signes distinctifs, sans recourir à ceux que l'on a tirés de la conformation des organes buccaux.

Les mâles des Mégachiles diffèrent moins de leurs femelles, par l'aspect général, que ceux des Osmies ne diffèrent des leurs. Néanmoins une foule de particularités leur appartiennent en propre. Outre la taille plus petite et plus élancée, ils ont d'ordinaire les pattes robustes, les fémurs renflés, surtout aux pattes postérieures; les tarses et souvent aussi les tibias de la première paire sont dilatés, aplatis, difformes parfois et frangés de longs cils; dans tout un groupe d'espèces, les hanches antérieures sont armées d'une longue épine; très fréquemment les mandibules portent extérieurement, près de la base, un fort appendice; l'extrémité de l'abdomen, toujours obtuse, présente un rebord infléchi en dessous, souvent développé en une sorte de crête transversale, tantôt entière, tantôt échancrée, ou diversement déchiquetée ou denticulée. Si l'usage précis de toutes ces particularités organiques n'est pas toujours facile à déterminer, du moins les entomologistes s'en servent-ils avec avantage pour la distinction des espèces.

Nous avons vu un des types d'habitation des Osmies devenir le style propre des *Anthidium*. Nous trouverons encore dans cette architecture polymorphe l'idée mère de celle des Mégachiles. Le lecteur n'a peut-être pas oublié cette Osmie (*O. papaveris*) qui tapisse ses galeries de pétales de coquelicot. Les Mégachiles pratiquent une industrie toute semblable; mais, moins délicates, c'est dans les feuilles de plantes diverses que d'ordinaire elles découpent les pièces qu'elles appliquent sur la paroi de leur demeure.

Les travaux de la Mégachile sont depuis longtemps connus. Ray les avait déjà observés et figurés. Depuis, Réaumur les a décrits avec une remarquable exactitude (t. VI, 4ᵉ mémoire).

Fig. 64.—Mégachile centunculaire et son nid.

Ces abeilles, nous dit-il, «ne s'en tiennent pas à creuser des trous dans la terre; dans ces trous elles construisent des nids à leurs petits, avec des morceaux de feuilles arrangés si artistement, qu'il est peu d'ouvrages aussi propres à nous donner une idée du génie accordé aux insectes. Aussi avions-nous principalement ces abeilles en vue, lorsque nous en avons annoncé qui, quoique solitaires, le disputent en industrie aux mouches à miel (fig. 64 et 65).»

«Ces abeilles cachent sous terre, tantôt dans un champ, tantôt dans un jardin, des nids si dignes d'être vus. Chacun d'eux est un rouleau, un tuyau cylindrique de la longueur des étuis où nous mettons nos cure-dents, et quelquefois aussi gros. Un grand nombre de morceaux de feuilles, de figure arrondie et un peu ovale, qui ont été courbés et ajustés les uns sur les autres, forment l'extérieur de cette espèce d'étui. Si on détache ses premières enveloppes, on voit qu'il est composé de divers étuis plus courts, quelquefois de six à sept, faits aussi de morceaux de feuilles. Chacun de ceux-ci ressemble assez à un dé à coudre, dont l'ouverture n'aurait point de rebord; leur arrangement est aussi tel que celui que les marchands donnent aux dés. Le bout du second dé de feuilles entre et se loge dans l'ouverture du premier, et ainsi des autres. Cette suite de petits étuis forme l'étui total; chacun des petits est un logement préparé à un ver.»

Ces dés sont donc des cellules, «et doivent être des vases propres à contenir la pâtée qui fournit la nourriture au ver; c'est-à-dire des vases si clos, que le miel coulant dont la pâtée est imbibée ne puisse pas s'échapper. Les morceaux de feuilles dont ils sont composés ne sont pourtant qu'appliqués les uns sur les autres; ils ne sont nullement collés les uns aux autres. C'est donc l'exactitude avec laquelle ces morceaux sont ajustés qui rend les petits vases capables de contenir une liqueur.»

Quant à la forme de ces pièces, Réaumur la compare à une moitié d'ellipse coupée suivant le petit axe, l'un des quarts de la circonférence de l'ellipse étant formé par le bord découpé de la pièce, l'autre quart par le bord de la feuille même, dont on voit les dentelures. Ces pièces sont appliquées contre la paroi de la galerie en chevauchant l'une sur l'autre, de manière que chacune couvre l'un des bords de l'autre; et comme chacune d'elles est plus longue qu'une cellule, le bout inférieur en est plié et adossé au fond. Ainsi est formé un petit vase cylindrique, dont le fond et les côtés sont formés de trois morceaux de feuilles.

Un dé tout semblable est formé et immédiatement appliqué à l'intérieur du premier, puis un troisième dans le second. Ainsi, chaque cellule est formée de neuf morceaux de feuilles, peut-être plus en certains cas. Les pièces qui la composent ne sont point collées les unes aux autres; «elles ne sont retenues que par le ressort qu'elles ont acquis en se séchant, qui tend à leur conserver la figure qu'on leur a fait prendre, et leur position. D'ailleurs le pli qui ramène leur bout en dessous contribue encore à les arrêter.»

La cellule achevée est remplie d'un miel rougeâtre, mêlé d'un peu de pollen, formant un tout assez fluide, puis un œuf y est pondu. La pâtée n'atteint pas tout à fait le bord de la cellule; il s'en faut d'un millimètre environ. Reste à fermer la cellule. A cet effet, un couvercle y est adapté, avec des morceaux de feuilles, non plus ellipsoïdes, mais circulaires, d'un diamètre tel qu'ils s'adaptent parfaitement à l'intérieur du bord un peu évasé de la cellule, et sont retenus par ses parois. Trois disques de feuilles, quelquefois quatre, forment ce couvercle. Aucune substance adhésive ne colle ces disques les uns aux autres; ils n'adhèrent, comme les morceaux des parois, que par leur exacte application.

Le faible creux qui reste au-dessus de cet opercule sert de fond à une seconde cellule qui s'y emboîte, et ainsi de suite jusqu'à 4, 5, 6 ou 7 cellules.

Fig. 65.—Feuilles de rosier découpées par la Mégachile.

Comment l'abeille s'y prend-elle pour découper ces morceaux de feuilles? Réaumur l'a parfaitement observé et décrit, et chacun peut s'en rendre compte aisément, après avoir constaté, dans un jardin, qu'un rosier, par exemple, a sur les bords de ses feuilles des découpures, les unes de forme elliptique, les autres de forme circulaire. Si la saison n'est pas trop avancée,— c'est surtout en juillet et août que travaillent les Mégachiles,—on n'aura pas longtemps à attendre pour voir venir une de ces abeilles qui, après avoir un instant voleté autour du rosier, se pose sur une de ses feuilles, puis, avec une vitesse et une habileté qui surprennent, y découpe un morceau et l'emporte. Tout cela est si vite fait, qu'à la première fois l'on n'a pu rien reconnaître.

Fig. 66. Mégachile découpant une rondelle dans une feuille.

Mais prenons nos précautions pour mieux voir et ne pas effaroucher l'abeille. Nous n'aurons pas longtemps à attendre. La voilà de retour au bout de quelques minutes. Après ses tours ordinaires, quelquefois sans hésiter un instant, elle se pose sur ou sous une feuille, près du bord, qu'elle embrasse de ses pattes, et, dès l'instant même où elle se pose, ses mandibules commencent leur office, entament le bord de la feuille, la tranchent par petits coups rapides, suivant une courbe elliptique, qui part du bord et y revient. Le morceau détaché, retenu entre les pattes, est emporté, légèrement ployé dans le sens de la longueur, car il est plus large que les pattes ne sont longues (fig. 66).

On reste confondu de tant de célérité, jointe à tant d'exactitude. Nous aurions peine à trancher, avec des ciseaux, aussi vite et suivant une courbe aussi régulière. Et la bestiole le fait sans hésitation aucune, comme si la justesse du résultat n'exigeait pas d'elle la moindre attention. On est bien plus surpris encore, en la voyant découper, avec la même aisance, non plus une ellipse, mais une rondelle circulaire. Combien plus difficile cependant serait pour nous cette seconde opération! Il s'agit en effet, en tranchant, de décrire une circonférence de cercle, sans se préoccuper de la longueur du rayon, ni de la position du centre, en se tenant toujours sur cette circonférence. Quel exercice et quel temps ne nous faudrait-il pas, pour parvenir à un résultat approchant seulement de la perfection que, sans effort, réalise une petite abeille!

L'admiration s'accroît, si l'on réfléchit que cette suite d'actes si parfaits en eux-mêmes, réalise, dans son ensemble, une perfection tout aussi grande. Il ne suffit pas que chaque lambeau de feuille soit conforme à un patron déterminé; le nombre de ces lambeaux n'est pas quelconque. Il en faut trois pour chaque revêtement particulier, en tout neuf, ou bien douze. Après, ces douze pièces semblables entre elles, nouvelle série, régulière elle aussi, composée de pièces semblables entre elles toujours, mais différentes des précédentes. Et c'est trois qu'il en faut, ou bien quatre, ni deux, ni cinq. Comment la petite cervelle de notre insecte fixe-t-elle tous ces détails et ne se brouille-t-elle point à cette numération compliquée? Comment sait-elle qu'une série est terminée, qu'il lui faut passer à une nouvelle? que voilà trois dés emboîtés, douze ellipses découpées et mises en place; que c'est le temps maintenant de passer au couvercle, de découper et poser des cercles? On convient, avec Réaumur, que ces abeilles solitaires sont tout aussi étonnantes dans leur spécialité que les mouches à miel, depuis si longtemps célébrées. Ce qui leur manque, c'est d'être connues, car elles sont tout aussi dignes de l'être. Il est vrai qu'elles ne sont pour nous d'aucun profit.

Quelle part, en tout ceci, revient à l'intelligence, et quelle part au pur instinct? Impossible serait une réponse précise à pareille question. Mais que tout ne se réduise pas à l'automatisme et à l'inconscience, qu'une certaine intelligence se révèle dans les actes de ces petites créatures, le célèbre historien des insectes n'hésite pas à le croire, et qui mieux est, il en donne la preuve.

«Ceux qui refusent toute connaissance aux animaux, dit Réaumur, tournent contre les animaux mêmes la trop constante régularité avec laquelle ils exécutent des ouvrages industrieux; mais ils fournissent presque tous, au moins de quoi affaiblir cette objection. Ils ont leurs maladresses et leurs méprises; nos abeilles, pour soutenir leur honneur, ont à en produire. J'ai dit que celle qui arrive auprès d'un rosier en fait le tour, et souvent plusieurs fois, comme pour examiner la feuille où, par préférence, elle doit prendre une pièce; quelquefois il lui arrive de mal juger de la bonne qualité de celle qu'elle a choisie, ou de ne pas suivre assez exactement le trait de la coupe. J'ai vu plus d'une fois une Coupeuse qui, après avoir entaillé une feuille, tantôt plus, tantôt moins avant, abandonnait l'ouvrage commencé, et partait pour aller attaquer dans l'instant une autre feuille, dont elle emportait une pièce, telle qu'elle n'avait pu la trouver dans la première feuille, ou qu'elle avait réussi à mieux couper.»

Dans tout ce qui précède, nous avons supposé le nid comme n'étant composé que des cellules, des dés superposés dont la construction a été décrite. Réellement il n'en est point ainsi, et le travail est plus complexe. Avant la formation de ces dés empilés, un revêtement, fait aussi de feuilles découpées, est appliqué sur toute la longueur de la galerie qui contiendra les cellules. Les morceaux de feuilles employés à cet usage sont de forme elliptique, et plus grands que ceux qui forment les parois des cellules. Réaumur s'est assuré par l'observation que ce revêtement est fait tout d'abord dans son ensemble, avant qu'aucune cellule soit commencée, et non successivement, au fur et à mesure de l'édification des cellules. En moins d'une demi-heure, il vit faire à une coupeuse plus de douze voyages et revenir toujours chargée d'un morceau de feuille qui n'était jamais circulaire. Comme le nid se trouvait sous une pierre superposée à une autre, et horizontalement couché entre les deux, il n'y eut qu'à enlever la pierre supérieure au moment où l'abeille venait de sortir.

«Dès que la pierre eut été enlevée, dit l'observateur, les pièces que j'avais vu porter furent mises à découvert; elles formaient une espèce de tuyau, mais qui se défigura lorsqu'il cessa d'être gêné. Les morceaux de feuilles dont il était composé, et qui ne venaient que d'être pliés, n'avaient pas eu le temps de se dessécher; ils conservaient encore un ressort qui tendait à les redresser. Aussi, quand je voulus toucher au rouleau, l'édifice s'écroula en partie; mais je vis au moins qu'il n'y en avait encore que l'extérieur de fait, et que c'est par l'extérieur, par l'enveloppe, que la Coupeuse commence son nid. J'ôtai de ce nid les morceaux qui étaient tombés, et ayant tout rajusté de mon mieux, je reposai la pierre dans sa première place. Je n'avais pas eu le temps de la recouvrir de terre, ce qui n'était pas bien essentiel, que la mouche arrive.... Mais à peine fut-elle parvenue dans l'intérieur du nid, qu'elle en sortit, tout étonnée sans doute du bouleversement qu'elle y avait trouvé. Bientôt néanmoins elle prit le parti d'y revenir, et se détermina à réparer le désordre que j'avais fait. Malgré mes attentions, de la terre s'était éboulée et était tombée dans le nid; ses premiers soins furent d'en retirer cette terre; je la vis qui la repoussait en dehors avec ses jambes postérieures, et ce fut un travail qu'elle continua depuis six heures du soir jusqu'à huit heures, que je cessai de l'observer.»

Deux jours après, le travail repris était déjà fort avancé, si bien que les deux tiers de la longueur du conduit étaient remplis par des cellules.

Ne laissons point passer, sans en faire ressortir la valeur, une donnée importante, fournie par la citation qui précède. L'Abeille ne sait pas seulement construire, elle sait aussi réparer. Or une réparation appropriée au dégât montre encore mieux que le travail ordinaire, si admirable soit-il, qu'elle est plus qu'une machine inconsciente et aveugle. Son intellect va jusqu'à apprécier le désordre et y porter remède. L'instinct ici n'est point de mise.

La Coupeuse des feuilles du rosier dont nous venons de décrire les travaux est la Mégachile centunculaire (*M. centuncularis*), une des espèces les plus communes. Plusieurs autres espèces emploient les mêmes feuilles. Le *M. maritima* se sert tantôt des feuilles du poirier, tantôt de celles du marronnier. Réaumur a probablement observé cette espèce, car il parle d'une Coupeuse qu'il a vue porter les feuilles de cet arbre. Une autre (*M. circumcincta*), aux feuilles du rosier joint celles du *Rhamnus frangula*. Une jolie petite Mégachile, tout aussi répandue que la Centunculaire, la M. argentée, qui doit son nom aux poils argentés de sa brosse ventrale, tapisse ses nids des pétales jaunes du *Lotus corniculatus*. F. Smith affirme que la Coupeuse du rosier observée par Réaumur, taille parfois ses rondelles dans les pétales d'un Géranium écarlate.

Beaucoup d'espèces exotiques ont des habitudes analogues et sont aussi des coupeuses de feuilles. Telle est la Mégachile fasciculée (*M. fasciculata*) de l'Inde, qui ne s'astreint point à ranger ses cellules en série simple, mais entasse souvent, côte à côte nombre de séries partielles, quand l'espace adopté le lui permet. Un naturaliste anglais, Ch. Horne, rapporte avoir vu un nid de cette Mégachile, composé de sept séries, remplissant la gorge d'un petit vase décoratif, dans un jardin[14].

Réaumur n'a vu ses Coupeuses travailler que dans le sol, et il est disposé à croire à une erreur de la part de Ray, qui affirme avoir observé une de ces Abeilles dans une galerie creusée dans le bois. Le fait est pourtant vrai, ainsi que Lepeletier de Saint-Fargeau l'a observé, pour la Mégachile maritime. D'autres sont dans le même cas, et, selon les circonstances, travaillent la terre ou le bois.

Quelques Mégachiles exotiques ont d'autres habitudes. La Mégachile laineuse (*M. lanata*), espèce fort commune dans l'Inde, épargne sa peine en tirant parti des bambous coupés dont le diamètre intérieur lui paraît convenable, et elle y empile de longues rangées de cellules. Mais, loin de les faire, comme ses congénères, avec des feuilles, elle les bâtit avec de la terre mêlée de sable, le tout agglutiné avec de la salive. Fort accommodante d'ailleurs, cette Mégachile s'empare, pour y bâtir, de toutes les cavités, de tous les espaces, quelle qu'en soit la forme, pourvu qu'ils ne soient ni trop grands ni trop petits pour recevoir ses cylindres terreux. Ch. Horne donne la liste des différentes situations où il a rencontré ses nids. Elle est assez longue et assez curieuse pour mériter d'être reproduite:

1° dans des plis de papier; 2° dans le dos d'un livre laissé ouvert; 3° dans l'anse d'une tasse à thé; 4° dans la serrure d'une porte; 5° dans le canon d'un fusil; 6° sous un éventail posé sur une table; 7° dans la rainure de la charnière d'une fenêtre, où, à trois reprises, le travail de l'insecte fut détruit pendant son absence; 8° dans une bague à cachet, dont la pierre était tombée; 9° dans les plis d'un grand éventail, ou *punka*, qui était mis en mouvement 10 à 12 heures sur 24.

On conçoit qu'un insecte si disposé à s'emparer de toutes les ouvertures étroites, soit souvent désagréable, et que Ch. Horne le déclare *very annoying*. Il est d'ailleurs peu farouche: on le voit sans cesse aller et venir, avec un bourdonnement bruyant, et quand il est occupé à pétrir son argile, il ne cesse point de se faire entendre, ce qui révèle son voisinage, bien qu'il soit souvent difficile de découvrir l'endroit précis où il travaille.

Une autre Mégachile indienne, le *M. disjuncta*, qui est noire avec une large ceinture blanche au milieu du corps, fait aussi des nids en terre dans les bambous étroits. Ch. Horne en a trouvé une fois jusqu'à cinq rangées, côte à côte, dans une même cavité.

Notre Mégachile centunculaire, que l'on a tant de fois observée, et qui d'habitude creuse ses galeries dans le sol ou le bois, se loge exceptionnellement dans le canal médullaire des ronces sèches, rappelant ainsi l'industrie des Mégachiles indiennes dont nous venons de parler.

Quels que soient les matériaux employés par les Mégachiles, feuilles de plantes ou mortier argileux, elles établissent presque toujours leurs cellules dans des cavités ou des tubes étroits, ayant juste les dimensions qu'il faut pour les contenir; elles les disposent en tout cas les unes à la suite des autres, en séries linéaires. Toujours pressés, et jamais lâchement juxtaposés, comme cela se voit chez la plupart des Osmies, ces logements sont constamment de forme cylindrique. Le cocon est naturellement de même forme, et se termine aux deux bouts par des surfaces convexes plus ou moins surbaissées, ainsi que cela se voit chez les Osmies rubicoles; jamais le pôle supérieur ne présente l'appendice conique si marqué chez les *Osmia* ordinaires et les *Anthidium*.

Les Mégachiles sont de tous les genres d'Apiaires le plus riche peut-être en espèces. On en connaît environ trois cents, répandues dans toutes les parties du monde, mais surtout dans les contrées septentrionales et tropicales. Une espèce serait, d'après F. Smith, particulièrement remarquable par sa vaste extension, s'il est vrai qu'elle se trouve, non seulement dans toute l'Europe et dans le Nord de l'Afrique, mais encore dans l'Amérique du Nord, jusqu'au Canada et la baie d'Hudson. Cette espèce n'est autre que la vulgaire Coupeuse du rosier.

LES CHALICODOMES.

Les Chalicodomes diffèrent bien peu des Mégachiles, si peu, que plusieurs d'entre eux ont été primitivement rangés parmi ces dernières. Un pinceau de poils vers le bout des mandibules, qui sont *quadrisinuées*, au lieu d'être *quadridentées*; l'abdomen plus convexe; la cellule radiale appendiculée, voilà tout ce que l'on a trouvé pour caractériser ces Abeilles. C'est que Lepeletier de Saint-Fargeau, l'auteur du genre, fut conduit à l'établir par la considération de leur mode de nidification, sauf à s'accommoder ensuite de caractères tels quels, pour appuyer cette distinction sur des données anatomiques.

Cette nidification des Chalicodomes, jugée si importante par l'auteur que nous venons de citer, n'est cependant pas leur propriété exclusive. Nous l'avons déjà trouvée, dans ce qu'elle a d'essentiel, chez une certaine Osmie, celle du *Lotus*, qui colle dans les anfractuosités des pierres des cellules faites d'un mélange de terre et de petits cailloux. Le nom de *Chalicodoma* veut précisément exprimer ce genre de construction: il veut dire *maison, demeure* faite de *petits cailloux*.

Les Chalicodomes sont donc encore des Abeilles maçonnes. C'est même sous ce nom, qu'une de leurs espèces, peu rare aux environs de Paris, est désignée par Réaumur, qui l'a étudiée avec non moins de soin que la Coupeuse du rosier.

L'*Abeille maçonne* de Réaumur porte aujourd'hui le nom scientifique de *Chalicodoma muraria, Chalicodome des murailles*, nom qui lui vient de l'emplacement qu'elle choisit pour y bâtir ses nids. C'est en effet sur les murs de nos habitations qu'elle les construit d'ordinaire. Une exposition méridionale ou orientale lui est indispensable. Il lui faut de plus une base solide pour fondement. Le mortier ou le crépi ne sauraient lui convenir; ils pourraient se détacher et tomber avec le nid assis dessus. C'est la pierre qu'il lui faut, fruste ou façonnée, et s'il y a quelque dépression, elle s'y arrête de préférence. Souvent elle construit dans les feuillures des fenêtres, et ses nids s'y allongent dans le sens vertical; tantôt elle les couche horizontalement dans le creux d'une moulure. Quand elle est fort commune dans une localité, et qu'elle n'y est point dérangée, on la voit parfois revêtir les vieilles murailles d'une couche épaisse de nids superposés, formant une sorte de crépissage continu, à partir d'une certaine hauteur au-dessus du sol. En pleins champs et loin des habitations, les rochers, les grosses pierres reçoivent ses constructions. En Vaucluse, M. Fabre ne les a guère observées que dans cette dernière condition.

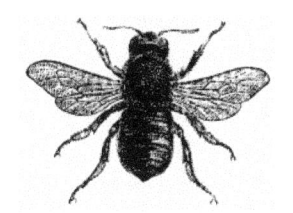

Fig. 67.—Chalicodome femelle. mâle.   Fig. 68.—Chalicodome

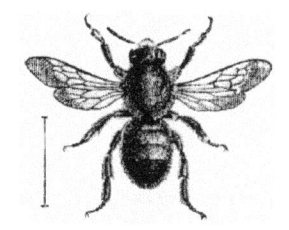

Les deux sexes de l'Abeille maçonne (fig. 67 et 68) sont très différents l'un de l'autre, à tel point que, même en les voyant sortir d'un même nid, on pourrait croire avoir affaire à deux espèces distinctes. La femelle est d'un beau noir velouté, avec les ailes violet sombre. Le mâle est d'un blond ferrugineux, avec les derniers segments noirs et les ailes transparentes.

Le Chalicodome des murailles commence ses travaux en avril. Ses matériaux sont un mélange de terre argileuse et de sable pétri avec la salive, qui transforme ce mortier, une fois desséché, en un dur ciment sur lequel la pluie est impuissante, et que l'acier d'un couteau n'entame pas sans s'ébrécher. Quand l'abeille a fait choix d'un emplacement, elle «y arrive avec une pelote de mortier entre les mandibules, et la dispose en un bourrelet circulaire sur la surface de la pierre. Les pattes antérieures et les mandibules surtout, premiers outils du maçon, mettent en œuvre la matière, que maintient plastique l'humeur salivaire peu à peu dégorgée. Pour consolider le pisé, des graviers anguleux sont enchâssés un à un, mais seulement à l'extérieur, dans la masse encore molle. A cette première assise en succèdent d'autres, jusqu'à ce que la cellule ait la hauteur voulue, de 2 à 3 centimètres.» (Fabre, *Souvenirs entomologiques*).

Réaumur a bien remarqué que l'intérieur de la cellule est l'objet d'une attention particulière de la part de la maçonne. Tous les grains de sable en sont éliminés avec soin, et portés dans la partie extérieure de la muraille. On voit l'abeille y entrer fréquemment pour en égaliser la surface, qui ne reçoit pas toutefois le poli qui distingue les cellules de l'Anthophore.

La cellule a son axe le plus souvent vertical, ce qui lui donne un peu l'aspect d'une petite tourelle. D'autres fois elle est plus ou moins inclinée, jamais tant cependant que le contenu, assez fluide, qu'elle est destinée à recevoir, puisse s'écouler par l'orifice. Repose-t-elle sur une surface horizontale, son pourtour est entier; sur une surface verticale, elle y est adossée, et ressemble à un dé à coudre coupé dans sa longueur; le support complète alors le contour.

«La cellule terminée, l'abeille s'occupe aussitôt de l'approvisionnement. Les fleurs du voisinage lui fournissent liqueur sucrée et pollen. Elle arrive, le jabot gonflé de miel, et le ventre jauni en-dessous de poussière pollinique. Elle plonge dans la cellule la tête la première, et pendant quelques instants on la voit se livrer à des haut-le-corps, signe du dégorgement de la purée mielleuse. Le jabot vide, elle sort de la cellule, pour y rentrer à l'instant même, mais cette fois à reculons. Maintenant, avec les deux pattes de derrière, l'abeille se brosse la face inférieure du ventre et en fait tomber la charge de pollen. Nouvelle sortie et nouvelle rentrée, la tête la première. Il s'agit de brasser la matière avec la cuiller des mandibules, et de faire du tout un mélange homogène. Ce travail de mixtion ne se répète pas à chaque voyage: il n'a lieu que de loin en loin, quand les matériaux sont amassés en quantité notable.» (Fabre.)

L'approvisionnement s'arrête quand la cellule est à moitié pleine. Un œuf est alors pondu à la surface de la bouillie pollinique, et il est procédé à la fermeture de la cellule. Un couvercle de mortier sans graviers est fait dans le haut; il est formé de dépôts annulaires allant de la circonférence au centre. La cellule, suivant Réaumur, est construite en une journée; son approvisionnement réclame une journée encore. Cette durée peut s'allonger quand le mauvais temps, ou simplement un ciel nuageux, viennent interrompre les travaux.

Une première cellule terminée, une autre s'élève, adossée à celle-ci, puis une troisième, et ainsi de suite jusqu'à une dizaine environ, plus ou moins. Elles sont édifiées l'une après l'autre; jamais une nouvelle n'est commencée avant la fermeture de la précédente. Les six à dix cellules qu'un nid peut contenir représentent-elles toute la ponte? C'est ce qu'on n'a pu décider. Il est possible qu'une seule femelle ne se borne pas à construire un nid, et qu'un premier fait, elle aille ailleurs en commencer un second, ainsi que cela arrive fréquemment chez l'Osmie.

Les cellules, telles que nous venons de les laisser, ne constituent pas le nid achevé et parfait. Un travail important reste encore à accomplir. La paroi de la cellule est mince, peu résistante au choc, peu efficace pour tenir la larve à l'abri des intempéries. Les cellules adossées laissent entre elles des sillons, des enfoncements; il faut les combler. Un dépôt de mortier grossièrement fait, mais solide, vient remplir ces dépressions et égaliser la surface. Ce n'est point assez. Un revêtement épais, uniforme, recouvre le tout, donnant à l'ensemble une forme arrondie, celle d'une demi-sphère ou d'un demi-ellipsoïde plus ou moins allongé. Sous cette muraille, épaisse d'un centimètre et plus, la larve ou l'insecte transformé pourra braver les brûlants soleils de juillet, les gelées de l'hiver, les ondées des jours d'orage.

Fig. 69.—Nid de Chalicodoma muraria.

Le nid achevé, rien ne décèle à l'extérieur son précieux contenu. On dirait une grosse éclaboussure lancée par une roue de voiture ou une boule de terre jetée violemment contre la muraille et qui s'y serait desséchée (Fig. 69).

Comme l'Anthophore, comme l'Osmie, le Chalicodome sait ménager, quand il le peut, son temps et sa peine, en s'appropriant un vieux nid, que de légères réparations suffisent à remettre à neuf. C'est même par là qu'il commence, et il ne se décide à bâtir que s'il ne trouve pas à se procurer un logement à peu de frais. Sur ce sujet, laissons la parole à M. Fabre. Tout récit serait pâle à côté du sien.

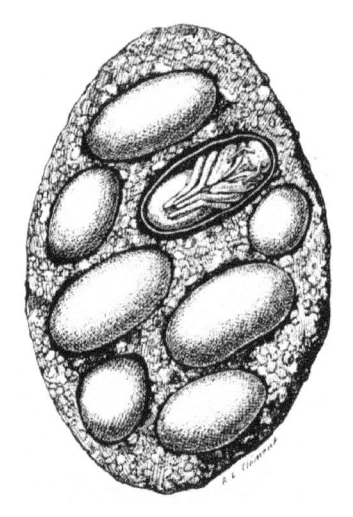

Fig. 70.—Nid de Chalicodome à l'intérieur.

«D'un même dôme il sort plusieurs habitants, frères et sœurs, mâles roux et femelles noires, tous lignée de la même abeille. Les mâles, qui mènent vie insouciante, ignorent tout travail, et ne reviennent aux maisons de pisé que pour faire un instant la cour aux dames, ne se soucient de la masure abandonnée. Ce qu'il leur faut, c'est le nectar dans l'amphore des fleurs, et non le mortier à gâcher entre les mandibules. Restent les jeunes mères, seules chargées de l'avenir de la famille. A qui d'entre elles reviendra l'immeuble, l'héritage du vieux nid? Comme sœurs, elles y ont un droit égal: ainsi le déciderait notre justice, depuis qu'elle s'est affranchie de l'antique droit d'aînesse. Mais les Chalicodomes en sont toujours à la base première de la société: le droit du premier occupant.

«Lors donc que l'heure de la ponte approche, l'abeille s'empare du premier nid libre à sa convenance, s'y établit, et malheur désormais à qui voudrait, voisine ou sœur, lui en disputer la possession! Des poursuites acharnées, de chaudes bourrades auraient bientôt mis en fuite la nouvelle arrivée. Des diverses cellules qui bâillent, comme autant de puits, sur la rondeur du dôme, une seule pour le moment est nécessaire; mais l'abeille calcule très bien que les autres auront plus tard leur utilité pour le restant des œufs; et c'est avec une vigilance jalouse qu'elle les surveille toutes pour en chasser qui viendrait les visiter. Aussi n'ai-je pas souvenir d'avoir vu deux maçonnes travailler à la fois sur le même galet.

«L'ouvrage est maintenant très simple. L'hyménoptère examine l'intérieur de la vieille cellule, pour reconnaître les points qui demandent réparation. Il arrache les lambeaux de cocon tapissant la paroi, extrait les débris terreux provenant de la voûte qu'a percée l'habitant pour sortir, crépit de mortier les endroits délabrés, restaure un peu l'orifice, et tout se borne là. Suivent l'approvisionnement, la ponte et la clôture de la chambre. Quand toutes les cellules, l'une après l'autre, sont ainsi garnies, le couvert général, le dôme de mortier, reçoit quelques réparations, s'il est besoin, et c'est fini.»

M. Fabre a observé les travaux de deux autres espèces de Chalicodomes, que l'on ne rencontre point dans le nord de notre pays. Ce sont les *Chalicodoma Pyrenaica* et *rufescens*, deux espèces où les deux sexes ne présentent point la disparité tranchée qui s'observe chez la maçonne de Réaumur. L'une et l'autre portent à peu près le même costume, d'un roux mêlé de gris ou de brun noirâtre. Mais, si leur extérieur est à peu près le même, leur nidification est bien différente, surtout quant au choix de l'emplacement.

Le Chalicodome des Pyrénées s'installe de préférence à la face inférieure des tuiles faisant saillie au bord des toitures. Il est peu de maisons, dans la campagne, qui n'abritent les nids de cette maçonne, et quelquefois elle y établit des colonies populeuses, entassant d'une année à l'autre les nouveaux nids sur ceux des générations antérieures, et finissant ainsi par couvrir d'énormes surfaces. «J'ai vu tel de ces nids, dit M. Fabre, qui, sous les tuiles d'un hangar, occupait une superficie de 5 ou 6 mètres carrés. En plein travail, c'était un monde étourdissant par le nombre et le bruissement des travailleurs.» De là le nom de Chalicodome *des hangars*, dont M. Fabre se sert pour désigner cette espèce.

Le Chalicodome roussâtre a de tout autres habitudes. Il suspend sa demeure à une branche. «Un arbuste des haies, quel qu'il soit, aubépine, grenadier, paliure, lui fournit le support, habituellement à hauteur d'homme. Le chêne-vert et l'orme lui donnent une élévation plus grande. Dans le fourré buissonneux, il fait donc choix d'un rameau de la grosseur d'une paille; et sur cette étroite base il construit son édifice avec le même mortier que le Chalicodome des hangars met en œuvre. Terminé, le nid est une boule de terre, traversée latéralement par le rameau. La grosseur en est celle d'un abricot, si l'ouvrage est d'un seul, et celle du poing, si plusieurs insectes y ont collaboré; mais ce cas est rare.»

Le Chalicodome des murailles aime à puiser ses matériaux dans un terrain à moitié meuble; une allée sableuse lui convient tout à fait. Ses deux congénères préfèrent un sol battu, «une route fréquentée, dont l'empierrement de galets calcaires est devenu surface unie semblable à une dalle continue. C'est toujours au chemin, voisin de l'emplacement qu'il a choisi, qu'il va récolter de quoi bâtir, sans se laisser distraire du travail par le continuel passage des gens et des bestiaux. Il faut voir l'active abeille à l'œuvre, quand le chemin resplendit de blancheur sous les rayons d'un soleil ardent. Entre la ferme voisine, chantier où l'on construit, et la route, chantier où le mortier se prépare, bruit le grave murmure des arrivants et des partants qui se succèdent, se croisent sans interruption. L'air semble traversé par de continuels traits de fumée, tant l'essor des travailleurs est direct et rapide. Les partants s'en vont avec une pelote de mortier de la grosseur d'un grain de plomb à lièvre; les arrivants aussitôt s'installent aux endroits les plus durs, les plus secs. Tout le corps en vibration, ils grattent du bout des mandibules, ils ratissent avec les tarses antérieurs, pour extraire des atomes de terre et des granules de sable, qui, roulés entre les dents, s'imbibent de salive et se prennent en une masse. L'ardeur au travail est, telle, que l'ouvrier se laisse écraser sous les pieds des passants plutôt que d'abandonner son ouvrage.»

Tandis que le Chalicodome roussâtre est presque toujours solitaire, celui des hangars aime le voisinage de ses pareils, et c'est par milliers quelquefois qu'on le voit établi sous un même abri. Mais ce n'est point là une société véritable, où chacun, en travaillant pour soi, concourt au bien de tous. C'est un simple concours d'individus que les mêmes goûts, les mêmes aptitudes rassemblent au même endroit, où la maxime du chacun pour soi se pratique dans toute sa rigueur, «enfin une cohue de travailleurs rappelant l'essaim d'une ruche uniquement par le nombre et l'ardeur». De telles réunions sont donc la simple conséquence du grand nombre d'individus habitant la même localité. Si bien que le Chalicodome des murailles qui, en Vaucluse, passe pour solitaire aux yeux de M. Fabre, forme quelquefois, ainsi que nous l'avons observé nous-même, des cités populeuses dans les localités où il abonde. Et si le Chalicodome roussâtre ne se voit jamais en réunions nombreuses, cela tient moins sans doute à une humeur plus farouche qu'au peu de fréquence de cette espèce.

On connaît, peu ou point la nidification des autres Chalicodomes. Une très jolie espèce, à corselet d'un roux vif, avec l'abdomen noir et les pattes rouges, le Chalicodome de Sicile (*Ch. sicula*)[15], paraît se contenter d'une base bien fragile pour ses nids. J'ai reçu de Sicile quelques cellules bâties par cette abeille, dans le style du Chalicodome des murailles, et non encore revêtues du couvert général qui devait les englober, fixées sur un fragment d'écorce. Cette espèce sans doute s'établit dans le creux des arbres ou sous les écorces soulevées.

Commencés en avril, les travaux des Chalicodomes sont terminés avant la fin de juin. Les vers nés dans les cellules ont achevé de consommer leurs provisions dans le courant de l'été. Ils se filent alors une coque de soie mince, presque transparente, faiblement adhérente aux parois de la cellule. L'épaisse et dure couche de mortier protège suffisamment ces faibles créatures, et dispense d'une coque plus solide. En automne, les vers sont déjà transformés et passent l'hiver à l'état parfait, engourdis, les poils humides collés au tégument. Les Chalicodomes se réveillent en avril, percent la dure calotte de ciment avec leurs mandibules, en s'aidant d'un peu de liquide dégorgé pour la ramollir, et viennent à la lumière pour recommencer les travaux de ceux qui les ont précédés. Un certain nombre périssent dans les cellules, trop faibles pour percer les murs de leur berceau, dépourvus sans doute de la gouttelette de liqueur qui seule leur permet de venir à bout de ce travail.

«Quelquefois, dit Réaumur, l'ouvrage que la mouche nouvellement née a à faire paraîtrait devoir être double de l'ouvrage ordinaire; elle semblerait avoir à percer, outre sa propre cellule, celle d'une autre mouche; car quelquefois un nid se trouve composé de deux couches de cellules mises les unes sur les autres. La bonne opinion que j'ai de l'intelligence des mères maçonnes ne me permet pas de penser qu'elles fassent des fautes aussi lourdes que celle-ci le paraît. Je suis disposé à croire que, quoique les cellules soient posées les unes sur les autres, chaque mouche naissante peut sortir par un des bouts de la sienne sans passer par le logement de sa voisine.»

La perspicacité du célèbre naturaliste s'est trouvée ici en défaut, il n'y a pas à en douter. Il arrive fréquemment qu'une abeille est obligée de passer, pour sortir du nid, par le logement d'une voisine de l'étage supérieur. Mais elle n'a pas pour cela double travail à faire, bien au contraire. Sa sœur d'en haut sort toujours avant elle; elle n'a donc qu'à percer la mince cloison qui la sépare du berceau de celle-ci, pour trouver un chemin tout fait vers l'extérieur. Celle qui l'a devancée a dû faire le sien à travers toute l'épaisseur du dôme. Il arrive toujours, en pareil cas, que les habitants du premier étage sont des mâles, alors que ceux du rez-de-chaussée sont des femelles. Les deux sexes ainsi font naturellement leur sortie suivant la règle, les mâles d'abord, les femelles ensuite.

Si dignes d'intérêt par leur biologie, les Chalicodomes ont encore d'autres droits à notre attention. Ils ont été, de la part de M. Fabre, l'objet de recherches importantes au point de vue de la théorie de l'instinct. Nous ne croyons pouvoir nous dispenser d'en dire quelques mots, tout en exprimant le regret bien sincère de ne pouvoir souscrire aux conclusions de l'ingénieux observateur.

La sortie du nid.—Variant une expérience, jugée mal faite, de Réaumur, M. Fabre recueille des nids de Chalicodome des murailles, revêt les uns très immédiatement d'une enveloppe de papier gris, et couvre les autres, à distance, d'un cône de ce même papier, collé sur leur pourtour. Le temps de l'éclosion venu, les Chalicodomes des premiers nids percent leurs cellules, et en outre l'enveloppe de papier, et deviennent libres au dehors; les autres, au contraire, laissant intact le cornet de papier, meurent devant cette faible barrière.

«Le Chalicodome, conclut M. Fabre, est donc capable, pour sortir de sa cellule, d'exécuter un travail supérieur à celui qu'il doit naturellement fournir. Si l'on ajoute à la paroi de mortier qu'il doit percer pour éclore un supplément d'épaisseur, il n'est point arrêté par ce surcroît de besogne. Mais si, une fois son travail achevé, l'animal sorti de sa cellule trouve devant lui un nouvel obstacle, il est devenu inhabile, non impuissant,—l'expérience le montre,—à fournir cet excédent de travail, qui n'eût été qu'un jeu pour lui, s'il se fût trouvé surajouté, sans interposition d'arrêt, au travail normal de la perforation. Il a suffi que la paroi nouvelle soit placée à distance, pour être laissée intacte. Le travail normal de la libération accompli, l'insecte libre hors de sa cellule, l'instinct n'a plus rien à faire, et il ne fera rien. Le stupide insecte meurt derrière une barrière qui, semble-t-il, ne devrait pas l'arrêter au delà de quelques secondes.

«Ce fait me semble riche de conséquences, ajoute, avec une sorte d'enthousiasme, l'expérimentateur. Comment! voilà de robustes insectes pour qui forer le tuf est un jeu... et ces vigoureux démolisseurs se laissent sottement périr dans la prison d'un cornet qu'ils éventreraient en un seul coup de mandibules? Le motif de leur stupide inaction ne saurait être que celui-ci,» c'est que, «pour la percer, il faudrait renouveler l'acte qui vient d'être accompli, cet acte auquel l'insecte ne doit se livrer qu'une fois en sa vie; il faudrait enfin doubler ce qui de sa nature est un, et l'animal ne le peut, uniquement parce qu'il n'en a pas le vouloir. L'abeille maçonne périt faute de la moindre lueur d'intelligence. Et dans ce singulier intellect, il est de mode aujourd'hui de voir un rudiment de la raison humaine!»

Quelle conséquence importante de faits qu'on eût pu juger insignifiants! Il n'est pas, il est vrai, de vérité sans valeur. Mais au moins faut-il s'être assuré que c'est bien une vérité que l'on tient, sans quoi s'évanouissent, avec nos illusions, les déductions les plus logiques.

M. Fabre n'a-t-il jamais vu lui échapper un hyménoptère inclus par lui dans un cornet? N'est-il jamais rentré de ses chasses ayant perdu quelque capture évadée de sa prison de papier? Incontestablement, le Chalicodome incarcéré dans un cornet est capable, plus capable que beaucoup d'autres, de perforer un tel obstacle. Rien de plus aisé d'ailleurs que d'en acquérir la preuve. Et se peut-il que la circonstance particulière d'être tout frais éclos le rende incapable de triompher d'une difficulté qui pour lui n'en est pas une en d'autres temps? Autant croire que l'insecte se laisse mourir au pied d'une muraille qu'il peut très bien trouer, tout exprès pour fournir un nouvel appoint à une certaine théorie de l'instinct.

Sans vouloir examiner ici les causes de l'insuccès et de la mort de l'abeille dans l'expérience de M. Fabre, je me bornerai à montrer, en en modifiant les conditions, qu'elle avait été mal conçue.

Sur un nid de Chalicodome, j'ai, comme lui, adapté, non un dôme de papier, mais un petit chapeau d'argile fait d'un simple tube ou d'une cheminée ayant sensiblement le diamètre intérieur d'une cellule. L'un des bouts fut fermé d'un tampon d'argile; l'autre, garni d'un épais rebord de même matière, qui servit à fixer l'appareil encore humide au-dessus d'une cellule. Le jour de l'éclosion venu, le fond du chapeau fut percé d'un trou bien rond; l'insecte était sorti, après avoir percé le couvercle de sa cellule, et, à une distance de 12 ou 15 millimètres, le fond artificiel d'argile.

L'abeille avait donc fait double besogne, foré pour ainsi dire deux cellules au lieu d'une, et cela malgré l'interposition d'un intervalle notable. Qu'il ne soit donc plus question de travail une fois accompli et non renouvelable, de l'impossibilité de «doubler ce que la nature a fait un». Tout cela est dans l'esprit de l'observateur et n'est que là! Restituons à l'Insecte, avec une équitable appréciation de ses facultés, la faible, mais exacte part de raison que la nature lui a départie.

Le retour au nid.—Encore une question à laquelle M. Fabre a prêté une grande attention, qui l'occupe dans son premier volume, et à laquelle il revient plus longuement dans ses *Nouveaux souvenirs*.

L'abeille maçonne transportée à de grandes distances, à plusieurs kilomètres de son nid, y retourne, bien qu'on lui ait fait faire son premier voyage enfermée dans une boîte ou un cornet, sans avoir pu, par conséquent, se rendre compte du trajet qu'elle a suivi à l'aller. Quel sens la guide dans son retour? «Ce n'est certes pas la mémoire, conclut l'auteur, après une première série d'expériences, mais une faculté spéciale, qu'il faut se borner à constater par ses étonnants effets, sans prétendre l'expliquer, tant elle est en dehors de notre propre psychologie.»

A la suggestion de Charles Darwin, que ces recherches intéressaient vivement, M. Fabre fit de nouvelles expériences. Ne serait-ce point un *sens de la direction*, qui conduirait l'abeille dans son voyage de retour? Pour l'éprouver, au lieu d'aller par la droite ligne à l'endroit où il se propose de rendre la liberté aux prisonniers qu'il emporte, toujours maintenus dans l'obscurité d'une boîte, l'expérimentateur, ou bien tourne sur lui-même dans un sens, puis dans un autre, ou bien change de direction brusquement et à plusieurs reprises. Mais ni rotations, ni détours, ni reculs ne parviennent à dérouter les abeilles, qui toujours retournent au logis; «et le problème reste aussi ténébreux que jamais».

Serait-ce le courant magnétique terrestre, qui guiderait les voyageurs dans leur retour? Autre hypothèse imaginée aussi par l'illustre naturaliste anglais, et qui inspira des expériences demeurées sans résultat. Restait donc encore et toujours le mystère, qui, on le conçoit du reste, n'est pas pour déplaire à un chercheur imbu des idées théoriques de M. Fabre.

Rien pourtant n'est moins mystérieux que les causes de ce retour au nid. Et M. Fabre n'eût vraisemblablement pas fait ses curieuses expériences sur ce sujet,—ce qui serait grand dommage,—s'il eût connu certains faits, très familiers aux éleveurs d'abeilles.

Que le lecteur veuille bien se rapporter à ce que nous avons dit de la première sortie des jeunes abeilles, qui ne s'éloignent de la ruche qu'à reculons, décrivant des cercles de plus en plus grands, étudiant en un mot et fixant dans leur souvenir le chemin du retour. L'Abeille domestique n'est point seule à user de ce procédé pour ne point s'égarer en rentrant au logis. Le Bourdon a les mêmes habitudes. Une abeille solitaire, l'*Anthophora æstivalis*, m'a montré les mêmes faits. L'occasion m'a manqué pour faire les mêmes observations sur le Chalicodome. Mais qui pourrait douter un instant que cette abeille se conduisît autrement que les autres? Et d'ailleurs, que l'observation soit faite ou non sur les Chalicodomes, les données acquises chez d'autres espèces n'en restent pas moins avec toute leur valeur, et font prévoir le résultat que cette observation pourrait fournir. Il ne saurait y avoir une psychologie pour le Bourdon, l'Abeille domestique, l'Anthophore, une autre pour le Chalicodome.

M. Fabre ne se contredit-il pas lui-même dans ce chapitre si intéressant consacré aux Osmies qu'il élevait dans son cabinet? Nous y lisons ce qui suit:

«De jour en jour plus nombreuses, les femelles inspectent les lieux; elles bourdonnent devant les galeries de verre et les demeures de roseau; elles y pénètrent, y séjournent, en sortent, y rentrent, puis s'envolent, d'un essor brusque, dans le jardin. Elles reviennent, maintenant l'une, maintenant l'autre. Elles font une halte au dehors, au soleil, sur les volets appliqués contre le mur; elles planent dans la baie de la fenêtre, s'avancent, vont aux roseaux et leur donnent un coup d'œil, pour repartir encore et revenir bientôt après. *Ainsi se fait l'apprentissage du domicile, ainsi se fixe le souvenir du lieu natal.* Le village de notre enfance est toujours bien chéri, ineffaçable de la mémoire. Avec sa vie d'un mois, l'Osmie acquiert en une paire de jours la *tenace souvenance de son hameau*.»

Quand il écrivait ces lignes dans son troisième volume, l'auteur avait évidemment oublié ce qu'il avait dit, dans les deux premiers, de ce sens inconnu et d'autant plus mystérieux qu'il manque à notre organisation. Rien de mystérieux dans les faits que nous avons rappelés, rien qui oblige à recourir à une hypothèse aussi peu justifiable.

Les Gastrilégides sont exposés aux attaques d'une multitude de parasites, dont les uns ne recherchent que leurs provisions, et dont les autres en veulent à leur chair même.

Parmi les premiers sont les Cœlioxys, abeilles parasites que nous avons déjà rencontrées dans les nids des Anthophores, mais qui semblent plus particulièrement attachées aux Mégachiles. Plusieurs espèces se développent en effet dans les nids de ces dernières, tandis qu'on n'en a pas encore signalé, que nous sachions, chez les autres Gastrilégides.

Un autre genre d'abeilles parasites, les Stélis, paraissent de même être les locataires attitrés des Osmies et de quelques genres voisins, que nous n'avons pas cru nécessaire de faire connaître. Une espèce de Stélis cependant, le *St. nasuta*, se rencontre fréquemment dans les nids de l'Abeille maçonne de Réaumur. Un petit *Anthidium*, le *strigatum*, dont nous avons eu occasion de parler, est souvent l'hôte d'une petite Stélide, à physionomie tout anthidienne, le *St. signata*, longtemps pris pour un Anthidium véritable. Les *Dioxys*, proches parents des *Cœlioxys*, envahissent souvent les nids des Chalicodomes, au moins ceux des *Pyrenaica* et *rufescens*. Un seul Dioxys se développe dans une cellule de la maçonne, et il arrive quelquefois que la moitié et plus des cellules d'un nid sont occupées par cet intrus. C'est toujours le *Dioxys cincta*, que l'on trouve vivant aux dépens de ces deux Chalicodomes; bien rarement il s'introduit dans les nids du *Ch. muraria*.

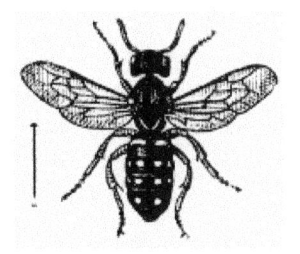

Fig. 71.—Stelis nasuta.

Parmi les ennemis qui s'attaquent à la personne même des abeilles, mais qui ne les détruisent pas plus sûrement que les précédents, citons au premier rang le petit mais terrible *Monodontomerus*. Ce Myrmidon, que nous avons déjà appris à connaître chez les Anthophores, n'est pas un ennemi moins redoutable pour les divers genres de Gastrilégides. Il professe une indifférence absolue quant au choix de ses victimes. Osmie, Mégachile, Anthidie, Chalicodome, tout lui est bon; et s'il ne fait pas plus de victimes, si même ces Abeilles et beaucoup d'autres ne sont pas déjà détruites par ce moucheron d'apparence si méprisable, cela tient uniquement à l'accès pour lui difficile d'une partie notable de leurs cellules. Un exemple convaincra de la puissance de destruction de ce Chalcidien, quand les circonstances lui sont favorables. J'ai eu occasion de parler de nids de l'*Osmie rousse*, remplissant toutes les rainures, toutes les petites cavités d'une ruche abandonnée. Plusieurs centaines de cellules étaient là, dont un petit nombre seulement datant de l'année précédente; une partie de celles-ci montraient les traces non équivoques de l'Osmie qui les avait habitées; les autres avaient toutes été envahies par le *Monodontomerus*, et pour les dernières formées, celles de l'année, pas une n'était indemne; toutes, sans exception, contenaient le Chalcidien à divers états, ou l'avaient contenu. Ainsi, la première année, un certain nombre de cellules avaient pu échapper au parasite; quelques femelles du petit Chalcidien, ayant découvert le village des Osmies, y avaient logé leur progéniture; et celle-ci avait été assez nombreuse, la seconde année, pour que pas une Osmie n'échappât à leurs atteintes. Les cellules, en cette circonstance, s'étaient trouvées toutes accessibles, et toutes les Osmies avaient péri. Dans les galeries creusées dans la terre ou le bois, il n'en va pas ainsi; beaucoup de cellules échappent, par leur situation reculée, à la tarière du parasite; dans le nid aérien d'une abeille maçonne, si des cellules sont plus ou moins superficielles, et dès lors exposées, il en est un grand nombre que leur éloignement de la surface met à l'abri de l'ennemi. Mais on voit assez l'influence considérable qu'un si petit être peut exercer sur la multiplication d'une foule d'espèces.

Il est un autre genre de Chalcidien, dont la taille est plus respectable, le vêtement de plus joyeux aspect que la cuirasse d'un bronze obscur du *Monodontomerus*. C'est celui des *Leucospis*, au corps noir bariolé de jaune, à la tarière relevée sur le dos et logée dans un sillon de l'abdomen, aux cuisses postérieures étrangement renflées et denticulées (fig. 72).

Le *Leucospis gigas* est carnivore comme le *Monodontomerus*; mais tandis que ce dernier, vu sa petitesse, peut se trouver au nombre d'une quinzaine et plus de commensaux dans une même cellule, le *Leucospis* y est toujours isolé; la larve tout entière de l'abeille est nécessaire à son parfait développement.

Fig. 72—Leucospis gigas.

C'est à la fin de juin ou dans les premiers jours de juillet que les Leucospis perforent le nid où ils sont nés, pour devenir libres à l'extérieur. C'est vers ce temps précisément que les larves des maçonnes ont achevé leur pâtée et reposent dans la fine coque de soie, attendant le moment de leur transformation en nymphes. Période critique pour tant de larves, que celle qui précède la nymphose! Elles sont alors juste à point pour servir de pâture aux nombreux dévorants dont la race est greffée sur la leur. La femelle Leucospis ne tarde pas à se mettre en quête, sur les dômes du Chalicodome des murailles, sur les vastes nappes de ciment du Chalicodome des hangars, de cellules en état de recevoir les germes de sa progéniture.

Suivons l'observateur dont la sagacité n'a d'égale que sa patience, suivons M. Fabre, explorant, en plein soleil de juillet, les nids des maçonnes, à la recherche des Leucospis effectuant leur ponte. Il est trois heures de l'après-midi, c'est le fort de la chaleur, le moment favorable.

«L'insecte explore les nids, lentement, gauchement. Du bout des antennes, fléchies à angle droit après le premier article, il palpe la surface. Puis, immobile et la tête penchée, il semble méditer et débattre en lui-même l'opportunité du lieu. Est-ce bien ici, est-ce ailleurs, que gît la larve convoitée? Au dehors, rien, absolument rien ne l'indique. C'est une nappe pierreuse, bosselée, mais très uniforme d'aspect, car les cellules ont disparu sous une épaisse couche de crépi, travail d'intérêt général où l'essaim dépense ses derniers jours....»

«Où sont en défaut mes moyens optiques et mon discernement raisonné, l'insecte ne se trompe pas, guidé qu'il est par les bâtonnets des antennes. Son choix est fait? Le voici qui dégaine sa longue mécanique; la sonde est dirigée normalement à la surface et occupe à peu près le milieu entre les deux pattes intermédiaires... Immobile, hautement guindé sur ses jambes pour développer son appareil, l'insecte n'a que de très légères oscillations pour tout signe de son laborieux travail. Je vois des sondeurs qui, dans un quart d'heure, ont fini d'opérer. J'en vois d'autres qui, pour une seule opération, dépensent jusqu'à trois heures.

«Malgré la résistance du milieu à traverser, l'insecte persévère, certain de réussir; et il réussit en effet, sans que je puisse encore m'expliquer son succès.» Ni fissure perceptible par où le faible crin pourrait s'insinuer; ni gouttelette liquide imbibant et amollissant le dur ciment au passage de ce foret d'apparence si débile.

Si, le temps de la ponte passée, «des sondeurs disparus», on procède à l'examen des nids, on trouve invariablement une cellule exactement placée sous les points, marqués d'un signe particulier, où un Leucospis a établi sa tarière. Jamais d'erreur de sa part; toujours fidèlement servi par ses antennes exploratrices, sa sonde a toujours pénétré en plein dans une cellule, pas une fois à côté.

Mais nous voici en présence d'une déception. On s'attend à ce que la cellule violée par le Leucospis contienne infailliblement une larve de Chalicodome. Autrement pourquoi, avec tant d'efforts, lui inoculer un œuf? Eh bien, l'instinct, si souvent infaillible, se trouve ici en défaut. Des cellules percées, un grand nombre sans doute montrent la larve de l'abeille, mais d'autres ne montrent que des résidus divers, inutiles à un mangeur de chair fraîche, «miel liquide et resté sans emploi, l'œuf ayant péri; provisions gâtées, tantôt moisies, tantôt devenues culot goudronneux; larve morte, durcie en un cylindre brun; insecte parfait desséché, à qui les forces ont manqué pour la libération; décombres poudreux, provenant de la lucarne de sortie qu'a bouchée plus tard la couche générale de crépi. Les effluves odorants qui peuvent se dégager de ces résidus ont certainement des caractères très divers. L'aigre, le faisandé, le moisi, le goudronneux, ne sauraient être confondus par un odorat un peu subtil.»

Que percevaient donc les antennes du *Leucospis* en inspectant, la surface du nid? Pas une odeur, assurément, et voici déjà une conséquence physiologique importante, car l'olfaction est une des facultés le plus généralement attribuées aux antennes de l'Insecte. C'est donc l'existence d'un simple vide que ces organes ont révélé? Mystère! Toujours est-il que, conséquence non moins grave que la précédente, l'instinct a failli, et la pondeuse a inséré un œuf là où il n'avait que faire et où l'attend une perte inévitable. Fait bien digne des réflexions de ceux qui, comme M. Fabre, professent la doctrine de l'infaillibilité de l'instinct.

Autre imperfection, à laquelle l'observateur était tout aussi loin de s'attendre. La même cellule peut recevoir à diverses reprises, à plusieurs jours d'intervalle, la sonde des Leucospis. M. Fabre a vu revenir, en des points déjà visités par un autre, et par lui marqués du signe indicateur, un, deux et même quatre insectes nouveaux, tous répétant leur longue manœuvre, tous pondant dans la même cellule. Car ils ne manquent jamais de pondre au bout de leur travail, et l'on peut trouver plusieurs œufs, jusqu'à cinq,—et peut-être n'est-ce pas l'extrême limite,—dans une même cellule.

Si la cellule atteinte contient autre chose qu'une larve d'abeille, l'œuf ou les œufs pondus le sont en pure perte. Mais qu'advient-il, si deux ou plusieurs œufs arrivent dans la même enceinte? Un fait certain, c'est qu'en aucun cas on ne trouve plus tard jamais plus d'une larve de Leucospis dans une cellule. Le problème est longtemps resté insoluble pour M. Fabre. Après bien des recherches, après quatre années d'études, la solution fut enfin trouvée.

Il fallait, chose hérissée de difficultés de toute sorte, observer la larve de Leucospis dès la sortie de l'œuf, voir ce qui se passe dans une cellule à larve parasite unique et dans une cellule à plusieurs larves.

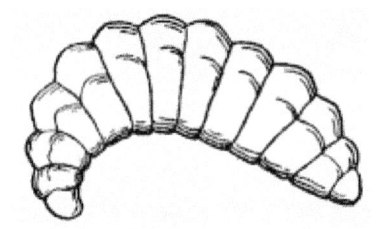

Fig. 73.—Larve secondaire de Leucospis gigas.

La larve déjà développée du Leucospis (fig. 73) est un gros ver dodu, blanchâtre, courbé en arc, avec segments fortement distendus et luisants, munie d'une tête infléchie, au bas de laquelle se voient trois gros mamelons charnus, avec deux petits traits noirâtres, que le microscope dit être deux minuscules mandibules. A l'aide de ces imperceptibles crochets, la larve troue la peau de sa victime, en aspire le contenu, sans dévorer ni mâcher, jusqu'à ce qu'il n'en reste plus qu'une pellicule entièrement vidée. La larve repue repose alors dans la coque de soie qu'a filée celle à qui elle s'est substituée.

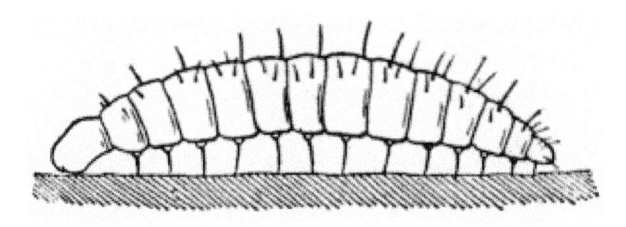

Fig. 74.—Larve primaire de Leucospis gigas.

C'est en vain qu'on s'attendrait à trouver dans les cellules de l'abeille, au temps où les œufs de Leucospis éclosent, rien qui ressemble au ver grassouillet dont nous venons de parler. L'animalcule qui sort de l'œuf est un vermisseau nettement segmenté, transparent (fig. 74), presque hyalin, qui mesure de un millimètre à un millimètre et demi de longueur, et un quart de millimètre dans sa plus grande largeur. Sa tête, bien détachée, est relativement volumineuse: on a peine à y distinguer deux rudiments d'antennes, deux petites mandibules. Son corps, faiblement arqué, repose sur deux rangées de cirrhes hyalins, qui empêchent sa peau ambrée de poser à plat; quelques autres poils plus faibles se voient sur la partie dorsale des segments. Le dernier de tous, très petit, sert d'organe très actif de progression, par l'appui qu'il prend sur les surfaces, où une humeur visqueuse fait qu'il adhère. Il marche ainsi par des impulsions successives, un peu à la manière des chenilles arpenteuses.

Ce petit être est assez agile, et d'humeur aventureuse. On le voit, sans nul souci d'abord de s'attabler sur la gigantesque victuaille qui lui est destinée, se livrer sur le corps de celle-ci à des explorations de longue durée. A un moment donné, on le perd de vue; c'est en vain que la loupe cherche à le découvrir sur le corps de sa future victime. En ce moment il rôde, inquiet, agité, sur la paroi du tube de verre où l'observateur l'a emprisonné avec la larve de Chalicodome. Mais, patience, le voici bientôt revenu sur la larve; il y prend quelques instants de repos, pour recommencer ses pérégrinations. Et cela dure ainsi assez longtemps, plusieurs jours.

Quel est le but de ces promenades, de ces investigations autour de la larve et sur les parois de la cellule? Pourquoi le vermicule ne s'attaque-t-il pas sans tarder au flanc de l'abeille? Il n'y a pas de doute; bien que l'observateur ne l'ait pas constaté *de visu*, ses longues pérégrinations, ses allées et venues ont pour objet la recherche des compétiteurs qui pourraient se trouver comme lui dans la cellule. Plusieurs œufs ont pu y être pondus, et un seul doit venir à bien; un seul doit profiter de la larve d'Abeille; la partager entre frères serait en fin de compte la famine et la mort pour tous. Aussi le premier-né se met en quête des œufs encore à éclore, et que son rôle est de détruire. On les voit bientôt flétris, desséchés; quelques-uns, éventrés, laissent couler au dehors leur contenu. M. Fabre n'a pas été témoin de l'exécution, mais l'auteur ne peut être que le premier ver éclos. «Le seul intéressé à la destruction des œufs, c'est lui; le seul qui puisse disposer de leur sort, c'est lui encore.» *Is fecit cui prodest*[16].

«Par ce brigandage, l'animalcule se trouve enfin unique maître des victuailles; il quitte alors son costume d'exterminateur, son casque de corne, son armure de piquants, et devient l'animal à peau lisse, la larve secondaire qui, paisiblement, tarit l'outre de graisse, but final de si noirs forfaits.» Ainsi se trouvent en fin de compte corrigées les imperfections de l'instinct, et l'ordre de nouveau rétabli. Mais à quel prix! Pour un individu qui vient à bien et sort, triomphant de tous les périls qui menacent son existence, combien de déshérités, les uns victimes de la faim, les autres assassinés dans l'œuf! Mais qu'importe? Ainsi s'achète, presque toujours, ce qu'on appelle l'équilibre, l'harmonie dans la nature. De combien de méfaits, d'atrocités,—le mot n'est pas de nous,—ce résultat, que nous admirons volontiers, est-il la conséquence?

Fig. 75.—Anthrax sinuata. Fig. 76.—Larve secondaire d'Anthrax.

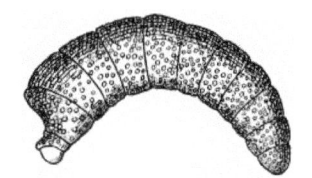

Les Anthophores nous ont déjà fait connaître les *Anthrax*. Ces charmants et délicats Diptères (fig. 75) se rencontrent fréquemment dans les nids des Gastrilégides, à l'état de larve ou de nymphe. Nous allons trouver chez eux une duplicité larvaire de même nature que celle que nous venons de voir chez les Leucospis. C'est encore à M. Fabre que nous devons la meilleure part de leur histoire.

La larve de l'Anthrax n'est pas sans ressembler beaucoup à celle du Leucospis. C'est aussi un ver nu et lisse, sans yeux, sans pattes, d'un blanc mat, gras et replet, ordinairement voûté, peu propre au mouvement. Sa tête est petite, molle comme le reste du corps, enchâssée dans une sorte de bourrelet formé par le premier segment. Pas la moindre trace d'appendices dans cette tête, pas d'organes buccaux sensibles (fig. 76).

Un fait des plus étranges, c'est l'extrême facilité avec laquelle cette larve quitte et reprend celle de l'Abeille dont elle se nourrit. Le plus léger attouchement la fait retirer; puis, la tranquillité revenue, elle applique de nouveau sa bouche sur la peau de sa victime, pour la quitter encore et la reprendre, au gré de l'expérimentateur, et sans jamais revenir au point abandonné. Et cependant la peau ne laisse voir aucune blessure, elle paraît intacte à la loupe. Cette seule expérience montre que la bouche de l'Anthrax n'est point armée de crocs propres à déchirer la proie. Et l'examen microscopique montre, en effet, que ce n'est qu'une petite tache ronde, «un petit cratère conique», au fond duquel débouche l'œsophage. C'est donc une sorte de ventouse, qui tour à tour adhère et se détache avec la plus grande facilité, à l'aide de laquelle l'Anthrax ne mange pas, mais «hume» sa nourriture. «Son attaque est un baiser, mais quel baiser perfide!»

Une douzaine ou une quinzaine de jours suffisent à l'Anthrax pour vider complètement une larve de Chalicodome, qui se trouve réduite à un corpuscule chiffonné, gros comme une tête d'épingle. M. Fabre «ramollit dans l'eau cette maigre relique», puis l'insuffle à l'aide d'un verre effilé, et voit avec surprise la peau se gonfler, se distendre et reprendre la forme de la larve vivante, sans laisser apercevoir la moindre fuite. «Elle est donc intacte, conclut-il; elle est exempte de toute perforation, qui se décèlerait à l'instant sous l'eau par une fuite gazeuse. Ainsi, sous la ventouse de l'Anthrax, l'outre huileuse s'est tarie par simple transpiration à travers sa membrane; la substance de la larve s'est transvasée dans le corps du nourrisson par une sorte d'endosmose, ou plutôt par l'effet de la pression atmosphérique, qui fait affluer et suinter les fluides nourriciers dans la bouche cratériforme de l'Anthrax.»

Comment un ver si faiblement armé peut-il venir à bout de la robuste larve de la maçonne, comment le faible a-t-il si aisément raison du fort, la cause en est bien simple. Si l'attaque se fût produite quelque temps auparavant, alors que la larve de Chalicodome n'avait pas encore filé sa coque de soie, et finissait ses dernières bouchées, nul doute que le frêle vermisseau n'eût été en grave danger d'extermination sous les énergiques mouvements de l'Abeille. Mais la pâtée absorbée, le cocon achevé, la larve, inerte et somnolente, est incapable de se mouvoir, de réagir contre les excitations extérieures. Elle ne sortira de sa torpeur qu'à l'instant de la mue, du passage à l'état de nymphe. La voilà donc livrée sans défense aux atteintes de tout ce qui est friand de sa chair. C'est le moment propice pour tous les parasites carnivores; c'est celui que toujours ils choisissent pour s'attaquer à leurs victimes. Si faible, si mal armé qu'il soit, le petit ver de l'Anthrax n'a donc rien à redouter de l'abeille.

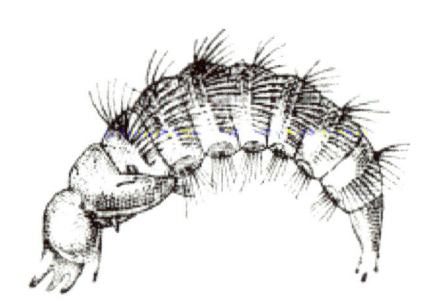

Fig. 77.—Nymphe d'Anthrax.

Son repas terminé, l'Anthrax demeure longtemps dans ce repos qui fut si fatal à sa victime. En cet état, il passe la fin de la belle saison et tout l'hiver, pour ne se transformer qu'en mai. Sa peau de larve dépouillée, apparaît une nymphe dont l'aspect formidable contraste étonnamment avec la physionomie inoffensive de la larve (fig. 77). Son corps est courbé en forme d'hameçon, ses téguments cornés, solides, se hérissent de rangées de soies, d'épines, sur les segments de l'abdomen; la tête est armée de crocs énormes, recourbés, autant de socs de charrue, à l'aide desquels, le moment venu, la paroi de ciment est percée, et, les épines abdominales servant d'arcs-boutants admirablement disposés pour remplir cet office, cette nymphe bizarre traverse tous les obstacles et arrive à la lumière. Dès qu'elle sent que sa partie antérieure est devenue libre, elle s'arrête; l'air a bientôt desséché sa peau, qui se fend le long du dos, et de cette machine à tarauder qui effrayerait, si ses proportions se rapprochaient de la nôtre, se dégage le plus frêle, le plus délicat des insectes.

Pour sortir du nid de la maçonne, l'Anthrax, avant d'entamer la dure paroi de mortier, perfore d'abord le cocon que celle-là s'était filé. C'est peu de chose pour un ouvrier si bien outillé. Dans les cellules des Osmies, où les Anthrax de diverses espèces s'introduisent fréquemment, si la coque de terre n'offre pas grande difficulté à percer, le cocon qui la précède est solide, et coriace; l'Anthrax le troue cependant sans trop de peine.

Maintenant se présente un problème dont on a longtemps attendu la solution, qu'il était encore réservé à M. Fabre de découvrir. Comment un insecte si débile, que le moindre attouchement dépouille de ses poils, qu'on n'ose saisir dans le filet qu'avec des précautions infinies, de peur de voir sa molle toison rester aux doigts, ses pattes même se détacher; comment l'Anthrax parvient-il à loger sa progéniture dans les profondes galeries de l'Anthophore, les cellules de l'Osmie, les dures maçonneries des Chalicodomes? Ses pattes sont de minces filets qu'un rien fait tomber; sa bouche est une soie, un suçoir délié, propre seulement à humer le suc des fleurs; aucun instrument pour percer la terre ou le mortier. L'insecte irait-il, comme tant d'autres, déposer furtivement son œuf dans les cellules encore ouvertes? On a peine à le croire, rien qu'à voir sa parure si caduque, ses ailes largement étalées; tout cela n'indique pas un animal fait pour se glisser le long des galeries et pénétrer dans les cellules. L'Anthrax ne va certainement pas pondre dans les nids. D'ailleurs, on a beau le suivre sur les talus, sur les murailles devant lesquelles il plane d'un vol lent et doux, où souvent il se pose et s'ensoleille, jamais on ne le voit essayer d'y pénétrer.

Disons-nous cependant, avec M. Fabre, que tous ces diptères que l'on voit explorant le talus, ne sont pas là pour de vains exercices. Armons-nous donc de patience et suivons tous leurs mouvements. «De temps à autre, on voit l'Anthrax brusquement se rapprocher de la paroi et abaisser l'abdomen comme pour toucher la terre du bout de l'oviducte. Cette manœuvre a la soudaineté d'un clin d'œil. Cela fait, l'insecte prend pied autre part et se repose. Puis il recommence son mol essor, ses longues investigations et ses chocs soudains du bout du ventre contre la nappe de terre.»

L'observateur avait beau se précipiter aussitôt, armé de la loupe, dans l'espoir de découvrir l'œuf qui avait dû être pondu, peine inutile. Malgré ses vaines tentatives, il reste néanmoins convaincu qu'un œuf est pondu à chaque choc de l'abdomen. «Aucune précaution de la part de la mère pour mettre le germe à couvert. L'œuf, cette chose si délicate, est brutalement déposé en plein soleil, entre des grains de sable, dans quelque ride de l'argile calcinée. Cette sommaire installation suffit, pourvu qu'il y ait à proximité la larve convoitée. C'est désormais au jeune vermisseau à se tirer d'affaire à ses risques et périls.»

Renonçant à ses investigations inutiles sur la surface des talus, M. Fabre se met alors à visiter le contenu des cellules. C'est par centaines qu'il les ouvre, qu'il éventre leurs cocons, à la recherche du ver nouvellement issu de l'œuf de l'Anthrax. Enfin sa persévérance est couronnée de succès.

«Le 25 juillet,—la date de l'événement mérite d'être citée,—nous dit-il, je vis, ou plutôt je crus voir, quelque chose remuer sur la larve du Chalicodome. Est-ce une illusion de mes désirs? Est-ce un bout de duvet diaphane que mon haleine vient d'agiter? Ce n'était pas une illusion, ce n'est pas un bout de duvet, mais bel et bien un vermisseau! Ah! quel moment! Et puis quelles perplexités! Cela n'a rien de commun avec la larve de l'Anthrax.... Je compte peu sur la valeur de ma trouvaille, tant son aspect me déroute. N'importe: transvasons dans un petit tube de verre la larve de Chalicodome et l'être problématique qui s'agite à sa surface. Si c'était lui? qui sait?»

C'était bien lui, en effet, car ce vermicule et plusieurs autres semblables, péniblement recueillis en une quinzaine de jours de recherches, soigneusement conservés, chacun dans un tube de verre avec une larve de Chalicodome, se transformèrent au bout de quelques jours en la larve déjà connue, et se mirent à appliquer leur ventouse sur la larve de l'abeille.

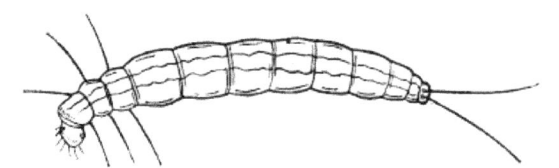

Fig. 78.—Larve primaire de l'Anthrax.

La larve primaire de l'Anthrax (fig. 78) est un vermisseau d'un millimètre environ de longueur, presque aussi délié qu'un cheveu, nous dit M. Fabre. Comme la première forme du Leucospis, il est agile et actif. Il se promène avec prestesse sur la larve de Chalicodome, à la manière d'une arpenteuse, ses deux extrémités lui servant de points d'appui. Deux longues soies à son extrémité postérieure, six soies insérées à la place des pattes facilitent sa progression. Sa tête petite, légèrement cornée, est hérissée en avant de cils courts et raides.

Pendant quinze jours environ le petit ver demeure en cet état, ne prenant aucune nourriture. Quelle est la raison de cette longue abstinence? doit-il, comme la larve primaire de l'Anthrax, conquérir son droit à l'existence sur des frères qui peuvent comme lui s'être introduits dans la cellule? Cette longue attente, cette capacité de résistance à un jeûne prolongé sont-elles une nécessité, un avantage pour un animalcule né hors de la cellule, et obligé, pour s'y introduire, de la rechercher d'abord, puis d'en traverser péniblement les parois? On ne saurait le dire. Toujours est-il qu'un long intervalle sépare l'éclosion de l'œuf de la transformation de la larve qui en sort.

Mais comment s'opère la pénétration dans le nid? Autre problème dont la solution est à trouver. M. Fabre présume que le frêle vermicule, grâce précisément à sa ténuité, peut, non sans longueur de temps et sans pénibles efforts, profiter de quelque partie plus faible du couvert du nid, et s'insinuer jusqu'aux cellules. Il pense que cette pénétration explique le long retard de la première mue et le rend nécessaire. Elle peut même ne s'accomplir qu'au bout de mois entiers, car l'évolution des Anthrax présente parfois de singuliers retards. Les uns ont déjà absorbé toute la substance du Chalicodome avant la fin de l'été, alors que d'autres se voient, beaucoup plus tard, suçant une nymphe, ou même un insecte parfait. Ces derniers, chétifs, mal nourris, extraient avec peine les sucs d'un animal se prêtant peu à leur mode d'alimentation. Combien de temps ces retardataires durent-ils errer sur le nid avant de réussir à s'y introduire?

Une quinzaine suffit à l'Anthrax pour transvaser en lui, à travers sa ventouse orale, le contenu de la larve de Chalicodome ou d'Osmie. Après un délai très variable suivant la saison, il devient la nymphe puissamment outillée que l'on sait.

L'Anthrax, comme le Leucospis, comme les Méloïdes, tout éloignés qu'ils sont dans les cadres zoologiques, présentent dans leur évolution une remarquable analogie, l'existence d'une larve primaire. Bien différentes sont les nécessités d'adaptation qui ont commandé l'intercalation de cette forme supplémentaire. Mais elles sont identiques, sous le double point de vue de l'activité et du temps qu'elles réclament.

LES ABEILLES PARASITES.

«En août et septembre, engageons-nous dans quelque ravin à pentes nues et violemment ensoleillées. S'il se présente un talus cuit par les chaleurs de l'été, un recoin tranquille à température d'étuve, faisons halte; il y a là riche moisson à cueillir. Ce petit Sénégal est la patrie d'une foule d'hyménoptères, les uns mettant en silos, pour provision de bouche de la famille, ici des charançons, des criquets, des araignées; là des mouches de toutes sortes, des abeilles, des mantes, des chenilles; les autres amassant du miel, qui dans des outres en baudruche, des pots en terre glaise; qui dans des sacs en cotonnade, des urnes en rondelles de feuilles.

«A la gent laborieuse, qui pacifiquement maçonne, ourdit, tisse, mastique, récolte, chasse et met en magasin, se mêle la gent parasite qui rôde, affairée, d'un domicile à l'autre, fait le guet aux portes et surveille l'occasion favorable d'établir sa famille aux dépens d'autrui.

«Navrante lutte, en vérité, que celle qui régit le monde de l'insecte et quelque peu aussi le nôtre! A peine un travailleur a-t-il, s'exténuant, amassé pour les siens, que les improductifs accourent lui disputer son bien. Pour un qui amasse, ils sont parfois cinq, six et davantage acharnés à sa ruine. Il n'est pas rare que le dénouement soit pire que larcin, et ne devienne atroce. La famille du travailleur, objet de tant de soins, pour laquelle logis a été construit et provisions amassées, succombe, dévorée par des intrus, lorsqu'est acquis le tendre embonpoint du jeune âge. Recluse dans une cellule fermée de partout, défendue par sa coque de soie, la larve, ses vivres consommés, est saisie d'une profonde somnolence, pendant laquelle s'opère le remaniement organique nécessaire à la future transformation. Pour cette éclosion nouvelle, qui d'un ver doit faire une abeille, pour cette refonte générale dont la délicatesse exige repos absolu, toutes les précautions de sécurité ont été prises.

«Ces précautions seront déjouées. Dans la forteresse inaccessible, l'ennemi saura pénétrer, chacun ayant sa tactique de guerre machinée avec un art effrayant. Voici qu'à côté de la larve engourdie un œuf est introduit au moyen d'une sonde; ou bien, si pareil instrument fait défaut, un vermisseau de rien, un atome vivant, rampe, glisse, s'insinue, et parvient jusqu'à la dormeuse, qui ne se réveillera plus, devenue succulent lardon pour son féroce visiteur. De la loge et du cocon de sa victime l'intrus fera sa loge à lui, son cocon à lui; et l'an prochain, au lieu du maître de céans, il sortira de dessous terre le bandit usurpateur de l'habitation et consommateur de l'habitant[17].»

Nous le savons déjà par de nombreux exemples, nos Abeilles sont bien souvent victimes de ces brigandages, et payent un large tribut à l'équilibre des espèces, à la dure loi du parasitisme.

Coléoptères, Mouches, Papillons, Guêpes fouisseuses, Chalcidiens, Ichneumons, etc., affamés de toute figure et de tout costume, petits et grands, armés d'engins ou de ruses, l'un s'en prend à l'œuf de l'Abeille, celui-ci à la larve, cet autre à l'adulte, celui-là aux provisions. Dans ce ramassis de malfaiteurs de toute provenance, il se trouve, il faut l'avouer, des membres de la famille: certains sont des Abeilles, de véritables Abeilles. Point mangeurs de chair, cela est vrai, et seulement de miel, mais ils n'en valent guère mieux, car, pour s'approprier le repas d'autrui, il faut d'abord prendre des précautions contre lui: on le tue; on a ainsi toute tranquillité, pour se régaler aux frais du mort.

Il existe donc, parmi les Hyménoptères dont les larves vivent de pollen et de miel, deux catégories bien distinctes. Les uns, et c'est le plus grand nombre, récoltent dans les fleurs les aliments destinés à leur progéniture: ce sont les *Récoltants* ou *Nidifiants*. Les autres, au contraire, n'édifient rien, ne récoltent point; mais, profitant des travaux des précédents, pondent dans les cellules qu'ils ont construites et approvisionnées, et leurs jeunes se nourrissent de provisions qui n'étaient point amassées pour eux: ce sont les *Parasites*.

Le lecteur connaît déjà, dans le Psithyre, une Abeille parasite. Il en est beaucoup d'autres, et leur variété est grande. Beaucoup de naturalistes cependant, attribuant une valeur dominante à la considération des mœurs, ont cru devoir constituer une famille unique de toutes les Apiaires parasites, et réunir sous une même appellation des types fort différents les uns des autres, n'ayant d'autre trait commun que la similitude de leur vie parasitique.

Ces animaux ne forment point, dans la série des Apiaires, un type autonome, une création spéciale et indépendante, et sans rapports aucun avec les récoltants. Ils se rattachent au contraire à ceux-ci et de très près. Nous l'avons vu pour les Psithyres, qui sont de véritables Bourdons transformés, des Bourdons privés d'organes de récolte.

Ce point de contact n'est point le seul entre les deux séries d'Abeilles. Il en existe au moins deux autres, tous deux au niveau de la famille des Gastrilégides, mais en des points différents. De même que nous avons mis les Psithyres à la suite des Abeilles sociales, dont ils relèvent par l'ensemble de leur organisation, de même nous rangeons les Parasites qui vont nous occuper, immédiatement après les Gastrilégides auxquels ils ressortissent.

C'est au genre *Anthidium* d'une part, au genre *Megachile* de l'autre que ces Parasites sont reliés par une affinité manifeste. De la sorte l'ensemble des Parasites, les Psithyres compris, ne présentent pas moins de trois types distincts, et l'on n'a pas à insister sur le défaut grave d'une classification qui réunissait sous une même rubrique des formes aussi dissemblables.

LES STÉLIDES.

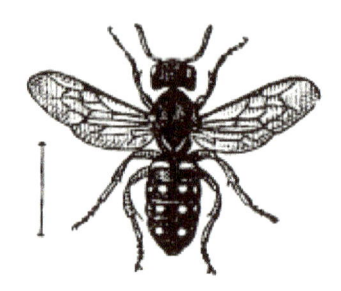

Fig. 79.—Stelis nasuta.

Ces parasites ne comprennent qu'un genre unique, peu riche en espèces, le genre *Stelis*. Ce ne sont, au point de vue zoologique, que de véritables *Anthidium*, moins la brosse ventrale, si bien que telle de leurs espèces est longtemps restée mêlée à celles du genre nidifiant, tant sa conformation, son aspect, ses dessins blanchâtres sur fond noir, reproduisent avec fidélité le type anthidien. C'est le *Stelis nasuta* (fig. 79), parasite des Abeilles maçonnes, qui pour Latreille fut d'abord l'*Anthidium nasutum*, malgré l'absence de brosse. L'*Anthidium parvulum* du même auteur et de Lepeletier séjourna plus longtemps encore dans le genre nidifiant, avant de devenir le *Stelis signata* de Morawitz. Plus encore que la première, cette charmante petite Stélide, avec ses bariolages jaunes, singeait l'Anthidie. Elle est parasite de l'*Anthidium strigatum*. Tout récemment, une grande espèce de *Stelis*, encore plus anthidienne, le *St. Frey-Gessneri*, a été décrite par M. Friese. Ici, la ressemblance est vraiment prodigieuse, et l'on n'obtiendrait pas mieux, véritablement, en rasant au scalpel la palette ventrale du premier *Anthidium* venu.

Les autres espèces de Stélis sont, il est vrai, plus différentes des *Anthidium*. Mais un corps plus fluet, souvent très petit, l'absence de tout dessin de couleur claire, l'apparence, en un mot, voilà le plus clair des différences. Pour ce qui est de la nervation alaire, de la structure de la bouche, tout ce qui fait, en un mot, les caractères génériques, tout est semblable, tout est d'un Anthidie, à part la brosse absente. Il serait de toute impossibilité, si l'on négligeait cet organe important, de tracer une ligne de démarcation entre le genre *Anthidium* et le genre *Stelis*.

De telles analogies sont bien étonnantes et absolument inexplicables en dehors de l'hypothèse transformiste. Elles sont toutes naturelles selon cette doctrine. De même que les Psithyres sont des Bourdons modifiés, les Stélis sont des *Anthidium* déviés, ayant perdu leur brosse ventrale par suite du défaut d'usage. Rejeter l'explication et se contenter d'enregistrer les faits est assurément peu philosophique. Or, l'hypothèse antidarwinienne ne peut ici faire autre chose. Pourquoi les Stélis, pourquoi les Psithyres ont-ils absolument l'organisation de leurs hôtes, à cette seule différence près, que le parasite est dénué d'instruments de travail? Ne pourraient-ils donc être parasites au même titre, tout en ne ressemblant en rien au travailleur qui les héberge? A ces questions, le partisan de l'immutabilité des espèces demeure forcément bouche close. Or, entre la théorie qui explique et celle qui n'explique pas, il n'y a point à hésiter. Il n'en saurait être ici autrement que dans les autres sciences. Quelle raison a fait substituer, en physique, la théorie des ondulations lumineuses à la théorie newtonienne de l'émission, quelle raison, si ce n'est que celle-là fournissait l'explication de faits inexplicables dans la seconde? «Mais je n'ai point à expliquer, je constate», dira tel finaliste qui, par ailleurs, hélas! ne laisse pas de se départir étrangement de cette prudence qu'il préconise, et de se donner libre carrière au grand avantage des idées qu'il professe. Et si nous ne faisions qu'enregistrer, cataloguer, sans jamais théoriser, existerait-il donc une science?

Les Stélis sont, d'une manière générale, parasites des Gastrilégides. Leurs hôtes de prédilection sont les Osmies; mais nous avons déjà vu que quelques-unes vivent aux dépens des *Anthidium*, et l'une des plus belles espèces du genre, le *St. nasuta*, vit chez le *Chalicodoma muraria*. Ce dernier fait est depuis longtemps connu. Chaque cellule de l'Abeille maçonne envahie par le parasite peut contenir de deux à six ou sept cocons de Stélis: cinq est le nombre le plus fréquent. Quand il n'y en a qu'un petit nombre, ils sont beaucoup plus gros. La larve passe l'hiver et ne se transforme en nymphe que dans les derniers jours de mai ou les premiers jours de juin. La taille des différents individus est naturellement très variable, suivant le nombre des convives qui se sont partagé le repas de l'Abeille maçonne. Toutes les autres Stélis de nos pays vivent isolément dans une cellule de leur hôte.

En dehors du parasitisme de ces insectes, on ne sait rien de leurs habitudes.

LES NOMADINES.

Le second groupe des Parasites peut se subdiviser en deux tribus, les *Cœlioxydes* et les *Nomadines* proprement dites.

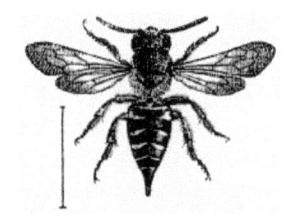

Fig. 80.—Cœlioxys rufescens. 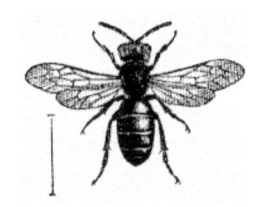   Fig. 81.—Dioxys cincta.

Les Cœlioxydes comprennent deux genres, *Cœlioxys* et *Dioxys*. Le premier, assez riche en espèces, se fait remarquer par la forme conique de l'abdomen des femelles (fig. 80). Le corps, ordinairement noir, est orné de taches et de bandes formées de poils courts ou d'écailles blanchâtres, d'un effet souvent agréable. A part la forme extérieure, les Cœlioxys ont tous les caractères des Mégachiles, non compris la palette ventrale, bien entendu, soit dans les organes importants, soit dans certains détails minimes de leur structure, jusqu'aux dessins de la villosité, qui n'est qu'un emprunt fait à certaines espèces de Mégachiles, jusqu'à telle imperceptible fossette, ou telle insignifiante particularité tégumentaire, témoignage irrécusable d'une étroite affinité.

Les *Dioxys* (fig. 81), fort semblables aux *Cœlioxys*, s'en écartent par leurs formes moins insolites, l'oblitération de la maculature, la couleur rougeâtre de certaines parties du corps, le développement parfois très notable de la villosité sur le dos.

Viennent ensuite les NOMADINES vraies.

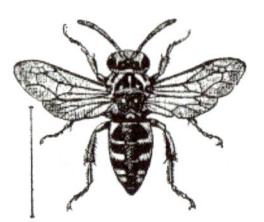

Fig 82.—Crocisa ramosa.   Fig. 83.—Mélecte.

Et d'abord les *Crocises* (fig. 82) et les *Mélectes* (fig. 83), aux formes lourdes et massives, mais élégamment vêtues de deuil, ornements d'un blanc de neige sur fond noir; les premières, faciles à reconnaître à leur dos voûté, à leur villosité courte et rare, aux taches multiples et gracieusement disposées de leur corselet, que prolonge en arrière un grand écusson en plaque trapéziforme; les secondes, plus robustes, à corselet abondamment couvert de longs poils et armé de deux épines.

Nous nous éloignons des *Cœlioxys*. Le thème de l'ornementation est bien le même, mais augmenté chez les Crocises, plus confus et comme noyé dans l'épaisse toison dorsale, chez les Mélectes. Pour ce qui est des caractères génériques, nous trouvons, avec des souvenirs encore sensibles de l'organisation mégachilienne, des différences marquées dans les pièces buccales et dans la nervation alaire (trois cellules cubitales au lieu de deux).

Cette même tendance s'accuse encore plus dans les autres genres de Nomadines.

Celui des *Épéoles* (fig. 84), de tous le plus gracieux, nous montre, avec le type d'ornementation des Crocises, un peu modifié, un tégument rarement d'un noir uniforme, plus souvent varié de rougeâtre en proportions diverses, tandis que le blanc éclatant des taches tire souvent au fauve.

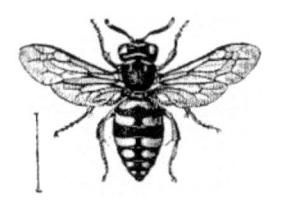

Fig. 84.—Épéole.    Fig. 85.—Nomade.

Les *Ammobates*, les *Philérèmes* s'éloignent encore davantage du type originel: la maculature s'efface, la villosité disparaît, le corps devient de plus en plus glabre; il l'est tout à fait, ou peu s'en faut, chez les jolies *Nomades* (fig. 85) où, comme par compensation, un autre genre de parure remplace celui de la villosité: le tégument dénudé se colore de jaune vif, de rougeâtre, teintes qui, mélangées au noir fondamental en proportions diverses, produit les combinaisons les plus variées, si bien qu'il faut être averti, pour savoir qu'on a sous les yeux des abeilles, car on dirait de véritables guêpes.

Nous sommes loin, bien loin maintenant des Cœlioxys, et plus encore des Mégachiles. Leur souvenir s'efface presque totalement, et, sans les intermédiaires, sans les degrés que nous avons suivis un à un, jamais l'idée n'eût pu venir que la charmante Nomade, au corps mince et fluet, bariolé de jaune et de rouge, parfois tout jaune ou bien tout rouge, puisse avoir quelque parenté, même lointaine, avec les robustes Abeilles à grande lèvre.

Nous ne mentionnerons même point une foule de genres, soit européens, soit exotiques, la plupart pauvres en espèces, que comprend encore le groupe des Nomadines. Nous y trouverions, diversifié à l'infini, le type de ces Abeilles, et leur étude particulière ne nous apprendrait rien de neuf.

Cette instabilité de caractères que nous offrent les Nomadines est en rapport avec l'adaptation de leurs espèces à une multitude de conditions différentes. Les genres les plus divers, parmi les collecteurs de pollen, sont leurs hôtes.

Outre les Mégachiles, qui sont leurs victimes habituelles, les Cœlioxys supplantent aussi parfois les Anthophores; tel le *C. rufescens*, qui se rencontre fréquemment dans les cellules de l'*Anth. parietina* et de quelques autres Anthophores.

Les Mélectes, les plus grosses des Nomadines, sont affectées aux Anthophores. On est peu ou point renseigné sur le compte des Crocises.

Les Dioxys sont les parasites attitrés des Chalicodomes.

Les Épéoles se développent chez les Collétès (V. ce genre).

Enfin les Nomades vivent surtout aux dépens des Andrènes. Aussi ne faut-il pas s'étonner si leurs espèces sont nombreuses et varient à l'infini, pour la taille, pour les formes et pour la coloration. Contre 200 Andrènes environ, que l'on compte en Europe, il existe près de 100 Nomades. Il est vrai que quelques-unes sont à défalquer, comme parasites des *Eucera*, des *Panurgus*, des *Halictus*.

On sait peu comment les différentes Abeilles Parasites, dont nous venons d'énumérer les genres, se comportent dans les nids des espèces récoltantes, comment elles s'y prennent pour pondre dans les cellules et substituer leur œuf à celui de l'Abeille travailleuse. Tout ce qu'on en peut dire, pour l'avoir constaté, c'est que fréquemment elles s'introduisent dans ces nids. D'un vol lent et tout à fait silencieux, on les voit explorer les talus, et, en général, les endroits qui conviennent aux hôtes que chacune d'elles recherche, entrer dans les trous qui vont à leur taille, en sortir presque aussitôt, si le local ne fait point leur affaire, passer à un autre et procéder de même jusqu'à ce qu'elles trouvent le logis de l'abeille familière à leur espèce, où elles séjournent plus longtemps. On suppose, mais on n'a pas vu que, si elles arrivent au bon moment, alors qu'une cellule est approvisionnée et non close, elles y pondent un œuf. Mais que de choses à connaître, que d'inconnues à trouver! L'œuf de l'Abeille nidifiante est-il déjà pondu au moment où l'Abeille parasite dépose le sien? Cette dernière commence-t-elle par détruire l'œuf de la première? ou bien, comme le Coucou, la larve étrangère supprime-t-elle d'une façon ou d'une autre l'enfant de la maison? Bien habile sera l'observateur qui résoudra tous ces problèmes.

A l'hypothèse qui vient d'être indiquée et qu'en général on accepte, F. Smith en préfère une autre. Il imagine que l'Abeille parasite, après avoir pondu son œuf sur la provision qu'elle a trouvée toute faite, clôt elle-même la cellule, et que l'Abeille nidifiante, à son retour, trouvant sa besogne faite, se met à la confection d'une nouvelle cellule. De la sorte, il n'y aurait point substitution de l'enfant de l'étrangère à celui de la maîtresse du logis; le crime deviendrait simple délit, vol au lieu d'assassinat. Il en résulterait un double travail imposé à la travailleuse et ce serait tout. Le parasitisme, au sens classique du mot, deviendrait un simple commensalisme. Malheureusement les preuves font défaut à une hypothèse qui relèverait singulièrement les Parasites,—c'était là peut-être, au fond, ce que voulait Smith, homme excellent autant qu'ami passionné des Abeilles. Mais on ne peut trouver bien significatif, comme preuve de travail, le fait que les Nomadines ont quelquefois les pattes postérieures salies de terre. On n'ajoute rien, en disant que leur tête aussi en est parfois souillée, car toute abeille peut se trouver dans ce cas, alors que de longues pluies ont détrempé le sol, et que l'argile adhère aisément sur le corps de ces insectes, dans leurs allées et venues le long des galeries.

On a dit depuis longtemps, et l'on voit répéter encore dans maint livre sérieux, qu'afin de mieux assurer l'existence des parasites et faciliter leurs déprédations, la nature s'est plu à les déguiser sous la livrée des hôtes dont ils ont pour mission de restreindre le trop grand développement. Et l'on aime à citer l'exemple des Psithyres, dont chaque espèce porterait les couleurs du Bourdon aux frais duquel elle vit. On va même parfois jusqu'à étendre la règle à tous les parasites, à la poser comme une loi du parasitisme. Un tel principe, trop facilement accepté, n'a pu venir que d'observations superficielles, sinon d'idées purement théoriques. Sans doute, d'une manière générale, les Psithyres ont le vêtement des Bourdons, ce qui ne peut surprendre, quand on sait que ce sont des Bourdons modifiés. On en peut dire autant de quelques *Stelis*, qui ont l'ornementation des *Anthidium*. Sortir de ces vagues données, c'est tomber dans l'erreur. Car, si le *Psithyrus vestalis*, par exemple, ressemble *assez* au *Bombus terrestris*, son hôtel habituel, le *Ps. campestris*, varié de noir et de jaunâtre, ne ressemble nullement au *B. agrorum*, entièrement fauve, qui l'héberge, pas plus que le *Ps. Barbutellus* (jaune et blanc jaunâtre sur fond noir) ne mime le *B. pratorum* (annelé de jaune vif et de roux). Le *Stelis signata* est aussi bariolé de jaune que l'*Anthidium strigatum*; mais qu'a de commun le *Stelis nasuta*, à pattes rougeâtres, à abdomen piqueté de blanc, avec le *Chalicodoma muraria*, sept ou huit fois plus volumineux, et tout noir ou noir et roux, suivant le sexe? Et que dire du *Dioxys cincta*, noir, à abdomen cerclé de rouge, qui vit chez les *Chalicodoma pyrenaica* et *rufescens*, tout fauves l'un et l'autre? des *Mélectes* en demi-deuil, logées chez les Anthophores, ou grises ou fauves? Bien plus différents encore sont les *Epeolus* tricolores, des *Colletes* cerclés de gris ou de fauve. Enfin est-il rien qui ressemble moins aux sombres Andrènes que les gentilles Nomades à la parure de guêpe?

Non, si quelque artifice vient en aide aux Abeilles parasites pour les aider à tromper leurs victimes, ce n'est pas le déguisement, à coup sûr. C'est d'ailleurs si peu de chose que la vue, pour ces habiles travailleurs, dont la plus ingénieuse industrie s'exerce à l'abri de la lumière, dans les profondeurs du sol; qui savent si bien, sans le secours de ce sens, trouver ce qui leur est bon, éviter ce qui leur est nuisible. Et dans les espèces très variables, comme les Bourdons, ce n'est point la couleur, assurément, qui avertit deux frères, l'un jaunâtre, l'autre tout noir, qu'ils sont de même famille.

Mais, a-t-on dit, en dehors du moment où l'un est supplanté par l'autre ou dévoré par lui, hôte et parasite vivent dans les meilleurs termes. «L'incurie de l'envahi, nous dit M. Fabre, n'a d'égale que l'audace de l'envahisseur. N'ai-je pas vu l'Anthophore, à l'entrée de sa demeure, se ranger un peu de côté et faire place libre pour laisser pénétrer la Mélecte, qui va, dans les cellules garnies de miel, substituer sa famille à celle de la malheureuse! On eût dit deux amies qui se rencontrent sur le seuil de la porte, l'une entrant, l'autre sortant.» (*Souvenirs entomologiques*, 3ᵉ série.)

Il n'en va pas toujours ainsi, paraît-il; nous lisons dans Shuckard les lignes suivantes: «L'Anthophore manifeste une grande répugnance vis-à-vis de la Mélecte, et quand elle la surprend dans ses tentatives d'invasion, elle se jette sur l'intrus et lui livre des combats furieux. J'ai vu les deux combattants rouler dans la poussière; mais la Mélecte échappa aisément, grâce au fardeau que l'Abeille portait à sa demeure» (*British Bees*, p. 240.) Lepeletier dit absolument la même chose pour les mêmes Abeilles. Rappelons encore, à ce sujet, ce que Hoffer raconte des rapports, passablement tendus, entre Bourdons et Psithyres. L'envahi ne demeure pas toujours impassible et inerte devant l'envahisseur, et celui-ci n'a pas toujours toute liberté pour perpétrer ses méfaits.

Cependant M. Fabre a été témoin de la scène qu'il décrit; et d'autres observateurs en ont vu de semblables. A voir le Nidifiant reculer, s'effacer devant le Parasite, se retirer promptement de la galerie où il l'a rencontré, et le laisser partir en paix, il semble que, saisi de crainte ou d'horreur, il n'ait souci que d'éviter son contact. Il ne peut cependant céder à la crainte, car il est mieux armé que l'intrus, et jamais celui-ci ne l'attaque. On peut se demander si, en pareille occurrence, le Nidifiant ne serait pas mis en fuite par quelque odeur désagréable pour lui, répandue par le Parasite, odeur qui pourrait, à certains moments, ne pas s'exhaler ou se trouver épuisée. Il serait possible de concilier ainsi des observations paraissant contradictoires, d'expliquer à la fois et les unes et les autres. Ce qu'il y a d'incontestable, c'est que divers parasites répandent de très fortes odeurs. Tout hyménoptériste pratique sait que les Nomades, par exemple, exhalent une odeur assez âcre, rappelant celle du Céleri; les Cœlioxys, quand on les capture, répandent une odeur fétide, ayant quelque analogie avec celle des champignons desséchés. Il y aurait lieu du reste de poursuivre les observations sur ce sujet, car, si l'on considère l'importance qu'ont les odeurs dans la biologie des insectes, et particulièrement des Abeilles, il est très naturel de penser qu'elles peuvent avoir, dans les rapports entre Nidifiants et Parasites, le rôle qui vient d'être indiqué.

ANDRÉNIDES

ACUTILINGUES

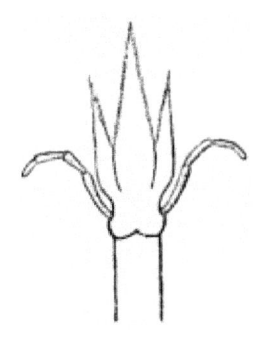

Fig. 86.—Langue d'abeille courte et aiguë.

Les Andrénides à langue aiguë (fig. 86) comprennent une vingtaine de genres, en tenant compte des Abeilles exotiques, dont le genre de vie est à peu près ignoré. Nous nous bornerons au petit nombre de genres européens dont la biologie est le mieux connue.

LES ANDRÈNES

De tous les genres d'Apiaires, celui des *Andrena* est le plus important par le nombre des espèces qu'il renferme, près de deux cents pour l'Europe seule.

Bien différentes de la plupart des Abeilles précédentes, dont les formes sont robustes et trapues, les Andrènes ont un corps élancé, un abdomen déprimé (fig. 87 et 88). De plus, leurs allures sont placides; leur vol, doux et silencieux, ne possède ni la puissance, ni le chant, qui sont l'apanage des Abeilles normales. Ces attributs, qui affirment si haut la supériorité de ces dernières, nous ne les trouverons plus dans aucune des Abeilles que nous aurons à étudier.

Parmi les caractères génériques des Andrènes, nous ne retiendrons que les plus essentiels: trois cellules cubitales; une langue lancéolée de longueur moyenne; chez les femelles, un appareil collecteur développé, sur lequel nous reviendrons; au côté interne des yeux, un sillon large et peu profond, revêtu d'un très court et très fin duvet, velouté, chatoyant sous certaines incidences de la lumière, et que l'on appelle le *sillon orbitaire*, la *strie frontale*; au bord du cinquième segment abdominal, une frange épaisse et fournie de longs poils couchés, la *frange anale*.

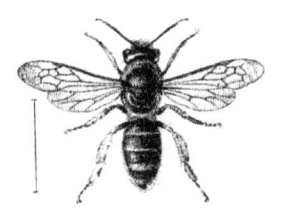

Fig. 87.—Andrena Trimmerana, femelle.

L'appareil collecteur mérite de fixer l'attention. Outre une brosse tibiale et tarsienne, peu différente de ce que nous avons vu chez les Anthophorides, de longs poils recourbés garnissent le dessous des fémurs et des hanches, ainsi que les côtés et l'arrière du métathorax. Ces poils, développés surtout aux hanches, constituent la *houppe coxale* (fig. 95 *a*).

Fig. 88.—Andrena Trimmerana, mâle.

Quant aux mâles, ils se font en général remarquer par la gracilité de leurs formes, la grosseur parfois exagérée de leur tête. Ces disproportions rappellent assez ces caricatures d'un goût douteux, où l'on voit une tête énorme sur un corps mince et fluet. Aussi comprend-on Shuckard, traitant d'*extravagante* cette conformation, dont le mâle de l'*A. ferox* (fig. 89), fournit un des exemples les plus curieux. A ces têtes extraordinaires correspondent encore des mandibules étroites et de longueur démesurée. Souvent, enfin, une face jaune ou blanchâtre distingue le mâle de sa femelle. Rarement il présente comme elle un sillon intra-orbitaire, et toujours rudimentaire quand il existe. Jamais il ne possède de frange anale.

Fig. 89.—Andrena ferox, mâle.

Dans un genre aussi riche en espèces, les variations sont naturellement considérables. Il n'en est pas de plus polymorphe. Pour la taille, quelques Andrènes atteignent près de 20 millimètres; les plus petites ne dépassent pas le quart de cette longueur. En fait de villosité, certaines n'ont rien à envier aux Bourdons, et il en est de presque glabres. Tantôt les poils sont à peu près uniformément répandus sur le corps; tantôt ils ne couvrent que le thorax, et laissent l'abdomen à peu près nu; enfin ils forment ou non des franges au bord des segments. Longue ou courte, dressée ou inclinée, terne ou bien soyeuse, ou encore veloutée, quelquefois écailleuse, la villosité est de couleur ordinairement fauve, en des tons divers; mais elle peut aussi être blanche ou noire, parfois argentée ou dorée. Le tégument, diversement sculpté, est noir d'ordinaire, mais il passe souvent au jaunâtre ou au rougeâtre; parfois il resplendit de teintes métalliques, vert-bleuâtres ou bronzées.

Très diversifiées entre elles, les femelles se distinguent spécifiquement avec une suffisante facilité. Il n'en est pas ainsi des mâles. Autant ils diffèrent de leurs femelles, autant ils se ressemblent entre eux. Leur uniformité, dans certains types, est parfois désespérante, et la différenciation spécifique, entre des mâles dont les femelles ne peuvent être confondues, présente souvent les plus grandes difficultés.

Les Andrènes sont, en grande majorité, des Abeilles printanières. Une multitude d'espèces font leur apparition dès les premiers jours du printemps, dans le courant de mars, pour les contrées du nord; dans la seconde quinzaine de février, pour le sud-ouest de la France; plus tôt encore dans le midi méditerranéen. La plus précoce de toutes est l'*A. Clarkella*, que l'on voit déjà voler, aux environs de Paris, en Angleterre, avant même que la neige ait entièrement disparu.

Dès les premiers beaux jours, dès qu'éclatent les premiers chatons des saules, un essaim bourdonnant enveloppe ces arbustes d'un doux et gai bruissement. Dans le nombre, domine toujours l'active mouche à miel, l'Abeille domestique. Mais çà et là on reconnaît une Andrène à sa preste allure, à sa forme élancée. Un mois durant, l'amateur d'hyménoptères peut promener son filet sur les branches jaunissantes et parfumées, il amènera mainte Andrène, qu'il ne trouverait guère ailleurs. Mais les chatons se flétrissent et tombent un à un, les butineuses diminuent, bientôt il n'y en a plus. Les haies d'épine blanche, de cognassier ont fleuri à leur tour, et les Andrènes y émigrent. Voici avril, les arbres fruitiers se couvrent de fleur blanches ou roses; elles attirent les Andrènes, qui semblent devenir rares, répandues qu'elles sont sur de plus grands espaces. Après les arbres fruitiers, elles se dispersent. Confinées d'abord, faute de choix possible, à quelques branches fleuries, elles se disséminent plus tard, selon leurs goûts, et se confinent chacune à la plante préférée. Quand le saule était seul, toutes vivaient du saule; il est telle espèce dont le mâle ne connaît que le saule; la femelle, plus tard venue, ne connaît que l'aubépine, le prunellier ou l'euphorbe.

Beaucoup d'Andrènes répandent, quand on les saisit, une agréable odeur de miel, mêlée du parfum des fleurs. Quelques-unes seulement dégagent une odeur désagréable, fétide, particulièrement celles qui visitent de préférence les Crucifères.

On peut toujours sans crainte prendre à la main même les plus grosses espèces; leur aiguillon, beaucoup trop faible, ne parvient point à percer la peau.

Avril, mai et juin sont les mois les plus riches en Andrènes. Un certain nombre d'espèces sont estivales; très peu sont exclusivement automnales. La plupart n'ont qu'une génération dans l'année, quelques-unes en fournissent deux, peut-être même davantage.

Les Andrènes sont bien loin de compter parmi les Abeilles les plus industrieuses. Leur économie ne présente rien de particulièrement intéressant et qui les distingue de celles que nous aurons à étudier après elles. On sait, et c'est là tout, qu'elles creusent, dans un sol plan ou incliné, une galerie quelquefois longue d'un pied, vers le fond de laquelle s'ouvrent latéralement des conduits assez courts, dans lesquels sont édifiées les cellules dont l'ensemble présente à peu près la forme d'une grappe. Ces petits réceptacles, intérieurement polis, sont remplis du mélange ordinaire de pollen et de miel, au-dessus duquel un œuf est déposé, puis la cellule est fermée d'un tampon de terre.

L'Andrène exécute ses travaux avec une grande activité, bien nécessaire surtout aux espèces printanières, fréquemment exposées à voir leurs opérations entravées par les intempéries. Son appareil de récolte, exceptionnellement développé, lui permet de faire en peu de temps grande besogne, et de tirer parti des moindres répits que laissent les mauvaises journées. Elle charrie en effet d'énormes charges de pollen, et peu de voyages lui suffisent pour remplir une cellule.

On connaît peu le temps que met la larve pour terminer son repas et subir ses transformations. Elle ne se file point de coque. La nymphe est enveloppée d'une fine pellicule, dont la nature et l'origine sont ignorées, et qui entoure de très près ses membres délicats.

Les Andrènes sont exposées aux attaques de divers parasites. Les Nomades vont pondre dans les nids approvisionnés, qu'elles visitent sans exciter la colère, ni même éveiller la défiance de leurs hôtes. On dresserait une liste assez longue des espèces de Nomades et des Andrènes auxquelles leur existence est attachée. Certaines Nomades paraissent vouées à une seule et même espèce d'Andrènes; d'autres, moins exclusives, peuvent vivre aux dépens de plusieurs.

Une délicate mouche, le *Bombylius*, un proche parent de l'*Anthrax*, que le lecteur connaît, parvient à s'introduire dans les terriers des Andrènes, et se repaît de leurs larves.

De nombreuses espèces de Coléoptères vésicants, s'il en faut juger par les triongulins de formes variées que l'on trouve sur le corps d'une foule d'Andrènes, se faufilent encore chez ces Abeilles. Leur histoire, que personne encore n'a pu étudier, nous réserve sans doute bien des surprises.

Mais les plus intéressants des parasites des Andrènes sont sans contredit les *Stylops*. Ce sont des insectes bizarres, dont la place dans les cadres zoologiques est assez mal assurée, et pour lesquels on a fait l'ordre, peut-être provisoire, des *Strepsiptères*.

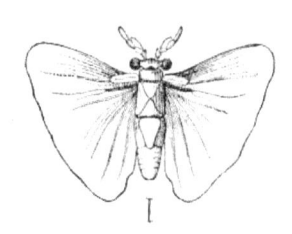

Fig. 90.—Stylops mâle.

Fig. 91.—Stylops femelle.

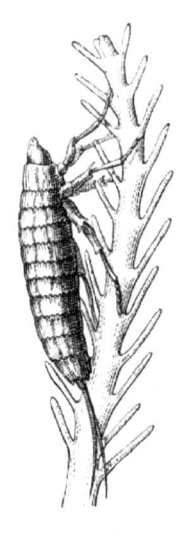

Fig. 92.—Larve de Stylops, grimpant sur un poil d'abeille.

Les mâles de Stylops (fig. 90) sont pourvus de grandes ailes plissées en éventail; leur tête est ornée ou plutôt chargée d'antennes extraordinaires, et munie de gros yeux saillants, sphéroïdaux, remarquables par le petit nombre et la grosseur de leurs facettes. Les femelles, aptères, ne quittent jamais le corps de l'Andrène (fig. 91) où elles se sont développées, et conservent l'aspect larviforme, comme les femelles des Lampyres, moins bien partagées encore que ces dernières, car elles sont inertes et apodes. De leurs œufs, qui ne sont point pondus, éclosent des animalcules qui sortent du corps de leur mère pour s'aller répandre sur celui de l'Andrène (fig. 92). Extrêmement agiles et admirablement conformés pour se cramponner aux poils de l'Hyménoptère, comme les triongulins, mais bien différents de ces derniers, ils se font transporter, on ne sait trop comment, dans les nids nouvellement construits, et parviennent jusqu'aux larves. Moins dangereux que le Méloïde, le jeune Strepsiptère ne cause point la mort de l'Andrène. Il pénètre seulement dans le corps de la larve, et, après une mue qui le dépouille de ses longues pattes et de tous ses appendices, il devient un ver mou, qui se nourrit des sucs et du tissu adipeux de sa victime, subit avec elle ses métamorphoses, et se voit, quand l'Andrène vient au jour, à l'état de nymphe dans l'abdomen de celle-ci, sa tête seule faisant saillie entre deux segments (fig. 93), le reste de son corps caché dans la cavité abdominale. A cet état, le parasite ressemble assez à une sorte de flacon à goulot (fig. 91). De ces nymphes, les unes se vident, et il n'en reste que le fourreau béant: ce sont celles des mâles. Les femelles demeurent en place et ne quittent jamais, nous l'avons dit, le corps de leur hôte.

Telle est, en peu de mots, l'histoire des Stylops, ou du moins ce que l'on sait de leur histoire.

Mais ces êtres bizarres ne sont pas curieux seulement par leur propre évolution. L'influence que leur présence exerce sur l'Andrène qui les porte mérite, encore plus qu'eux-mêmes, de fixer notre attention. Nous ferons donc connaître les principaux effets de la *stylopisation*.

On est souvent embarrassé pour déterminer l'espèce à laquelle appartient une Andrène stylopifère. Il n'est pas de collection un peu nombreuse de Mellifères de ce genre, qui n'en contienne quelques individus restés sans détermination, que l'on est même disposé à considérer comme représentant des espèces nouvelles. Il y a plus: on connaît depuis longtemps ce fait bien surprenant, que tous les exemplaires connus de certaines espèces d'Andrènes sont invariablement porteurs d'un ou plusieurs Stylops.

Ces singularités, longtemps regardées comme inexplicables, s'expliquent aisément aujourd'hui, ou plutôt n'existent point, à vrai dire. Toutes les espèces d'Andrènes paraissent sujettes aux attaques des Stylops; aucune n'en est nécessairement et toujours victime. Mais tels sont les changements que le parasitisme apporte dans la conformation et l'aspect extérieurs des individus envahis, que les caractères spécifiques en sont profondément altérés. L'espèce, dès lors, peut être méconnue, et c'est ainsi que l'on a pu décrire comme des espèces particulières les individus stylopisés, altérés, d'espèces anciennement connues, souvent même très vulgaires.

En quoi donc consistent ces modifications que la présence du Stylops imprime aux organes de l'Andrène?

L'Andrène stylopisée (fig. 93) se distingue, en général, d'un individu sain de son espèce (fig. 87) par un aspect tout particulier. L'abdomen est sensiblement raccourci et renflé, plus ou moins globuleux. Les téguments en sont plus minces, par suite moins consistants, au point de se plisser souvent après la mort. La tête de l'Andrène stylopisée est ordinairement plus petite que celle de l'Andrène normale. La villosité de l'abdomen devient plus abondante, surtout aux derniers segments, et sa coloration s'altère profondément. Les poils, allongés d'une façon étrange, deviennent soyeux, veloutés; leur teinte s'éclaircit, du noir ou du brun tire au fauve ou au fauve doré.

Fig. 93.—Andrena Trimmerana femelle, stylopisée.

Il n'est point étonnant que de tels changements aient pu tromper maint observateur, et fait prendre pour des espèces légitimes de pures variétés pathologiques d'espèces connues.

Si importantes que soient ces modifications, il en est de plus frappantes encore. Tout autant que les précédentes, elles altèrent le type spécifique; mais elles sont en outre particulièrement remarquables en ce qu'elles atteignent les attributs extérieurs de la sexualité.

Fig. 94.—Têtes d'Andrènes: a, femelle normale; b, mâle normal; c, femelle stylopisée.

Ainsi la stylopisation a pour effet d'amoindrir ou d'annihiler, chez le mâle, l'étendue de la couleur jaune de la face, assez ordinaire à ce sexe, et de la faire apparaître, au contraire, chez la femelle, qui en est dépourvue (fig. 94 *c*). L'appareil collecteur de pollen s'amoindrit, le tibia devient grêle, les poils y diminuent en développement et en nombre; enfin la brosse tibiale disparaît, et les houppes coxale et métathoracique perdent de leur longueur, de leur courbure, et accusent la même tendance. Inversement, le mâle stylopisé montre, rarement toutefois, un certain développement de la brosse, tout au moins un épaississement marqué du tibia. Enfin le sillon orbitaire, la frange anale tendent à s'effacer dans la femelle, à se manifester plus ou moins chez le mâle.

Il est à remarquer que ces changements ne sont point de simples atténuations des attributs propres au sexe de l'individu qui les subit, ce sont des inversions. L'Andrène stylopisée n'est pas seulement une femelle ou un mâle amoindris: c'est une femelle qui emprunte les attributs du mâle; c'est un mâle qui revêt les caractères de la femelle.

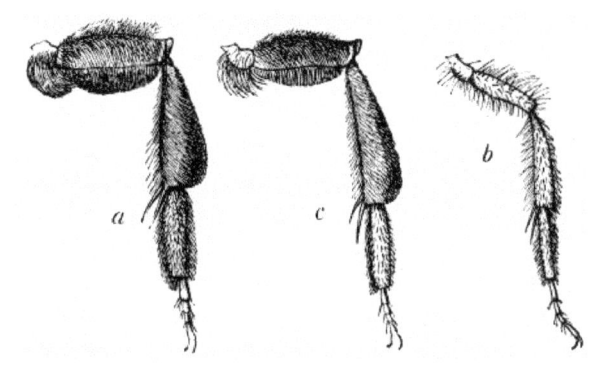

Fig. 95.—Pattes d'Andrènes: a, femelle normale; b, mâle normal; c, femelle stylopisée.

La nature des anomalies qui viennent d'être énumérées devait faire naître le soupçon qu'elles sont la conséquence d'anomalies intérieures plus graves, portant sur les organes de la reproduction. Et c'est en effet ce qui a lieu. Le Stylops logé dans l'abdomen d'une Andrène ne se nourrit point directement de ces organes, il ne les dévore point, comme on eût pu le croire. Mais, outre l'atrophie dont il est cause, par un simple effet de compression, il absorbe, il détourne à son profit les sucs nourriciers dont ces organes avaient besoin pour atteindre à leur parfait développement, et amener leurs produits à maturité. Les ovaires d'une femelle d'Andrène stylopisée sont arrêtés dans leur développement et ne contiennent jamais d'œuf mûr. C'est tout au plus si ses œufs les plus gros ont le volume des plus avancés qui se voient dans une Andrène à l'état de nymphe.

L'Andrène stylopisée est donc forcément une Andrène stérile. Aussi ne la voit-on pas creuser de galeries, ni butiner sur les fleurs, autrement que pour y puiser sa propre nourriture. Incapable de procréer, elle n'a aucun des instincts de la maternité. Elle ne sait ni fouir le sol, ni fabriquer des cellules, ni les approvisionner. Les brosses d'une Andrène stylopisée sont toujours nettes, jamais chargées de pollen[18].

Ce ne saurait donc être la femelle porteuse d'un Stylops, qui introduit les parasites dans les nouvelles cellules, ainsi que Newport le croyait. Ce sont évidemment des femelles saines, qui importent les larves primaires de Stylops dans leurs nids. Comment ces petits êtres sont-ils parvenus sur ces femelles? C'est là un secret qu'ils gardent encore, et qu'il serait intéressant de leur ravir.

LES HALICTES.

Les Halictes (fig. 96 et 97) ont quelque chose de l'aspect extérieur des Andrènes. Il n'est cependant pas besoin d'un examen soutenu pour les en distinguer. Le 5e segment, toujours dépourvu de la frange propre aux Andrènes femelles, présente, dans ce même sexe, chez les Halictes, une conformation tout à fait caractéristique. C'est une incision longitudinale et médiane, qui marque le bord postérieur de ce segment (fig. 96, a). La tête, souvent renflée en arrière, est toujours plus ou moins rétrécie et proéminente dans sa partie inférieure, et manque absolument de sillon orbitaire. Comparé à celui des Andrènes, l'appareil collecteur est notablement réduit: les fémurs sont garnis de longs poils, mais la houppe coxale est absente, ainsi que la frange métathoracique. La nervation alaire, la structure des organes buccaux sont à peu près les mêmes.

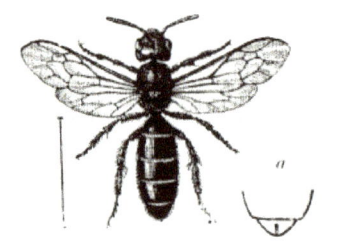

Fig. 96.—Halictus sexcinctus, femelle. a, fente préanale.   Fig. 97.—Halictus sexcinctus, mâle.

Les mâles de *Halictus* (fig. 97) ont une physionomie propre qui ne permet de les confondre avec ceux d'aucun autre genre d'Abeilles, du moins dans nos contrées. Leurs formes sont élancées, parfois très grêles; leurs antennes filiformes assez longues; la tête singulièrement rétrécie dans sa portion inférieure; l'abdomen, souvent plus long que la tête et le thorax réunis, est fréquemment, très étroit et cylindrique.

Ce genre est moins riche en espèces que celui des Andrènes. Il n'en offre pas moins des variations tout aussi grandes dans ses divers représentants, et elles sont de même nature. Les couleurs métalliques y sont plus fréquentes, et d'une remarquable richesse dans certaines espèces exotiques; bon nombre des nôtres sont bronzées. Les couleurs jaunâtre ou rougeâtre se montrent aussi quelquefois sur le tégument. La villosité, jamais extraordinairement développée, peut, en certains cas rares, masquer entièrement le tégument, mais sans jamais voiler les formes: quelques espèces sont en effet vêtues de poils courts, appliqués et très serrés, formant comme une couche uniforme de moisissure (*H. mucoreus*, *vestitus*, etc.) Les segments portent souvent des bandes, marginales ou basilaires, continues ou interrompues.

Le nom de *Halictus* vient du mot grec *halizô*, qui signifie rassembler. Latreille, en le créant, faisait allusion à l'habitude qu'ont ces abeilles de se réunir souvent en grand nombre en un même lieu, pour y établir leurs nids. Elles travaillent en terrain horizontal ou incliné; le sol battu, les chemins fréquentés paraissent être préférés par la plupart de leurs espèces. Walckenaer, il y a plus de soixante-dix ans, a donné sur leurs travaux et leurs habitudes des détails intéressants.

On reconnaît d'ordinaire la présence de terriers de Halictes à de petits monticules hauts de 2 à 3 centimètres, larges d'autant, qui les surmontent, et au sommet desquels se voit un trou qui donne accès dans une galerie. Durant le jour, on peut voir les femelles, d'un vol assez lent, entrer dans leurs galeries et en sortir. Elles arrivent chargées de pollen, et repartent débarrassées de leur fardeau et exactement brossées. A certaines heures de la journée, quand le soleil est vers le milieu de sa course et que ses rayons sont les plus chauds, les abeilles font leur sieste au fond du terrier. Mais, sentinelles vigilantes, on les voit, au moindre piétinement du sol, venir montrer leur face ronde à la porte, et disparaître précipitamment, si elles jugent la curiosité dangereuse.

Si l'on visite le village dans la matinée, avant que le soleil ait donné sur les petites taupinières, on les trouve recouvertes de terre nouvellement apportée, encore humide. Si l'on est assez matinal, on pourra même assister au travail, et voir de temps à autre une mineuse, avec une grande activité, refouler à reculons, de ses pattes postérieures, la terre qu'elle vient de détacher du fond.

C'est donc pendant la nuit que le forage s'exécute, et la laborieuse petite bête réserve ainsi les heures où le soleil est sur l'horizon pour faire sa cueillette dans les champs et approvisionner les cellules. De la sorte, pas de temps perdu. Le matin seulement, un court repos, pour se refaire des fatigues de la nuit, avant d'aller aux champs.

Il faut les observer surtout dans les chaudes soirées d'été, pour être témoin de toute l'activité qu'elles déploient. «Vous les verrez alors, dit Walckenaer, s'agiter avec vivacité au-dessus de leurs habitations futures, et vous apparaître en si grand nombre, qu'à la clarté douteuse de la lune, elles semblent un nuage flottant sur la surface du sol. Examinez-les avec attention, et, si la lumière des nuits vous manque, voici le moyen d'y suppléer. Vous entourez deux ou trois bougies d'un papier peu transparent; vous avez soin de les placer, avant l'entière chute du jour, sur le lieu de vos observations; vos abeilles, accoutumées à cette lumière, n'en continueront pas moins leurs travaux lorsque la nuit sera venue. Vous les trouverez alors tellement empressées à l'ouvrage, que vous pouvez les observer de très près sans les troubler. Que dis-je? vous passez au milieu de ce groupe, qui couvre en planant le milieu d'une grande allée; il se sépare un instant pour éviter vos pieds destructeurs, mais les abeilles qui le composent, plus promptes à se rallier que les soldats d'une phalange macédonienne, dès que vous êtes sorti de l'espace qu'elles remplissent, reprennent chacune leur poste, et travaillent avec un nouvel empressement. Vous pouvez passer et repasser plusieurs fois au milieu d'elles, sans parvenir à les décourager et à les effrayer.

«Le travail de nos abeilles se prolonge très avant dans la nuit; on les voit encore toutes occupées à une heure du matin; mais, vers les cinq ou six heures, on n'en voit plus qu'un petit nombre, et la plus grande partie est alors renfermée dans les trous. Ce n'est guère que vers les huit ou neuf heures, quand la chaleur commence à se faire sentir, qu'elles se dispersent sur les fleurs.»

Que se passe-t-il au fond de ces trous, et quelle est la structure de ces galeries? Pour s'en rendre compte, l'auteur que nous venons de citer enleva du sol exploité par ses abeilles, à l'aide de tranchées, de gros blocs de terre. Il n'y avait ensuite qu'à entamer méthodiquement ce bloc avec un instrument tranchant, soit par le bas, soit par les flancs, pour mettre au jour, dans tous leurs détails, les habitations des Halictes.

Elles consistent d'abord en un conduit principal, vertical ou un peu oblique, qui, à la profondeur de cinq pouces environ, pour l'espèce observée par Walckenaer (*H. vulpinus*), émet sept ou huit conduits secondaires, peu écartés les uns des autres, et dont le fond se trouve à peu près à huit pouces de distance de la surface du sol.

La galerie principale, très étroite à l'entrée, et juste suffisante pour livrer passage à l'abeille chargée de pollen, s'élargit bientôt et acquiert un diamètre 4 ou 5 fois plus considérable que celui de l'entrée. Elle est intérieurement polie avec un très grand soin, et revêtue d'un enduit blanchâtre. L'orifice supérieur, la porte d'entrée, continuée, ainsi qu'on l'a vu, au-dessus de la surface du sol, à travers le monticule de terre provenant des déblais, est fréquemment obturée par les pieds des passants, mais toujours dégagée et rétablie avec une persévérance que rien ne lasse.

Chaque cellule est approvisionnée d'une boule de pâtée pollinique, sur laquelle un œuf est pondu, puis la cellule est bouchée avec un tampon de terre. Quatre ou cinq semaines après, la larve sortie de cet œuf a achevé ses provisions, et se transforme en nymphe sans se filer de coque. Quelques jours plus tard, le jeune Halicte a subi sa dernière transformation, percé sa coque, traversé la galerie, et il prend son essor dans les airs.

Le *H. quadristrigatus*, une autre espèce observée par Walckenaer, et la plus grande du genre dans nos contrées, présente quelques différences dans son architecture. La galerie d'accès, fort large d'entrée, est oblique et doublement sinueuse. Les cellules sont toutes agglomérées dans une cavité sphéroïdale d'environ trois pouces de diamètre, reliées les unes aux autres, et rattachées à la paroi de la cavité par des traverses irrégulières, dont l'ensemble forme un lacis inextricable. Ces cellules, comme toujours, s'ouvrent isolément dans la galerie principale.

L'économie intérieure des Halictes est donc en somme à peu près celle des Andrènes. Mais leur biologie est bien différente, et a donné lieu à plus d'une interprétation.

On pensait, jusqu'en ces derniers temps, que les Halictes n'ont qu'une seule génération dans l'année, une génération née en été, dont les mâles meurent avant l'hiver, et dont les femelles, fécondées en automne, passent la mauvaise saison enfouies dans le sol, pour reparaître au printemps, creuser leurs galeries, approvisionner leurs cellules, et pondre la génération nouvelle destinée à éclore en été.

D'après une publication récente de M. Fabre, les Halictes auraient deux générations par an; la première, estivale, se montrant en juillet, et provenant de la ponte effectuée en mai par les femelles ayant hiverné; la seconde, automnale, dérivant des femelles nées en juillet. La première génération, d'après M. Fabre, serait exclusivement composée de femelles, et par suite la seconde, qui comprend les deux sexes, ne résulterait de la première que par voie de parthénogénèse. Ce savant n'a vu aucun mâle parmi les femelles de juillet, chez deux espèces qu'il a eu toute facilité d'observer, jour par jour, dit-il, les *Halictus scabiosæ* et *cylindricus*. Pour être plus exact, sur 250 Halictes de la seconde espèce, exhumés de leurs galeries, les uns déjà transformés, les autres à l'état de nymphe ou de larve, il se trouva, les éclosions terminées, 249 femelles et un mâle unique, un seul. «Et encore était-il si petit, si faible, dit l'auteur, qu'il périt sans parvenir à dépouiller en entier les langes de nymphe. Une population féminine de 249 Halictes suppose d'autres mâles que ce débile avorton. Ce mâle unique est certainement accidentel.... Je l'élimine donc comme accident sans valeur, et je conclus que, chez l'Halicte cylindrique, la génération de juillet ne se compose que de femelles[19].»

Malgré toutes les apparences, cette conclusion est absolument fausse. En effet, sur les 50 à 60 espèces de Halictes vivant dans nos contrées, les deux tiers au moins m'ont fourni des mâles, pris en juillet, à l'époque où, suivant M. Fabre, il n'existerait que des femelles; et de ce nombre sont précisément les deux Halictes observés par lui. Dans plusieurs espèces même, quelques mâles se rencontrent déjà sur la fin de juin. Si l'apparition des mâles est si précoce, il n'y a évidemment point à admettre, chez les Halictes, une génération virginale, hypothèse reposant uniquement sur le fait inexact de l'absence de mâles en juillet.

Comment expliquer cependant l'erreur de M. Fabre? Peut-être est-il venu trop tard, quand il a procédé à l'exhumation des cellules. Pratiquée quelques jours plus tôt, elle eût infailliblement donné de tout autres résultats, et l'unique avorton jugé exceptionnel et non avenu se fût trouvé accompagné de frères nombreux. Il est d'ailleurs un fait qui constitue un témoignage irrécusable, c'est que l'autopsie de ces femelles prétendues parthénogénésiques atteste leur fécondation.

Il nous faut donc revenir, au sujet de la multiplication de ces Abeilles, aux anciennes notions, quelque peu modifiées cependant. Une génération automnale donne des femelles qui, fécondées, passent l'hiver comme le font les Bourdons, pour n'exécuter leurs travaux et ne pondre leurs œufs qu'au printemps. La génération qui en résulte, et se montre en juin et juillet, fournit une deuxième génération, celle d'automne. L'une et l'autre sont composées de mâles et de femelles.

M. Fabre aura contribué à établir que la génération estivale,—à tort regardée par lui comme exclusivement femelle,—en fournit dans l'année même une seconde, alors que l'on admettait que cette génération estivale était celle dont les femelles hivernent. Ceci s'écarte des idées généralement reçues concernant les Halictes. Mais c'est le seul moyen de rendre compte, et des observations de M. Fabre et des faits suivants. Ce n'est point seulement au printemps que l'on voit les femelles de Halictes butiner sur les fleurs et amasser du pollen, partant approvisionner des cellules. Dès le mois de juillet, on en voit, jusqu'en septembre, et pour certaines espèces, jusqu'en octobre. Cette continuité de trois et quatre mois dans les travaux de ces Mellifères, une seule génération n'y saurait suffire.

Il faut donc que, dès juillet, plusieurs générations se succèdent, jusqu'à la dernière d'automne. Ces générations doivent même chevaucher les unes sur les autres, sans intervalle qui les sépare, les premiers nés de celle qui suit devançant les derniers de celle qui précède, et cela, tant que le beau temps permet le développement des jeunes. Quand viennent les premiers froids d'octobre, les travaux s'arrêtent, et les jeunes femelles déjà fécondées sont forcées d'attendre le printemps pour commencer leurs travaux.

Quant aux mâles, il résulte de ce qu'on vient de lire qu'il n'en existe point au printemps. Les premiers qui apparaissent, fils de mères ayant hiverné, ne commencent à se montrer qu'en juin. Rares à cette époque, déjà nombreux en juillet, ils deviennent extrêmement abondants en automne, dans certaines espèces. Ils passent leur temps à butiner négligemment sur les fleurs, mais, plus assidûment, à inspecter, d'un vol oscillant et un peu brusque, qui les fait aisément reconnaître, les plantes fleuries visitées par leurs femelles, surtout les talus ensoleillés, où ils guettent leur première sortie.

Sur le déclin du jour, longtemps avant que le soleil soit près de l'horizon, vers les quatre ou cinq heures, ils cessent leurs poursuites et songent à la retraite. Ils se réfugient alors dans une vieille galerie, dans un trou quelconque du talus; mais, comme s'il leur en coûtait de dire un dernier adieu au soleil, ils sortent et rentrent plus d'une fois avant de se décider à rester; un peu plus tard enfin, on les trouve, nombreux parfois dans le même réduit, tous de la même espèce, dormant fraternellement côte à côte, oublieux de leur rivalité du jour. D'autres fois, comme s'ils s'étaient donné le mot, ils se perchent dans l'inflorescence d'une plante aimée, alors qu'on n'en voit pas un seul sur la plante d'à côté, pourtant de même espèce, et ils passent ainsi la nuit, exposés au refroidissement, à la rosée, à la pluie.

Le réveil des femelles, à la fin de la mauvaise saison, ne se fait point simultanément pour toutes les espèces. Certains Halictes, et parmi eux les plus communs, sont tout aussi précoces que les premières Andrènes, et se rencontrent avec elles sur les chatons des saules. L'apparition des autres s'échelonne le long des mois de mars et d'avril. Un des plus tardifs à se montrer est le *H. quadristrigatus*, dont nous avons déjà parlé.

Il serait difficile de dire quelles sont les plantes préférées des Halictes, tant est considérable le nombre de celles qu'ils visitent. On peut cependant remarquer que les Chicoracées et les Carduacées en attirent un grand nombre. Mais ils ne dédaignent point les Labiées, les Verbénacées, les Ombellifères.

Ils répandent souvent une odeur suave, comme les Andrènes. Leur vol est tout aussi calme et doux que le leur. Mais il ne faut les saisir à la main qu'avec précaution; leur aiguillon, plus robuste que celui de ces Abeilles, occasionne des piqûres fort douloureuses, au moment où elles sont produites, mais dont l'effet n'est point durable.

Les Halictes sont victimes de nombreux parasites.

Comme les Andrènes, on les voit, mais plus rarement, porteurs de Strepsiptères, appartenant au genre *Halictophagus*, mais dont l'évolution n'a point été étudiée. Plus souvent on trouve, au milieu des poils de leur thorax, des triongulins particuliers, qu'on ne connaît pas davantage.

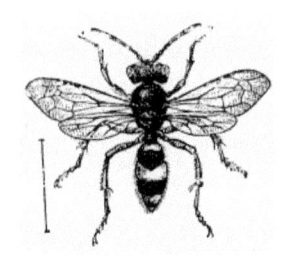

Fig. 98.—Cerceris ornata.

On sait mieux qu'ils deviennent fréquemment la proie d'un fouisseur du genre *Cerceris* (fig. 98), le *C. ornata*, dont les faits et gestes étaient déjà connus de Walckenaer, et que bien des naturalistes ont observé depuis. Le Cercéris est un habile chasseur de Halictes, et il en fait une énorme consommation, pour l'approvisionnement de ses nids. Peu exclusif, le ravisseur s'accommode des proies les plus variées, grandes ou petites, mâles ou femelles, pourvu que ce soient des Halictes. C'est tantôt sur les fleurs où les abeilles butinent, tantôt sur les talus où sont leurs nids, que le Cercéris se livre à la chasse du gibier que réclament ses larves. Planant tranquillement au-dessus d'une colonie populeuse, ou explorant d'un vol circulaire les sommités fleuries que visitent les Halictes, malheur à celui qu'il voit posé sur le sol ou dans une fleur! Il fond sur lui comme un trait, le saisit entre ses pattes robustes et l'emporte, pour aller se poser à quelque distance, sur une feuille ou bien à terre. Là, tenant la pauvre abeille le cou serré entre les énormes tenailles de ses mandibules, il lui glisse son abdomen sous la tête, et, lentement, à plusieurs reprises, il darde son aiguillon entre la tête et le thorax de sa victime; puis, longuement encore, il répète la même opération à la jointure du thorax et de l'abdomen. Le Halicte, désormais paralysé et inerte, mais non tué, est porté dans la galerie déjà creusée, au fond d'une cellule déjà prête, destiné, avec deux ou trois autres ayant subi le même sort, à devenir la pâture d'une larve, enfant de son bourreau. A voir la multitude de Cercéris ornés qui hantent en été et en automne les *Eryngium*, les *Daucus*, les Menthes, on plaint les malheureux Halictes, car on comprend l'effroyable consommation à laquelle il leur faut suffire, et dont ils font tous les frais.

Et pourtant ce n'est pas assez de ces terribles ennemis. Ils en ont d'autres, moins féroces sans doute, moins cruels, mais tout aussi destructeurs peut-être, ce sont, les Sphécodes, qui nous occuperont bientôt.

Moins riche en espèces, au moins d'un bon tiers, que le genre *Andrena*, le genre *Halictus* a une bien plus grande extension, car il est répandu, non seulement dans l'ancien et le nouveau monde, mais aussi en Australie, dans la Nouvelle-Zélande, où il n'existe point d'Andrènes. Les Halictes sont donc véritablement cosmopolites.

En Amérique, où les représentants de ce genre sont probablement aussi nombreux qu'en Europe, il semble s'être en outre subdivisé en plusieurs autres: ce sont les *Augochlora*, les *Megalopta*, les *Agapostemon*, tous exclusivement propres au nouveau monde, ne différant des *Halictus* que par des caractères insignifiants, et tous remarquables par les splendides couleurs métalliques dont ils sont parés.

LES SPHÉCODES.

Ce nom signifie *semblable à une guêpe*. Il n'y faut point attacher d'importance, car il serait bien difficile de dire à quelle sorte de Guêpes peuvent bien ressembler des insectes noirs, avec l'abdomen rouge au moins en partie. Vraies abeilles, il n'en faut pas douter (fig. 99 et 100). Ce sont même de très proches parents des Halictes. Ils en ont la physionomie générale, si bien que lorsqu'on a affaire à un Halicte à abdomen rougeâtre, comme il en existe quelques-uns, il n'y a pas qu'un débutant qui puisse être embarrassé pour savoir si c'est vraiment un Halicte, ou bien si ce ne serait pas plutôt un Sphécode. L'hyménoptériste exercé lui-même aura besoin de recourir à la loupe, pour constater si le cinquième segment présente ou non l'incision caractéristique des Halictes, et dont il n'y a pas trace chez les Sphécodes. Pas de trace est trop dire, car ce que la loupe ne montre pas, le microscope le révèle: il existe chez les Sphécodes un rudiment bien près d'être effacé, mais cependant bien réel, de l'incision pré-anale, perdu sous les poils qui frangent le cinquième segment. Autre caractère distinctif,—celui-ci très important, et nous y reviendrons,—les pattes postérieures sont, chez les Sphécodes, absolument dépourvues de poils collecteurs. Tout le reste est des Halictes, tout, jusqu'à des détails insignifiants de la nervation alaire, de la structure de la bouche. C'est à peine s'il faut signaler une sculpture ordinairement fort grossière du thorax, qui est ordinairement presque tout à fait glabre. Les mâles ne sont pas moins halictiformes que les femelles; leurs antennes linéaires, allongées, sont, par les proportions relatives et la forme de leurs articles, de vraies antennes de Halictes: leur corps est un peu moins élancé, leur chaperon point taché de jaune, c'est là tout ce qui les distingue.

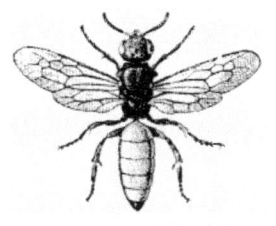

Fig. 99.—Sphecodes gibbus, femelle.   Fig. 100.— Sphecodes gibbus, mâle.

Enfin, dans la plupart des espèces, comme chez les Halictes, les femelles, fécondées en automne, passent l'hiver profondément terrées dans les talus, où, le printemps suivant, on les voit voler et fureter dans les trous.

On a rarement méconnu les affinités des Sphécodes; mais leur genre de vie a fait l'objet de bien des discussions. Encore aujourd'hui, les apidologues sont loin d'être d'accord à leur endroit. Comme pour les Prosopis, à côté desquels on les a souvent rangés,—bien mal à propos, il faut le dire—on est à savoir si les Sphécodes sont nidifiants ou parasites.

Lepeletier de Saint-Fargeau, se fondant sur l'absence d'organe pollinigère, voyait en eux des parasites. C'était aussi le cas des Prosopis, dont le non-parasitisme a été démontré depuis. Mais pour les *Sphécodes*, la preuve n'a jamais été faite; personne encore n'a vu et décrit leurs nids, n'a recueilli leurs cellules, n'a été témoin de leur éclosion. On possède, il est vrai, les observations de F. Smith, de Sichel; mais elles sont loin d'être concluantes. Ainsi l'auteur anglais aurait constaté seulement, dans un même talus habité par des Halictes et des Sphécodes, que ceux-ci n'entraient jamais dans les galeries des premiers. Quant à Sichel, tout comme Lepeletier, qu'il veut réfuter, il est manifeste qu'il est *a priori* convaincu, mais en sens inverse. De ce que le non-parasitisme des Prosopis et des Cératines est démontré, malgré l'absence d'appareil collecteur, il induit le non-parasitisme des Sphécodes. Il va même jusqu'à leur attribuer la faculté de recueillir le pollen avec la tête. Les Sphécodes, comme les Prosopis, comme toute espèce d'insecte à face plus ou moins velue, peuvent, en se vautrant dans les fleurs, se charger de pollen, non seulement par la tête, mais par n'importe quelle partie du corps, et les mâles, qui ne récoltent pas, aussi bien que les femelles. Cela n'a nulle signification comme preuve de récolte.

On a le droit, semble-t-il, d'être plus exigeant que les auteurs que nous venons de citer, et d'attendre, pour avoir la certitude que les Sphécodes approvisionnent eux-mêmes leurs cellules, que leur nidification ait été observée.

On ne peut cependant s'empêcher de remarquer, que les allures de ces animaux ne parlent guère en faveur d'habitudes laborieuses. Durant toute la belle saison, on peut voir les Sphécodes planer sur les talus et les chemins battus, s'introduire dans quelque galerie de Halicte, en ressortir bientôt pour se mettre à la recherche d'une autre, à la manière d'une Nomade. Tout autres sont les façons d'une abeille nidifiante. Elle n'a que faire de visiter plusieurs galeries; elle n'en fréquente qu'une, toujours la même, la sienne propre, où elle entre sans hésiter, chargée de pollen, d'où elle sort prestement, allégée de son fardeau, pour revenir, au bout de quelque temps, avec une provision nouvelle. Une fiévreuse activité,—on dirait même la notion de la valeur du temps et le souci de n'en point perdre—distingue toujours l'abeille laborieuse de l'abeille parasite, lente et cauteleuse dans ses mouvements. Ces différences d'allures ont, comme indice des mœurs réelles, une importance qui ne saurait échapper au naturaliste quelque peu familiarisé avec les habitudes des Hyménoptères.

Les Sphécodes paraissent donc unis aux Halictes par des rapports absolument semblables à ceux qui lient les Psithyres aux Bourdons. Les

Sphécodes sont véritablement les Psithyres des Halictes. Attachés biologiquement à eux, ils les accompagnent dans tout leur domaine géographique: on a trouvé des Sphécodes jusqu'en Australie.

―――――

LES DASYPODES.

Les Abeilles du genre *Dasypoda* (pieds velus) sont remarquables, entre toutes celles de nos contrées, par l'extraordinaire développement de leur brosse tibio-tarsienne.

Fig. 101.—Dasypode femelle.

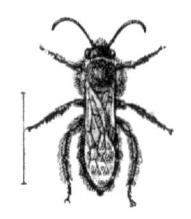

Fig. 102.—Dasypode mâle.

Outre ce caractère, qui constitue le trait le plus frappant de leur physionomie, elles se distinguent par leur abdomen fortement déprimé, obtus au bout, presque nu, garni seulement sur le bord des segments de larges franges souvent interrompues, sauf au moins la dernière, qui toujours est entière et très fournie. Le mâle, dont le corps est plus velu, a l'abdomen atténué en arrière, orné de franges continues à tous les segments. Les antennes, plus longues chez le mâle, sont toujours arquées dans les deux sexes. Leur vestiture est généralement fauve; quelques-unes sont presque entièrement habillées de noir. Leurs espèces, peu nombreuses,—une douzaine pour toute l'Europe,—sont estivales ou automnales. Les Composées, particulièrement les Chicoracées, sont leurs plantes de prédilection; une espèce (*plumipes*) visite exclusivement les Scabieuses.

La plus commune d'entre elles, «la *Dasypoda hirtipes*, faisait déjà au siècle dernier, avant même d'être baptisée, l'étonnement de Conrad Sprengel, par les énormes charges de pollen qu'elle charrie. On comprendra donc que, continuateur reconnaissant de Sprengel, je me sois laissé aller aussi mainte fois à considérer cette jolie Abeille[20].» Ainsi s'exprime Hermann Müller, le continuateur distingué, non seulement de Sprengel, mais aussi de Darwin, dans l'étude des rapports des Fleurs et des Insectes. Nous lui devons, sur la *Dasypode à pieds velus* (fig. 101 et 102), un fort intéressant mémoire, auquel nous emprunterons les faits contenus dans ce chapitre.

La Dasypode creuse des terriers dans les sols argilo-sableux. Quand un terrain paraît lui convenir,—et elle ne dédaigne pas les endroits battus par les pieds des passants,—on la voit l'entamer de ses mandibules et de ses pattes antérieures, puis abandonner le travail commencé, pour le renouveler à deux ou trois reprises, avant de se décider définitivement à le poursuivre. Quand le trou est assez approfondi pour que son corps puisse s'y cacher entièrement, on voit que les longs poils jaunes de ses pattes postérieures ne lui servent pas uniquement pour le transport du pollen. Elle les emploie aussi pour refouler la terre qu'elle a détachée du fond de sa galerie jusqu'à l'orifice, et pour la rejeter au loin.

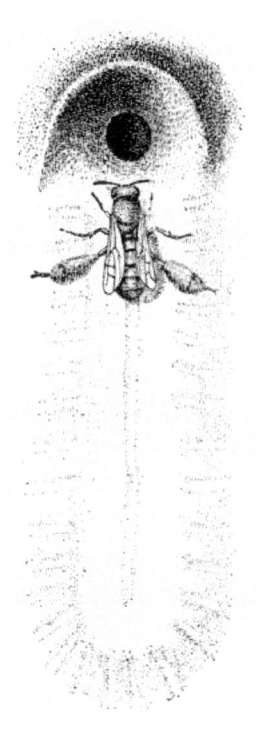

Fig. 103.—Dasypode travaillant à sa galerie.

Dans cette opération, la Dasypode remonte à reculons dans son trou, les jambes postérieures ployées sous le corps, et appliquées contre l'abdomen, dont la face inférieure, avec les poils des pattes, refoulent le sable vers l'entrée. L'abeille, toujours marchant à reculons, sort du trou, et l'on constate qu'elle ne se meut ainsi qu'avec ses pattes intermédiaires. Elle les tient fort écartées de part et d'autre, et les fait mouvoir alternativement à intervalles égaux. En même temps, les pattes antérieures balayent le sable refoulé, en le lançant par-dessous le corps entre les pattes intermédiaires, et cela d'un mouvement si rapide, qu'on a peine à reconnaître qu'elles exécutent leur va-et-vient environ quatre fois en une seconde. Quant aux pattes postérieures, suivant un autre rythme, beaucoup plus lent, elles sont alternativement ramenées en arrière, de manière à s'allonger droit sous le ventre, puis écartées (figure 103), toujours également tendues, jusqu'à faire un angle droit avec l'axe du corps;

dans ce dernier temps, elles rejettent à droite et à gauche, avec les longs poils de leurs brosses, le sable que les jambes antérieures ont balayé en arrière, la seconde précédente. Ce double mouvement des pattes postérieures dure ainsi environ une seconde. De cette façon s'établit, depuis l'entrée de la galerie jusqu'à la distance à laquelle l'abeille s'avance à reculons, un large sillon, au milieu duquel règne une crête étroite, correspondant à la position des pattes ramenées sous le ventre; et, à droite et à gauche, se voient les traces de ces mêmes pattes déjetées, au point où s'arrête leur coup de balai. Tous ces mouvements s'exécutent sans aucune interruption, si ce n'est un arrêt très court des jambes de devant, au moment où les postérieures ramenées vont s'écarter de nouveau.

Ainsi, chaque paire de pattes, suivant un rythme particulier, et remplissant un rôle distinct, concourt à un même but, l'expulsion du sable loin de l'orifice. Ce travail exécuté, l'abeille retourne aussitôt au fond de son terrier; on la voit réapparaître bientôt, avec une nouvelle charge de sable, et la même suite d'opérations se répète. Dans une circonstance où la traînée de sable s'étendait à 7 centimètres loin du trou, H. Müller compta qu'il fallait à l'abeille une demi-minute à peine pour entrer dans la galerie, creuser, balayer et rentrer de nouveau. Quand l'abeille juge la traînée de sable assez étendue, elle économise le temps et la peine en en commençant une autre. Finalement elle ferme sa galerie, après l'avoir approvisionnée comme il va être dit, et un petit monticule de sable nouvellement extrait en surmonte l'entrée.

Le temps que l'abeille séjourne dans sa galerie pour l'approfondir dépend naturellement de la longueur qu'elle lui a déjà donnée. Tantôt elle n'y reste que quelques secondes; d'autres fois une minute et demie, et jusqu'à deux minutes. Un quart de minute lui suffit d'ordinaire pour balayer le sable rejeté jusqu'au bout de la traînée. Elle n'en atteint pas toujours l'extrémité; si la charge est plus faible, elle se contente de quelques coups de balai et rentre aussitôt.

Les galeries atteignent, ordinairement une profondeur de 4—6 décimètres; mais elles peuvent ne pas dépasser 2 ou 3. D'abord un peu obliques, elles plongent bientôt à peu près verticalement, sans trop de régularité cependant, et en s'infléchissant d'un côté ou de l'autre. Exceptionnellement, on les voit s'écarter beaucoup de la ligne droite, parfois même décrire une sorte de spirale.

Le fond de la galerie se dévie toujours à angle droit et constitue une cellule. D'autres cellules sont creusées à des hauteurs d'environ deux centimètres les unes des autres, et diversement orientées. Leur nombre varie d'une galerie à une autre. H. Müller en a compté 6, d'autres fois plus, pour un même conduit. Ces cellules sont arrondies et closes de toutes parts. Chacune contient une masse de pollen avec une larve ou un œuf.

Quand la Dasypode a approvisionné la première cellule, celle du fond, et y a pondu son œuf, elle la bouche avec la terre provenant des déblais de la seconde cellule qu'elle creuse au-dessus. Et ainsi de suite. De cette façon elle n'a point à creuser tout exprès, pour se procurer les matériaux nécessaires à la clôture. Mais, d'autre part, comme chaque cellule représente un certain espace vide, occupé par la pâtée pollinique et la larve, il reste un excédent de déblais, qui sert à combler le canal principal. L'abeille n'a de la sorte rien à rejeter en dehors de la galerie, tant qu'elle construit les cellules.

Il est à remarquer que la Dasypode ne prend aucun soin de polir ni de vernisser la paroi intérieure des cellules, comme tant d'autres Abeilles le pratiquent. La loupe n'y montre que le sable empreint de pollen mêlé de miel.

Toutes les cellules terminées, la galerie est bourrée de terre jusqu'à l'orifice, que rien ne fait plus reconnaître au dehors, si ce n'est la couleur différente du tampon qui le bouche.

Les Dasypodes, comme nombre d'autres Abeilles solitaires, peuvent, quand leur nombre et une exposition favorable s'y prêtent, former des colonies plus ou moins populeuses. Circonstance on ne peut plus propice à l'observation, et qui n'a point fait défaut à H. Müller. Aussi la biologie de la Dasypode peut-elle compter aujourd'hui parmi les mieux connues, à côté de l'histoire des Abeilles Ronge-bois ou des Coupeuses de feuilles de Réaumur.

Nous avons assisté au travail normal et régulier du forage des galeries et de la construction des cellules. Divers accidents peuvent en déranger le cours, et y apporter un trouble plus ou moins sérieux. Tels sont les piétinements des passants, qui bouchent les terriers, les grandes pluies d'orage, qui les engorgent de terre délayée.

Que l'abeille soit surprise par ces contretemps, alors qu'elle est en train de forer ou d'approvisionner les cellules, elle ne tarde pas à remettre les choses en état. Les galeries sont débouchées, le sable ou la terre humide rejetés à l'extérieur. Si l'accident est survenu un peu tard dans la journée, au point qu'il n'y ait plus à sortir pour aller aux provisions, le déblai est simplement accumulé en petit tas au-dessus de l'orifice, qui reste fermé. Si le soleil doit encore rester plusieurs heures sur l'horizon, les galeries sont rouvertes, et un trou est percé à cet effet sur le côté du petit monticule de terre rejetée.

Les dérangements peuvent se répéter plusieurs fois de suite; le dégât est toujours réparé de même par la patiente abeille. Seulement le monticule de terre rejetée hors de la galerie devient chaque fois plus petit, parce que chaque fois moins de terre est repoussée à l'intérieur. Alors aussi l'orifice, qui jadis s'ouvrait sur le côté du petit tas de terre, s'ouvre juste au sommet. C'était par économie de peine qu'il était d'abord pratiqué sur le côté.

Pourquoi ces monticules, qui n'existaient pas au début? La raison en est bien simple. Si la Dasypode, creusant le canal principal, s'évertuait à refouler, sans plus, tous les déblais hors du trou, un énorme cône de déblais s'entasserait au-dessus, avec menace perpétuelle d'éboulements et obstruction fréquente de la galerie. De là vient la nécessité de déblayer la porte d'entrée, et d'étendre les déjections au loin. Pareille nécessité n'existe plus, quand il n'y a qu'à jeter dehors quelques pelletées.

La Dasypode ne creuse pas toujours ses nids en terrain horizontal, ce qui rend indispensable la manœuvre curieuse, mais pénible, de l'expulsion des déblais à distance. Elle peut nicher aussi dans un sol à surface inclinée. La pente naturelle suffit alors à empêcher la terre extraite de stationner sur l'orifice, et l'abeille est dispensée du supplément de travail que nous avons décrit.

Mais revenons aux galeries obstruées. Leur dégagement n'est qu'un jeu, si l'abeille est à l'intérieur au moment de l'accident, et c'est généralement ce qui a lieu, quand il s'agit de la pluie, l'abeille se hâtant toujours de rentrer à temps chez elle. Mais il en va bien autrement quand elle est dehors, et qu'un pied malencontreux a fermé l'entrée du logis. La pauvre Dasypode cherche deçà et delà, creuse ici, puis un peu plus loin; on la voit conduire ses déblais jusqu'à 12 centimètres, l'instant d'après à 2 ou 3 seulement; puis elle plante encore là sa besogne commencée, pour la reprendre ailleurs, et l'abandonner de nouveau. Elle semble avoir perdu la tête, dit Müller. Déroutée par un événement que l'instinct ne prévoit point, incapable de retrouver l'endroit précis où est cachée sa galerie, et même de la chercher, elle qui peut seulement la reconnaître en la voyant, elle n'a qu'une chose à faire, oublier, et agir comme si la galerie n'avait jamais existé. Et c'est ce qu'elle fait. Elle s'envole et ne reparaît plus.

Müller en a vu une autre, en semblable déconfiture, souillée de terre, chercher avec effort à pénétrer dans la galerie trop étroite d'une autre espèce d'insecte, puis y renoncer, aller s'introduire dans le trou d'une autre Dasypode; en ressortir après ne s'être pas trouvée chez elle, sans doute; voler quelque temps de côté et d'autre, enfin se perdre au milieu de ses pareilles.

Cette dernière Dasypode, remarque Müller, était vraisemblablement en train d'approvisionner, avant l'accident, tandis que la première en était encore à creuser sa galerie.

Autre expérience. Une Dasypode chargée de pollen rentre dans sa galerie. L'observateur y introduit un jonc, et en creusant vers le fond, perd la trace du conduit. Il met à jour cependant, d'abord du sable mêlé de pollen, puis une boule de pâtée, et aussi l'abeille elle-même, déjà débarrassée d'une partie de sa charge. Elle se met à voler au-dessus de sa demeure bouleversée, se pose un instant auprès, puis s'en va voleter à plusieurs mètres, revient encore, recommence ses vaines recherches; enfin, après avoir mis le nez à l'entrée de plusieurs galeries, s'introduit dans l'une d'elles.

Pourquoi ne s'est-elle pas décidée à s'en faire une autre? En train d'approvisionner, quand elle a été privée de son domicile, c'est approvisionner qu'il lui faut, et non creuser la terre. Et elle se faufile dans une galerie étrangère, où elle trouve tout disposé pour qu'elle puisse continuer le travail interrompu.

Une certaine dose de raison eût dû la porter à recommencer son travail devenu inutile, à se refaire une galerie. L'instinct ne permet pas ce retour en arrière, à une période antérieure à celle où l'interruption s'est produite. L'abeille se résout plutôt à violer la propriété d'autrui, à s'emparer d'un terrier où elle retrouve ce qu'elle a perdu, des cellules à bâtir et approvisionner.

Toutefois, rien d'absolu. Si elle n'eût point trouvé ce qu'il lui fallait, lassée à la fin par d'inutiles recherches, elle se serait résignée à recommencer ses travaux, à creuser une nouvelle galerie. H. Müller en a vu la preuve, au moins indirecte, lorsque, après avoir bouleversé des centaines de galeries dans une colonie, il en trouva le surlendemain, au même endroit, des centaines de nouvelles, qui ne se fussent point établies, s'il avait laissé les choses en l'état.

L'irrésistible instinct peut donc être vaincu, dans le cas de force majeure, et céder la place à l'intelligence.

Les violations de domicile de la part de Dasypodes privées de leurs galeries, comme celle dont il vient d'être parlé, ont souvent pour conséquence des drames analogues à ceux que nous connaissons déjà chez les Chalicodomes. H. Müller a été témoin d'un duel fort vif entre une Dasypode rentrant au logis et une étrangère qui avait tenté de s'en emparer pendant son absence. Après un combat long et acharné, où tantôt l'une, tantôt l'autre avait eu le dessus, l'observateur vit,—comme à l'ordinaire parmi les Abeilles,—la force rester du côté du droit, et la légitime propriétaire mettre la voleuse en fuite.

Aussitôt le conduit principal terminé et la première cellule creusée, la Dasypode s'élance d'un vol impétueux à la picorée, et s'y livre avec cette vivacité qui fit l'étonnement de Sprengel:

«Par une belle journée, dit-il, vers midi, je vis, sur une fleur d'*Hypochœris radicata*, une abeille qui portait à ses pattes postérieures des pelotes de pollen d'une telle grosseur, qu'elles causèrent mon étonnement. Elles n'étaient pas beaucoup moindres que le corps de l'insecte tout entier, et elles lui donnaient l'aspect d'une bête de somme lourdement chargée. Elle n'en volait pas moins avec une grande vélocité, et non contente de la provision qu'elle avait amassée, elle allait d'un capitule à un autre pour l'augmenter encore.»

C'est, en effet, un curieux spectacle, que celui de cette abeille se jetant sur une fleur de Chicoracée, s'y vautrant au milieu des jaunes fleurons, et s'y démenant de tous ses membres avec une pétulance sans égale. Dans ces fleurs riches en poussière fécondante, elle a bientôt fait de charger les longs poils de ses brosses de quantités énormes de pollen. Un vent même violent ne la détourne point de son travail; mais le froid, la pluie, un temps couvert, ou même la trop forte chaleur la retiennent chez elle.

Quand elle est rentrée avec sa charge de pollen, qui pèse de 39 à 43 milligrammes, soit environ la moitié du poids de l'abeille elle-même, elle s'en débarrasse dans la cellule, opération qui se fait à l'aide des brosses tarsiennes des pattes moyennes, et exige une minute environ. Un brin de toilette pour brosser le pollen qui salit la toison, et la voilà repartie. Elle fait ainsi de cinq à six voyages avant de mêler du miel au pollen qu'elle entasse dans la cellule. Le mélange fait, la pâte pétrie a la forme d'une boulette qu'elle entoure de sable humide, sans doute pour la mettre à l'abri des pillards, puis elle repart encore.

De retour de cette expédition, qui est la dernière, elle nettoie la boule de pâtée des grains de sable qui la protègent, et y ajoute une nouvelle couche de pollen et de miel. Ce travail fait, la boule se trouve munie sur un côté de trois petites saillies obtuses, faites aussi de pâtée, une sorte de trépied sur lequel elle repose dans la cellule, libre par ailleurs de tout contact avec la paroi (fig. 104, *d*). Elle mesure alors 7 à 8 millimètres de largeur. L'abeille pond dessus un œuf, qui adhère à la pâtée, ferme la cellule avec de la terre, comble entièrement le court goulot qui mène au canal principal, et tout est dit pour la première cellule.

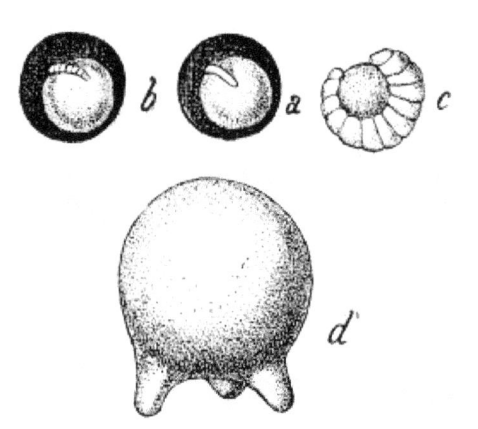

Fig. 104.—Larves de Dasypodes et leur pâture.

Elle passe à une autre qu'elle façonne, approvisionne, et clôt enfin comme il vient d'être dit, et ainsi des autres.

L'œuf (fig. 104, *a*), d'un blanc laiteux, long de 5 à 6 millimètres, large des trois quarts d'un millimètre, un peu courbé, est immédiatement appliqué, par toute sa face concave, à la boule de pâtée. Au bout de quelques jours, il en éclôt un ver (fig. 104, *b*) fort glouton, qui s'attable aussitôt, et dévore, en glissant de droite et de gauche, la couche superficielle de la boule de pâtée, si bien qu'au bout d'un jour il a au moins doublé de volume. Rampant toujours sur la boule et rongeant seulement sa surface, il atteint à un moment les trois pieds qui la soutiennent, et les mange. Il est assez gros alors pour ne plus être écrasé sous le poids de la masse globuleuse de pâtée qu'il tient embrassée par sa face ventrale, et c'est elle qui tourne maintenant dans la concavité de son ventre, toujours mangée par le dessus, en sorte que, jusqu'au dernier moment, elle conserve sa forme ronde (fig. 104, *e*). L'évaporation étant nulle dans la cellule close et humide, et le ver ne rendant rien, selon la règle des larves d'Hyménoptères, le poids total du ver et de la nourriture qui reste est à peu près constant, et le ver lui-même, le repas terminé, a sensiblement le poids de la sphère au début. Il pèse alors 100 à 140 fois autant que l'œuf d'où il est sorti, soit environ 0^{gr},26—0^{gr},35.

La larve repue et parvenue au terme de sa croissance se montre quelque temps agitée, inquiète. Au bout de quelques jours, elle se débarrasse du résidu de la digestion de son long et unique repas. Elle perd alors, avec la couleur rougeâtre qu'elle devait au pollen contenu dans ses voies digestives, plus du quart de son poids. Raidie, immobile, peu excitable, elle attend, couchée sur le dos et fortement voûtée, sans filer de coque de soie, l'été de l'année prochaine.

Quand approche le temps de la transformation, la larve perd de son apathique somnolence. Bientôt elle mue et se transforme en une nymphe très irritable, que le moindre attouchement met en agitation. Cet état dure six semaines en moyenne. La jeune Dasypode fraîche éclose passe encore plusieurs jours dans la cellule, avant de fouir le sol pour venir à la lumière.

La Dasypode a un ennemi, un ennemi héréditaire, *Erbfeind*, dit H. Müller, une petite mouche du genre *Miltogramma*.

Nous sommes en juillet; le temps est beau; il est huit ou neuf heures du matin. Une grande activité règne dans la cité des Dasypodes, d'où s'élève un bourdonnement confus, peu intense. Les femelles vont et viennent; les unes rentrent, lourdement chargées de pollen; les autres s'élancent vivement de leurs trous, pour se rendre aux champs. Un petit nombre seulement sont encore occupées à creuser leur galerie. On ne voit plus que quelques mâles voleter deçà et delà.

Près de l'entrée d'un certain nombre de terriers, on remarque une mouche, de la taille à peu près de celle des maisons. Que font donc là ces étrangères? Nous allons bientôt le savoir. Voici une Dasypode qui rentre avec sa charge; elle s'engloutit dans sa galerie. A peine entrée, une mouche est là, tout auprès de l'orifice où l'abeille a disparu; la tête tournée vers l'entrée, immobile, elle attend. Au bout d'une minute un quart à peu près, l'abeille a déposé son fardeau et s'élance de nouveau au dehors. C'est le moment qu'attendait la mouche; prompte comme l'éclair, elle se jette dans la galerie.

Une fois l'attention éveillée par cette manœuvre plus que suspecte, on verra souvent, si l'on y prend garde, une Dasypode, qui rentre les brosses pleines, suivie par une Miltogramme. A peine l'abeille entrée dans son trou, la mouche se pose auprès et attend sa sortie. Quand l'orifice est sur le côté du petit cône d'éjections, elle se tient juste au-dessus; s'il est au sommet du cône, elle se tient à quelque distance, jamais bien loin, sur une herbe, sur une feuille, la tête toujours tournée vers l'entrée.

L'abeille parfois s'aperçoit de cette mouche qui la suit, et, d'instinct, devine l'ennemi de sa race. Inquiète, elle ruse alors, et essaye de lui donner le change. Au lieu de se précipiter dans son trou, elle s'en éloigne, va se poser à quelque distance, puis se lève pour s'aller poser ailleurs. Mais l'inévitable et tenace moucheron ne la quitte ni de l'œil, ni de l'aile, et toujours la suit, à la même distance, comme retenu par un fil invisible, se posant si elle se pose, se levant quand elle se lève. De guerre lasse, l'abeille enfin se décide à rentrer, et la mouche se poste en faction à sa porte.

Au moment de ressortir, la Dasypode, qui se souvient, ne se presse point de prendre son élan. Il semble que, défiante, elle éprouve le besoin de scruter du regard les environs; rassurée enfin, elle s'envole. La mouche aussitôt se jette dans la galerie qu'elle vient de quitter.

Qu'y va-t-elle faire?

L'observation effective n'a pu le constater. Mais la certitude n'en existe pas moins. Dans la cellule approvisionnée et prête à être close, la Miltogramme pond un œuf. parfois deux ou même trois. L'inspection des cellules le révèle. A côté d'une larve morte de Dasypode se voient souvent une, deux ou trois larves de mouche, ou autant de pupes en tonnelet, dont la grosseur correspond à celle de la Miltogramme. Et bien que la difficulté d'élever ces pupes n'ait pas permis à H. Müller de les mener à bien et d'en obtenir l'éclosion, nous ne douterons pas plus que lui que ce ne soit là la progéniture des Miltogrammes, nourrie aux dépens de celle des Dasypodes.

LES PANURGUES.

Un corps noir et luisant (fig. 105 et 106), presque nu, une taille petite ou médiocre, une tête énorme, une brosse volumineuse, donnent aux Abeilles de ce genre une physionomie toute particulière. Le développement de l'appareil collecteur, qui ne le cède en rien, toutes proportions gardées, à celui des Dasypodes, fait pourtant soupçonner quelque affinité avec ces vaillantes Abeilles. Elle est en effet bien réelle; mais l'abondante poilure dont celles-ci sont recouvertes, et qui manque presque totalement aux Panurgues, masque, extérieurement, une ressemblance parfaite. Qu'on supprime ce trompe-l'œil; qu'on épile, avec la lame d'un canif, le corselet et l'abdomen d'une femelle de Dasypode; on aura sous les yeux ni plus ni moins qu'un Panurgue de belle prestance. La nervation des ailes est la même; la brosse est toute pareille; les pièces buccales, seules, offrent une différence marquée, mais uniquement par leur longueur. On ne saurait, sous ce prétexte, méconnaître une uniformité de type manifeste, et séparer, comme on l'a fait quelquefois, les Panurgues des Dasypodes, pour les réunir aux Anthophorides.

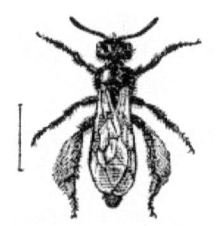

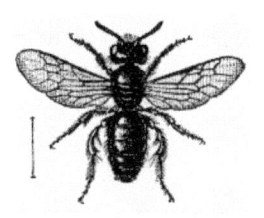

Fig. 105—Panurgus dentipes, femelle.   Fig. 106.—
                    Panurgus dentipes, mâle.

Les habitudes, le genre de vie sont analogues. Et tout d'abord, comme leurs cousines les Dasypodes, les Panurgues sont presque exclusivement voués aux Chicoracées. Ils butinent dans leurs capitules avec une égale vélocité, et s'y font, comme elles, d'énormes charges de pollen. Cette activité, qui a inspiré le nom du genre (du grec *panourgos*, actif, industrieux), n'est, bien entendu, le fait que des femelles. Quant aux mâles, une fois rassasiés de pollen et de nectar, ils se blottissent au milieu des étamines, et passent là de longues heures au soleil, dans une paresseuse somnolence, tout saupoudrés de leur jaune poussière.

Comme les Dasypodes encore, les Panurgues travaillent dans la terre battue, et suivant les mêmes principes. Ils creusent de longues galeries descendantes, vers le fond desquelles s'ouvrent, en diverses directions rayonnantes, plusieurs cellules. Rarement aussi on les voit s'isoler pour exécuter leurs travaux; mais former au contraire des colonies plus ou moins populeuses sur une étendue bornée. Il paraît même, d'après une observation de Lepeletier de Saint-Fargeau, que ces colonies ne sont pas toujours une simple réunion d'individus isolés, et tout à fait indépendants, malgré leur rapprochement. «J'ai vu, dit cet auteur, une espèce de *Panurgus*, qui travaillaient à leur nid manifestement en commun. Dans un sentier de jardin bien battu, un trou vertical d'environ deux lignes de diamètre et d'à peu près cinq pouces de profondeur, était entouré par huit à dix *Panurgus* femelles chargées de pollen. Restant quelque temps à les observer, j'en vis sortir une femelle qui n'avait plus de charge, et qui s'envola bientôt. Elle sortie, une autre seule entra, se débarrassa de son fardeau, sortit et s'envola. Plusieurs se succédèrent ainsi et sortirent, puis s'envolèrent pour aller à une autre récolte. Pendant ce temps, il en arrivait d'autres, chargées, qui s'arrêtaient sur le bord du trou et attendaient leur tour pour entrer.» Des circonstances particulières empêchèrent l'auteur de continuer son observation; mais il y a lieu de croire, avec lui, que chacune des femelles qu'il avait vues entrer dans le même trou, y creusait isolément, et pour son propre compte, un certain nombre de cellules, qu'elle approvisionnait et clôturait, après y avoir pondu un œuf.

Ainsi, pour ce qui est du travail des cellules, chacune se comporte comme si elle était seule; mais toutes utilisent la galerie d'accès; toutes, en ceci, profitent du travail d'une seule, et s'épargnent ainsi le temps et la peine d'établir chacune une galerie particulière. Il y aurait intérêt à s'assurer si ce travail préliminaire lui-même ne s'exécuterait pas en commun, et si plusieurs femelles ne se relayeraient pas pour y prendre part à tour de rôle.

Quoi qu'il en soit à cet égard, ce rudiment d'association, si modeste soit-il, dénote, chez ces petites abeilles, une supériorité morale sensible sur la plupart des Mellifères sauvages, dont l'humeur batailleuse ne tolère pas le moindre empiètement du voisin, chez qui l'égoïsme le plus entier est l'unique loi régissant leurs rapports mutuels, et l'isolement complet, le bien suprême.

LES CILISSES.

Fig. 107.—Cilissa femelle.　　　　　　　　　Fig. 108.—Cilissa mâle.

Ces Abeilles (fig. 107 et 108), dont les classificateurs n'ont su assez longtemps que faire, sont reconnues aujourd'hui pour être de proches parentes des Dasypodes. L'air de famille, peu sensible extérieurement chez les femelles, est frappant chez les mâles. N'était le trait générique d'une cellule cubitale de plus, les mâles de *Cilissa* seraient inévitablement pris pour des mâles de Dasypodes. Les organes buccaux ont la même structure; la langue seulement est un peu plus épaissie vers le bout. Mais l'appareil collecteur est sensiblement réduit. Nous n'avons plus ici les poils démesurément longs de la brosse des Dasypodes ou des Panurgues, mais des poils courts, raides, exactement peignés, la brosse enfin de la plupart des Abeilles solitaires.

Quant au genre de vie, il ne présente rien de bien remarquable, ce qui tient sans doute à ce qu'il n'a pas encore été étudié de près. Tout ce que j'en puis dire, c'est que le hasard m'a mis en possession d'une cellule ou plutôt d'un cocon de Cilisse, en forme de dé à coudre, contenant un mâle mal venu. Ce cocon était fait d'une très mince pellicule incolore, comme une pelure d'oignon, finement chagrinée, laissant transparaître un épais enduit brunâtre, résidu de pâtée pollinique, preuve que cette pellicule était l'œuvre, non de la larve, mais de la mère, qui en avait tapissé la cellule de terre, avant d'y entasser les provisions. Nous trouverons ailleurs des enveloppes semblables.

Trois espèces de Cilisses vivent en France. L'une d'elles (*Cilissa chrysura*) visite exclusivement les Campanules; une autre (*C. leporina*), diverses Légumineuses et particulièrement le Trèfle rampant; la troisième (*C. melanura*) ajoute à ces dernières plantes la Salicaire.

OBTUSILINGUES.

Ces abeilles ne sont représentées en Europe que par les deux genres *Colletes* et *Prosopis*.

LES COLLÉTÈS.

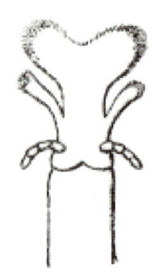

Fig. 109.—Langue d'abeille, courte et obtuse.

Au caractère tiré de la forme de la langue (fig. 109), les hyménoptères de ce genre ajoutent trois cellules cubitales, un appareil collecteur non restreint au tibia et au tarse, mais étendu aussi au fémur et au trochanter, que garnit une épaisse houppe de poils recourbés, comme il en existe chez les Andrènes, mais plus fournie que chez celles-ci. Le thorax est abondamment couvert d'une villosité dressée; l'abdomen, très convexe, est toujours orné de franges marginales régulières de poils couchés, fauves ou blanchâtres, suivant les espèces. Enfin l'abdomen est acuminé à l'extrémité, qui n'est point garnie d'une frange anale (fig. 110 et 111).

Fig. 110.—Colletes succinctus, femelle.   Fig. 111.—Colletes succinctus, mâle.

Les mœurs des Collétès sont depuis longtemps connues. Réaumur avait déjà étudié une de leurs espèces, le *C. succinctus*, décrit ses organes buccaux et fait connaître sa nidification.

Les Collétès établissent en général leurs galeries dans les talus sableux. Tandis que la plupart des Abeilles choisissent, pour l'édification de leurs demeures, une exposition méridionale ou orientale, et semblent ainsi rechercher pour leur progéniture le soleil et sa bienfaisante chaleur, les

Collétès, tout au contraire, adoptent souvent une exposition septentrionale. Les espèces varient du reste à cet égard, certaines préférant le nord, d'autres le midi. Au *C. succinctus*, c'est le nord qu'il faut. Ainsi l'avait observé Réaumur, et son observation a été confirmée.

L'économie intérieure de leurs nids est à peu près celle des abeilles précédentes. Au fond d'une galerie plus ou moins longue, des cellules latérales isolées, ou plusieurs à la file, dans un même conduit. Mais nos abeilles se distinguent, dans la confection de ces cellules (fig. 112), par une industrie que nous n'avons fait que mentionner à propos des Cilisses. La paroi de terre n'est pas simplement polie; elle est soigneusement tapissée d'une délicate pellicule, incolore, transparente, ayant l'aspect de la baudruche, mais incomparablement plus fine, bien qu'elle soit composée de plusieurs feuillets, trois ou quatre au moins, et si unie, si lustrée, qu'elle défie le plus merveilleux satin. Telle est la ténuité d'un lambeau de cette membrane, que Réaumur la compare à ces traînées argentées que la limace laisse sur son chemin. Brûlée, cette substance répand la même odeur que la soie. Mais elle n'en a point la structure: nulle trame, nulle fibre ne s'y peut reconnaître. Comment est fabriquée cette membrane? Personne ne l'a vu, mais on suppose—que faire de plus?—que c'est le produit d'une sécrétion étendue par l'insecte, à l'état fluide, sur la paroi de la cellule, et qui se concrète à l'air comme le fait la soie. Et l'on ajoute que la courte langue bilobée de l'abeille est sans doute la spatule destinée à étendre ce vernis.

La cellule, remplie d'une pâtée semi-liquide, reçoit un œuf, qui est pondu, non sur le miel, comme M. Fabre l'a vu chez les Anthophores, mais un peu au-dessus, sur la paroi, selon M. Valéry Mayet. La cellule est bouchée ensuite à l'aide de plusieurs doubles de la substance qui tapisse la paroi. La pâtée se trouve ainsi enfermée dans une sorte de vessie membraneuse, close de toute part. Cette enveloppe, non seulement est imperméable au miel, mais elle constitue, selon M. Mayet, une fermeture si hermétique, qu'elle éclate avec un certain bruit, quand on la comprime suffisamment entre les doigts.

Fig. 112.—Galerie de Colletes succinctus.

La cellule close, qui a la forme ordinaire d'un dé à coudre, ou bien reste isolée au fond du petit canal, ou bien plusieurs sont empilées à la file.

La pâtée mielleuse que les Collétès amassent dans leurs cellules «a au début, dit M. Mayet, un parfum délicieux, analogue à celui du miel le plus parfumé; mais au bout de huit jours à peine il a commencé à aigrir. Quand l'œuf de l'abeille éclôt, la jeune larve n'a plus à sa disposition qu'une pâtée aigrelette, rappelant le goût de la cire et de l'acide acétique. Cette larve, du reste, s'accommode fort bien de cette nourriture.» Elle paraît n'absorber tout d'abord que la partie la plus fluide du mélange, qui s'épaissit graduellement et finit par ne plus être qu'une pâte assez ferme, dont la partie centrale seule est dévorée, le reste, soigneusement respecté, demeurant, comme un épais enduit, tout autour de la paroi. Comme le rat de la fable, ce ver se creuse ainsi une chambrette dans la substance même qui le nourrit. A ce résidu concrété et bruni adhère la pellicule, qui se détache de la paroi de terre.

Alors que la plupart des Abeilles épuisent en quelques jours leurs provisions, les larves de Collétès paraissent mettre un temps fort long pour atteindre leur entier développement. D'après M. Mayet, la larve du *succinctus*, éclose dans les premiers jours d'octobre, n'a épuisé sa pâtée et atteint sa taille définitive qu'aux derniers jours d'avril. Sa transformation n'a lieu qu'au mois d'août.

Il doit exister du reste de grandes variations à cet égard, suivant les espèces, dont les unes sont automnales, comme le *succinctus*, la plupart estivales, et une absolument printanière, le *C. cunicularius*. Les fleurs qu'elles fréquentent sont par là même assez variées. Mais la conformation spéciale de leur langue, adaptée à une autre fonction, nous l'avons vu, en même temps qu'à la récolte du miel, leur interdit l'accès des corolles tubuleuses étroites, dont ces abeilles ne sauraient atteindre le nectar. Elles visitent assidûment les *Eryngium*, *Senecio*, *Achillæa*, *Anthémis*, le réséda, le lierre etc., toutes fleurs dont les nectaires sont facilement accessibles et n'exigent pas une trompe allongée.

M. Mayet, dont nous venons de citer plusieurs fois les observations, n'a pas seulement beaucoup enrichi l'histoire propre des Collétès d'une multitude de faits intéressants; il a de plus ajouté des données importantes à l'histoire de leurs parasites; il a surtout étendu d'une manière remarquable nos connaissances sur l'évolution des Méloïdes, pour lesquels nous devions déjà tant à Newport et à M. Fabre, dont les observations sont connues du lecteur (voy. *Anthophores*). Nous ferons, dans les pages qui suivent, beaucoup d'emprunts à M. Mayet.

Les demeures des Collétès sont fréquentées par de nombreux parasites. Nous ne citerons que pour mémoire les *Forficules*, que F. Smith a souvent trouvées dans leurs galeries, où elles avaient mis les provisions, et peut-être les habitants, au pillage; les *Miltogrammes*, que nous rencontrons encore ici, mais dont les méfaits n'ont pas été suffisamment constatés. On sait depuis longtemps que des abeilles parasites, les élégants *Epeolus*, sont leurs ennemis attitrés. A cette liste il faut ajouter un Méloïde, un *Sitaris*, étudié par M. V. Mayet[21].

Nous sommes assez peu renseignés sur les faits et gestes des *Epeolus*, bien que depuis longtemps on sache qu'une de leurs espèces, la plus répandue, l'*Ep. variegatus*, se développe dans les nids de divers Collétès. On les voit souvent voleter sur les mêmes talus, visiter les mêmes fleurs que leurs hôtes; on les surprend souvent entrant dans leurs galeries; on les a plus d'une fois obtenus de leurs cellules. Mais on n'en savait pas davantage.

Nous devons à M. V. Mayet la connaissance des états de larve et de nymphe de l'*Ep. tristis*, une jolie espèce au corps noir, orné de dessins blancs, qui n'avait encore été observée qu'en Russie, et qui est parasite du *Colletes succinctus*. M. Mayet n'a pu nous dire comment l'abeille parasite parvient à s'introduire chez l'abeille récoltante. «Toujours est-il, dit l'observateur, que l'*Epeolus* paraît faire bon ménage avec cette dernière...» Bien souvent les deux ennemis se rencontrent à l'entrée d'une galerie; mais aucune lutte ne s'engage; bien plus, le *Colletes* cède toujours le pas à l'*Epeolus*. Si l'abeille voit entrer le parasite dans son corridor, elle attend patiemment qu'il ressorte; l'instinct ne lui dit pas qu'elle a devant elle un destructeur de sa race. Admirable loi de la nature, qui veut que rien n'entrave la grande loi de l'équilibre des espèces! Fabre a, du reste, fait des observations analogues sur la *Melecta armata*, parasite des Anthophores.» Nous avons déjà noté des faits de cet ordre, et tâché d'en donner une explication.

La larve de l'*Epeolus tristis* a achevé les provisions destinées à la larve du *Colletes* dans le mois de mars. Elle se transforme en nymphe dans le mois d'août, et en insecte parfait quatorze jours après.

Arrivons au plus intéressant des parasites du Collétès, au *Sitaris Colletis*.

Le lecteur connaît déjà les faits concernant les métamorphoses compliquées des Méloïdes. Nous n'avons pas à y revenir: le *Sitaris* de M. Mayet ne présente à cet égard rien qui le distingue sensiblement de celui de M. Fabre. Mais ses habitudes présentent quelques différences, que M. Mayet nous fait connaître, en y ajoutant des nouveautés d'un haut intérêt, qui viennent heureusement compléter les observations de ses prédécesseurs, auxquels il ne s'est pas montré inférieur soit en sagacité, soit en exactitude.

Les triongulins du *Sitaris humeralis*, d'après M. Fabre, éclos en septembre, passent l'hiver dans les galeries des Anthophores, et ne pénètrent dans les cellules qu'au printemps. Ceux du *Sitaris Colletis*, éclos dans la seconde quinzaine de septembre, «se mettent en campagne du 20 septembre au 6 octobre. Les galeries sont envahies de leur armée microscopique, de sorte que les abeilles, qui n'ont commencé leurs travaux d'excavation que vers le 18 septembre, se trouvent dès les premiers jours attaquées par eux.

«Elles sont assaillies surtout la nuit, quand, les travaux du jour terminés, elles viennent s'abriter dans la première galerie qui s'offre à elles. Aucun instinct ne les guide pour éviter ces destructeurs acharnés de leur race.» En un instant la pauvre abeille est envahie par tous les triongulins qui se trouvent autour d'elle. Des pattes ils grimpent sur le dos, et vont se cramponner à un poil du thorax, dans le voisinage des ailes. L'abeille a beau se débattre, peigner rudement sa toison de ses brosses tarsiennes; opiniâtre et tenace, le pou n'en a cure. Les triongulins sont-ils très nombreux, une centaine par exemple, l'expérience a montré à M. Mayet que l'abeille couverte de cette vermine est paralysée dans tous ses mouvements et meurt, au bout de quelques heures, «de fureur et d'efforts impuissants, sans doute, car son épiderme coriace est à l'abri de toute morsure». Ceci nous rappelle les abeilles mourant de la rage, par suite de leur invasion par les triongulins des Méloés. Mais il n'en va pas ainsi d'habitude: les triongulins, dispersés comme on l'a vu, sont rarement en nombre dans une même galerie.

Une fois établi sur le véhicule vivant, le triongulin, témoin impassible des allées et venues de l'abeille, du creusement de la galerie, de la préparation et de l'approvisionnement de la cellule, attend patiemment l'heure critique, le moment de la ponte. Il quitte alors le dos de l'abeille, seul ou accompagné de deux ou trois rivaux, ou plus, s'il en existe, et, à l'instant où l'œuf du Collétès est collé à la paroi, il saute dessus ou sur la paroi même.

«Voici donc notre ennemi introduit dans la place. Il a pris enfin possession de l'œuf qu'il a mission de détruire. Il s'y cramponne solidement au moyen des crochets robustes dont ses pieds sont armés, et surtout au moyen d'un appareil spécial, dont le 8e segment abdominal est pourvu, qui distille sans cesse une matière visqueuse analogue à la soie.

«De larve carnassière, le triongulin va devenir larve mellivore.» Le lecteur sait comment. Mais ici se place une observation fort intéressante, dont il n'existe aucune trace dans les mémoires de M. Fabre.

«Sur les six cents cellules environ que j'ai emportées et observées dans mon cabinet, poursuit M. Mayet, j'en ai trouvé trente ou quarante qui n'étaient habitées ni par des *Colletes*, ni par des *Sitaris*. J'ai ouvert toutes ces cellules. Dans toutes j'ai trouvé la provision de miel intacte, et à la surface de ce miel, ou immergés dans cette substance, de deux à cinq triongulins morts.

«Sans doute, me suis-je dit, ou l'œuf a été insuffisant pour nourrir plusieurs convives, ou une lutte acharnée, fatale à tous les combattants, s'est livrée sur cette arène d'un nouveau genre. Mais ce n'était là qu'une hypothèse. Il me restait à la confirmer par l'observation.

«Désireux d'approfondir ce point intéressant, j'ai attendu le mois de septembre avec impatience. Je me suis appliqué à observer un grand nombre d'abeilles en train d'approvisionner leurs cellules. Avec un petit carré de papier blanc fixé dans le talus au moyen d'une épingle, je marquais le matin les galeries où j'avais vu entrer les abeilles chargées de pollen, et si le soir l'approvisionnement était terminé, je m'emparais de la cellule, sinon, je remettais au lendemain.

«J'ai transporté ainsi dans mon cabinet quarante de ces cellules, toutes closes du jour ou de la veille...»

«Huit renfermaient chacune un triongulin occupé, soit à essayer d'entamer la peau de l'œuf, soit, y ayant réussi, à s'abreuver du liquide albumineux qu'il contient. Quatre enfin renfermaient plusieurs triongulins, qui, dans une agitation extrême, se livraient soit sur l'œuf, soit contre les parois de la cellule, à une lutte acharnée, qui parfois durait vingt-quatre heures.

«J'avais en ce moment-là quatre ou cinq pontes de *Sitaris* écloses dans des tubes, c'est-à-dire plus de deux mille triongulins qui ne demandaient que le combat. J'en mis un ou deux dans chacune des cellules qui n'en renfermaient qu'un seul, et j'eus ainsi une douzaine de champs de bataille à observer. La lumière ne paraît nullement gêner les combattants. Tantôt ils se précipitent l'un contre l'autre, les mandibules ouvertes; tantôt ils se poursuivent sur les parois de leur étroit domaine, au risque de tomber dans le miel. Chacun des champions cherche à saisir son ennemi entre les plaques écailleuses qui recouvrent les anneaux. C'est la plus rigoureuse application de la lutte pour la vie, de Darwin. Quand le plus vigoureux ou le plus habile a réussi à introduire ses crocs dans le défaut de la cuirasse, il soulève son adversaire à la force des mandibules, et le met ainsi dans l'impuissance la plus complète. Le cou tendu, fortement cramponné au moyen des crochets de ses tarses et de l'appareil fixateur dont j'ai parlé plus haut, le vainqueur reste ainsi immobile des heures entières, abaissant seulement de temps en temps son ennemi pour le mieux saisir et le mieux transpercer. Quand le vaincu, épuisé par ses blessures, est jugé hors de combat, il est précipité dans le miel, où, bientôt englué, il achève de mourir.

«Pendant ce temps-là, il arrive souvent qu'un troisième larron profite de la bataille pour s'emparer de l'œuf et y plonger la tête. Quand le vainqueur vient prendre possession du prix de sa victoire, il trouve ainsi la place occupée. Alors c'est une nouvelle lutte qui commence; mais elle ne ressemble en rien à la première: la ruse seule est employée. Le triongulin occupé à sucer l'œuf ne se dérange jamais; il est passif sous les coups de son ennemi; se faisant le plus petit possible, il resserre tant qu'il peut les anneaux de son abdomen; mais, en général, s'il n'est pas vaincu le premier jour, il l'est le second. Son appareil digestif, gonflé par les sucs nourrissants qu'il absorbe, ne tarde pas à détendre les anneaux de l'abdomen, et alors l'ennemi, qui veille, a bientôt fait de le blesser à mort. Il est à son tour précipité dans le miel.

«Débarrassé de tout concurrent, notre triongulin peut enfin arriver à cette nourriture tant désirée. Il a bientôt trouvé l'ouverture pratiquée à l'œuf par sa dernière victime, et il y plonge la tête avec ardeur. Mais il n'est pas au bout de ses peines. L'œuf de l'abeille est juste suffisant pour un triongulin. Au bout de quatre à cinq jours, notre affamé est, la tête en bas, au niveau du miel, sur la dépouille fanée de l'œuf, qui, détendue, s'est affaissée le long des parois de la cellule. Il lui manque toute la nourriture que son dernier ennemi a absorbée avant de mourir; et, incapable de subir la première mue, il meurt à son tour, reste suspendu à la peau de l'œuf, ou va augmenter, dans le liquide sucré, le nombre des noyés.

«Ce qui s'est passé là, sous mes yeux, dans mon cabinet, se passe évidemment dans les cellules enfoncées dans les parois des talus; et c'est ce qui explique le nombre relativement considérable de cellules pleines de miel et qui ne renferment que des triongulins englués et la dépouille flétrie de l'œuf du *Colletes*.»

Quelquefois cependant le triongulin victorieux parvient à la première mue. Mais s'il franchit sans y succomber cette phase critique, tôt ou tard il meurt avant d'arriver à l'état parfait; ou, s'il y parvient (une fois sur cent peut-être, dit M. Mayet), son évolution est considérablement retardée, et prend deux années au lieu d'une.

L'étonnante histoire que celle de ces *Sitaris*! Est-elle le propre du seul parasite des *Colletes*? Il est probable que non. Bien que les observations de M. Fabre n'aient fait soupçonner rien de semblable, il y a tout lieu de croire que les cellules des Anthophores doivent être le théâtre de scènes analogues. Il est constant, en effet, que chez ces abeilles, comme chez celles dont il vient d'être question, un certain nombre de cellules contiennent des provisions que nul insecte ne dévore. On se l'expliquait, ou par une négligence (peu probable!) de la mère, qui aurait clos la cellule sans y pondre, ou par la mort de l'œuf lui-même. Nous savons maintenant qu'une autre explication est possible, et il y aurait intérêt à la vérifier.

Ces luttes acharnées, ces duels successifs, où la victoire ne sauve pas—ou bien rarement—le vainqueur lui-même, méritent bien de fixer notre attention. Que l'Abeille travaille en pure perte pour sa progéniture, cela importe peu, au fond, quand un parasite profite de son labeur, et s'approprie le repas qu'elle avait préparé pour ses enfants. Mais que dire, quand le festin servi n'est mangé par personne? Un finalisme outré trouvera-t-il encore ici à se satisfaire et à soutenir que tout est réglé pour le mieux? A quoi bon alors cette pâtée livrée à la moisissure? Le cas est préjudiciable à la lignée de l'Abeille; il l'est autant, et plus, à celle du parasite. La fin serait-elle peut-être la restriction de l'une et de l'autre? Mais le bon sens, timidement, pourrait objecter qu'il était alors plus simple, plus humain—si le mot est permis—de réduire d'autant la fécondité des deux races.

LES PROSOPIS.

Les Prosopis sont des abeilles de taille en général fort petite, remarquables, au premier aspect, par la nudité de leur tégument, dont le fond, le plus souvent noir, quelquefois partiellement rougeâtre, est presque toujours orné de taches ou de traits blancs ou jaunâtres. Les espèces méridionales sont souvent très richement et très gaiement bariolées. Le nom de *Prosopis* (du grec *prosopis*, masque) vient même des taches colorées qui ornent la face des femelles, et qui, confluentes chez les mâles, la cachent pour ainsi dire sous un masque blanc ou jaunâtre (fig. 113).

Le corps, avec les formes des Collétès, est plus élancé. La langue est à peu près ce qu'elle est dans ce genre, courte, obtuse et bilobée. Mais l'aile supérieure n'a plus que deux cellules cubitales au lieu de trois.

Fig. 113.—Prosopis signata.

Les Prosopis sont les moins pubescentes des Abeilles. On constate néanmoins, dans quelques-unes de leurs espèces, des rudiments, bien légers, bien fugaces, il est vrai, des bandes marginales de l'abdomen, si développées chez tous les Collétès, leurs parents très proches.

A ce défaut de villosité se rattache l'absence de tout organe collecteur. Il n'existe de brosse d'aucune sorte. Ce trait particulier et caractéristique de l'organisation des Prosopis a amené bien des incertitudes, donné lieu à bien des controverses sur leur véritable genre de vie. Lepeletier, et d'autres après lui, en ont conclu au parasitisme de ces abeilles. D'autres, et c'est l'opinion aujourd'hui établie, les regardent comme nidifiantes.

Un fait met hors de doute le non-parasitisme des Prosopis, c'est la nature de leurs cellules, qui, semblables à celles des Collétès, présentent cette délicate enveloppe que nous connaissons. Et l'on ne peut pas dire, comme le pensait sans doute Lepeletier, que ces cellules appartenaient à des Collétès, que des Prosopis auraient supplantés. Elles sont trop petites de beaucoup, surtout trop étroites, pour les premiers, et tout à fait à la taille des seconds. Elles sont donc leur bien propre, qu'ils n'ont dérobé à personne. Et l'on n'a pas à s'étonner que la langue des Prosopis soit faite comme la langue des Collétès.

Mais toute difficulté n'est pas supprimée pour cela. Reste à savoir encore comment, sans organe de récolte, les Prosopis peuvent récolter. On les voit parfois le corps souillé de quelques grains de pollen collés à leurs téguments. On a dit que c'était de la sorte que les Prosopis amassaient le pollen, qu'ils brossaient ensuite dans leurs cellules. Bien maigre récolte, il faut en convenir, et qui demanderait bien du temps, bien des allées et venues, pour un pauvre résultat. Non, ce n'est pas ainsi que les Prosopis amassent la nourriture de leurs larves. Comme ils avalent le miel, ils avalent le pollen. Il est facile de s'en rendre témoin. Il n'y a qu'à observer les faits et gestes d'une de ces abeilles sur une des fleurs qu'elles fréquentent. On la voit, de ses pattes antérieures, brosser rudement les étamines, pour en détacher le pollen, que leur bouche engloutit ensuite avec avidité. Cette poussière ingurgitée se retrouve d'ailleurs, abondante, dans le jabot, en suspension dans le liquide sucré que contient cet organe. Il est vrai que toutes les Abeilles, à quelque genre qu'elles appartiennent, et les mâles eux-mêmes, absorbent aussi du pollen, pour s'en nourrir. Mais aucune ne le fait avec autant d'avidité, de gloutonnerie, que la femelle de Prosopis.

C'est donc dans le jabot de ces mignonnes abeilles que se fait le mélange des deux éléments qui composent la bouillie destinée aux larves. Cette bouillie est très fluide, plus encore que celle des Collétès, et nécessite encore davantage l'imperméable vessie qui l'englobe.

Les Prosopis nous représentent, en définitive, les plus simples, les moins diversifiées des Abeilles. Leur adaptation au rôle d'insecte récoltant est nulle, en ce sens qu'elle n'a donné naissance à aucun organe spécial. Aussi Hermann Müller, appliquant ici le principe de Darwin, considère-t-il les Prosopis comme les représentants actuels des Abeilles primitives, de la souche d'où seraient issues, par des modifications en sens divers, toutes les Abeilles du monde actuel.

Les Prosopis affectionnent particulièrement les fleurs des *Résédas*, soit cultivés, soit sauvages. Mais on les voit souvent aussi butiner sur les Ombellifères, et quelques espèces, le *Pr. bifasciata* entre autres, le plus grand de nos contrées, a un goût marqué pour les fleurs d'oignon.

Shuckard a noté que la plupart de ces abeilles laissent exhaler, quand on les saisit entre les doigts, une forte odeur de citron. L'observation n'est point complète, et il existe à cet égard une grande variation suivant les espèces.

Certaines, en effet, répandent, comme Shuckard le dit, une odeur de citron, ou plutôt des feuilles d'une Verbénacée fort répandue dans les jardins, le *Lippia citriodora*. De ce nombre sont les *Prosopis clypearis, bifasciata, dilatata,* etc.

D'autres ont une odeur plus douce, celle du *Pelargonium odoratissimum* (*Pr. variegata, signata,* etc.).

Il en est, au contraire, qui exhalent une odeur infecte de Punaise des bois (*Pr. lineolata, angustata*).

Ce qu'il y a de curieux, c'est que ces odeurs si différentes se trouvent diversement combinées dans certaines espèces, qui répandent une odeur tenant à la fois de la verveine et du *Pelargonium* (*Pr. communis*), ou de l'une de ces deux plantes et de la punaise, ce qui produit sensiblement le parfum, point désagréable, d'un certain autre hémiptère, le *Syromastes marginatus*. Le *Pr. brevicornis* est dans ce dernier cas.

Enfin, suivant des circonstances difficiles à apprécier, ces odeurs indécises s'affirment plus ou moins dans un sens ou dans un autre chez différents individus de la même espèce. Le *Pr. confusa* est à cet égard des plus inconstants: on ne sait trop dire parfois s'il sent plus le *Pelargonium* que la punaise, ou celle-ci que la verveine.

Doués de pattes peu robustes et de faibles mandibules, les Prosopis ne sont pas outillés pour fouir le sol. Toutes les espèces dont la nidification a été observée pratiquent, dans la moelle des ronces sèches, des galeries, où elles établissent un nombre variable de cellules, ressemblant beaucoup, nous l'avons dit, à celles des Collétès. Ces cellules sont ordinairement empilées bout à bout, séparées par un petit tampon fait de fragments de moelle. Quelquefois, ainsi que Giraud l'a observé, on les voit disposées comme chez les Collétès, c'est-à-dire des diverticules s'ouvrant obliquement dans la galerie principale, qui se trouve ainsi ramifiée. Le même auteur a trouvé des nids du *Pr. confusa*, ordinairement logé dans la ronce, dans de vieilles galles d'un *Cynips* du chêne (*C. Kollari*).

Un petit Chalcidien, l'*Eurytoma rubicola*, la plaie de plus d'un des nombreux habitants de la ronce, est souvent parasite des Prosopis, dont il dévore la larve repue, pour s'évader plus tard, non point par le haut de la cellule, mais par un trou qu'il pratique dans la paroi, et qu'il continue au delà, à travers la moelle et le bois de la ronce. Enfin, on a plus d'une fois rencontré des Prosopis porteurs de Stylopiens, ces étranges parasites que nous avons appris à connaître à propos des Andrènes.

Le genre Prosopis a des représentants dans toutes les parties du globe. On en trouve des espèces dans le nouveau comme dans l'ancien monde, en Australie, en Océanie. Cette universelle extension est une preuve évidente de la grande ancienneté de ce type, et confirme d'une manière éclatante l'opinion, énoncée plus haut, de H. Müller.

———

FLEURS ET ABEILLES.

Lorsque Linné eut fait connaître les merveilles de la fécondation des Plantes, les naturalistes s'appliquèrent à étudier les conditions de cet acte essentiel de la vie végétale. On crut d'abord, et cette opinion régna longtemps, que dans les fleurs complètes, c'est-à-dire munies à la fois d'étamines et de pistils, toutes sortes de précautions organiques étaient prises pour assurer le contact du pollen et du stigmate, en un mot, que l'*autofécondation*, comme on dit aujourd'hui, était une règle sans exception.

A la fin du siècle dernier, Sprengel, dans un ouvrage ayant pour titre *Révélation du Mystère de la nature touchant la structure et la reproduction des fleurs*, introduisit un point de vue tout nouveau dans la théorie de la fécondation végétale. Le titre naïvement ambitieux de ce livre dit assez l'importance attachée par l'auteur aux faits qu'il apportait. Sprengel reconnaît d'abord que tout est disposé dans les fleurs pour donner un accès facile aux insectes qui viennent les visiter et recueillir leur nectar. La sécrétion du liquide sucré n'a pas d'autre but que d'attirer les insectes, appelés encore par la coloration des pétales, et dirigés par la coloration propre de la gorge, ou par les stries de la corolle, vers le lieu où résident les nectaires.

Toutes ces attentions de la nature en faveur des Insectes ne sont pas moins avantageuses aux Plantes. Sprengel constate en effet que, dans la majorité des fleurs, la fécondation est impossible sans l'intervention des Insectes. Le fait est indubitable, tout au moins dans les cas de *dichogamie*, c'est-à-dire dans les fleurs où les étamines et les pistils n'arrivent pas simultanément à maturité. Il est alors de toute nécessité que le pistil reçoive le pollen d'une autre fleur. Les Insectes sont le véhicule le plus ordinaire du pollen étranger, et sont ainsi les agents indispensables de la fécondation. Sprengel alla même jusqu'à reconnaître cette loi, que Ch. Darwin devait mettre en lumière éclatante, savoir que «la nature semble répugner à ce qu'une fleur complète se féconde au moyen de son propre pollen»; que la fécondation *croisée* est le but vers lequel la nature tend de tous ses efforts.

Divers observateurs, après Sprengel, constatèrent les effets avantageux de la fécondation croisée sur le nombre des graines qu'une fleur peut donner, sur la vitalité et la persistance des races végétales.

La plupart de ces travaux étaient tombés dans l'oubli, ou peu s'en faut, lorsque l'apparition du livre célèbre de Darwin sur l'*Origine des espèces* vint leur donner la considération qu'ils méritaient. Darwin, en effet, y formulait la proposition suivante, de tout point conforme aux vues de Sprengel: «C'est une loi générale de la nature, quelque ignorants d'ailleurs que nous soyons sur le pourquoi d'une telle loi, que nul être organisé ne peut se féconder lui-même pendant un nombre indéfini de générations, mais qu'un croisement avec un autre individu est indispensable de temps à autre, quoique parfois à de très longs intervalles.»

Quelques années après, Darwin donnait une consécration définitive à la théorie nouvelle, en décrivant, avec une pénétration incomparable, les phénomènes d'adaptation réciproque des Insectes et des Plantes. Ses observations se trouvent consignées dans ses deux ouvrages sur la *Fécondation des Orchidées par les Insectes* et sur les *Effets de la fécondation croisée et de la fécondation directe dans le règne végétal*. Darwin y démontre que la fécondation croisée est la règle; que, dans les cas rares d'autofécondation, on reconnaît encore des dispositions propres à faciliter le transport du pollen d'une fleur à une autre. Les Plantes se trouvent ainsi sous la dépendance des Insectes, agents de ce transport, si bien que nombre d'entre elles disparaîtraient du globe, si les Insectes cessaient d'exister ou de les visiter.

Ce que Sprengel n'avait guère fait qu'entrevoir, l'horreur de la nature pour les perpétuelles autofécondations, Darwin l'établit par des preuves aussi multipliées qu'irrécusables. Des expériences variées de cent façons lui montrent avec une constance étonnante que, dans la lutte pour l'existence, les plantes soumises à la fécondation croisée l'emportent sur les individus de même espèce astreints à l'autofécondation. Fécondité augmentée, vitalité accrue, tels sont les avantages du croisement. Et ces effets bienfaisants sont l'œuvre des Insectes.

Une conséquence des rapports étroits qui unissent les Plantes et les Insectes, est leur adaptation réciproque. Les résultats en sont merveilleux, et laissent bien loin toutes les perfections vraies ou supposées devant lesquelles aimaient à s'extasier les contemplateurs finalistes des beautés de la nature. C'est dans la découverte de ces faits d'adaptation qu'éclate dans toute sa supériorité le génie pénétrant de l'illustre naturaliste anglais.

L'impression que produisirent ses découvertes fut énorme, et de tous côtés les naturalistes se jetèrent à l'envi dans le vaste champ qu'il venait d'ouvrir aux recherches. La moisson fut abondante, et le fonds est encore loin d'être épuisé. Parmi les savants qui, depuis Darwin, ont contribué à enrichir de faits nouveaux de la théorie florale, il faut citer surtout Delpino, Hildebrandt, Hermann Müller, Dodel-Port; la liste entière ne compterait pas moins d'une soixantaine de noms.

Tous les ordres d'Insectes interviennent à des degrés divers dans la fécondation des plantes. Mais le rôle prédominant appartient aux Hyménoptères, et parmi eux les Abeilles occupent incontestablement le premier rang.

L'existence des Abeilles, plus que celle d'aucun autre groupe d'Insectes, est étroitement liée à celle des fleurs. Seules, dès leur sortie de l'œuf, elles consomment du pollen et du miel, alors que les autres insectes ne recherchent les fleurs que pour leur alimentation personnelle, à l'état adulte. Encore n'y puisent-ils guère que le miel, et négligent-ils souvent le pollen. Les Abeilles recueillent avidement l'un et l'autre; et les mieux douées d'entre elles, les Sociales, en accumulent d'énormes réserves. Ne vivant que des fleurs, elles sont mieux adaptées aux fleurs, et cette adaptation atteint même chez elles une incomparable perfection. Si elles le cèdent, pour la longueur de la trompe, aux Lépidoptères, ce qui leur interdit l'accès d'un certain nombre de fleurs tubuleuses, ce sont elles qui, après eux, sont encore le mieux douées à cet égard; et le nombre de fleurs que les Abeilles sont seules à pouvoir visiter, et dont seules par suite elles assurent la fécondation, est incalculable.

Quant à l'appareil collecteur de pollen, il est la propriété exclusive des Abeilles. Il constitue, dans les diverses formes qu'il affecte, la plus parfaite adaptation possible au but qu'il est destiné à remplir.

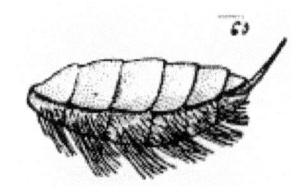

Fig. 114.—Brosse ventrale de Gastrilégide.

Chez les Gastrilégides, la brosse ventrale (fig. 114), par l'étendue de sa surface, la quantité, par suite, considérable de pollen qu'elle peut transporter, est supérieure à la brosse tibiale ou fémoro-tibiale des autres Anthophiles. Elle est aussi mieux adaptée peut-être à la récolte du pollen sur de larges surfaces. Aussi les Gastrilégides affectionnent-ils plus particulièrement les fleurs ouvertes; ils sont les visiteurs assidus, et pour ainsi dire attitrés, des capitules des Synanthérées. Sur ces larges champs d'étamines portées à une hauteur uniforme, leur ventre velu n'a qu'à se promener, avec ses trépidations rapides, pour se charger en peu de temps d'une grande masse de poussière fécondante. Ces Abeilles ne sont point pour cela inhabiles à recueillir le pollen des autres fleurs. Mais ce sont les Abeilles à brosses tibiales, qui excellent dans l'exploitation de ces dernières, sans dédaigner néanmoins les fleurs ouvertes ou composées. En somme, moins spécialisées dans un sens, les Podilégides et Mérilégides sont plus aptes à tirer parti des fleurs les plus variées, et l'on peut même dire que, chez elles, la perfection de l'appareil collecteur est proportionnée au degré d'industrie des diverses espèces. Le premier rang appartient encore ici aux Abeilles Sociales, et parmi elles aux espèces du genre *Apis*.

Fig. 115.—Patte d'Andrène.   Fig. 116.—Brosse tibiale d'Anthophore.

On peut préciser davantage encore et établir une échelle de gradation entre les divers types d'Abeilles, au point de vue de l'appareil collecteur. Cette série, on doit s'y attendre, n'est point continue, et le perfectionnement n'y suit point une ligne régulièrement ascendante.

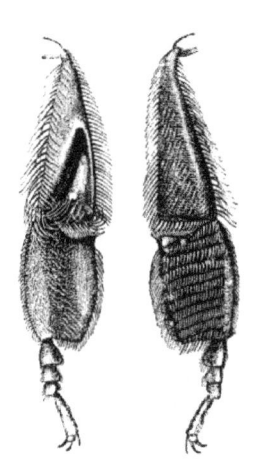

Fig. 117.—Brosse et corbeille de l'Abeille domestique.

Tout au bas de l'échelle, se placent sans contredit les espèces dénuées de tout appareil collecteur, les Prosopis, dont le corps plus ou moins glabre ne présente de brosses d'aucune sorte. Ces espèces, qu'on a pu, par suite de cette absence, considérer quelquefois comme non récoltantes, n'en récoltent pas moins cependant. Seulement, c'est leur estomac qui remplace brosses et corbeilles; elles ingurgitent le pollen, qu'elles dégorgent ensuite, avec le miel, dans leurs cellules.

Tout à côté des Prosopis, nous trouvons les Collétès, dont le corps est velu, les pattes postérieures garnies de poils abondants et fort longs, quelquefois même extrêmement développés aux trochanters et aux fémurs. L'appareil collecteur est ici constitué; c'est une véritable brosse tibio-fémorale, plus fémorale que tibiale, avec adjonction d'une brosse métathoracique, car les poils du métathorax, longs et recourbés, se chargent de pollen en même temps que les pattes postérieures.

La même forme absolument existe chez d'autres Abeilles à langue courte, les Halictes et les Andrènes, qui possèdent, comme les Collétès, des poils collecteurs au métathorax et aux pattes postérieures; mais, tandis que la houppe coxale s'amoindrit chez les Halictes, elle se développe et se perfectionne chez les Andrènes, où elle devient longue et touffue (fig. 115).

Déjà chez les Cilisses, alliées des Collétès, les poils collecteurs abandonnent le thorax, les hanches et les fémurs, et se localisent sur les tibias et le premier article des tarses; la brosse tibiale est faite, et se maintiendra dans toute la série restante des Apiaires. Il ne faut pas oublier cependant que les Dasypodes, plus voisines des Cilisses que des Collétès, ont conservé de ces derniers les poils collecteurs des fémurs, mais non des hanches et du thorax; de plus, particularité qui leur est propre, les poils de la brosse du tibia et du tarse acquièrent une longueur exceptionnelle.

Les Anthophorides, Podilégides de Lepeletier de Saint-Fargeau, présentent, dans sa forme typique, la brosse tibio-tarsienne ou plus simplement tibiale, car celle du tarse tend à s'effacer chez ces Abeilles (fig. 116). Supérieures à tant d'égards aux Abeilles à courte langue, elles leur cèdent peut-être le pas au point de vue de l'appareil collecteur, si l'on considère, non point la perfection de sa structure, mais son étendue. Les poils du tibia, chez l'Anthophore, sont longs et raides, et constituent une brosse parfaite; mais, si lourdement chargée qu'elle soit, cette brosse porte relativement moins de pollen que l'ensemble des poils collecteurs chez le Collétès ou l'Andrène.

Si ce dernier type d'appareil collecteur n'est pas de tous le plus parfait, eu égard à la somme de travail produit, il a l'avantage de fournir la transition à celui qui réalise l'adaptation la plus parfaite. La brosse tibiale de l'Anthophore mène à la corbeille de l'Abeille sociale (fig. 117). Cette brosse perd tous ses poils et se creuse; les deux bords de la surface dénudée restent garnis d'une rangée de longs cils. Une pâte faite de pollen et de miel pétris n'eût pu s'intercaler entre les poils d'une brosse. Cette pâte adhère très bien au fond lisse de la corbeille. Il y a sans doute quelque avantage à ce que cette mixture soit faite au moment même de la récolte, puisqu'elle s'opère en tout cas, et à l'entrée de la cellule, chez l'Abeille solitaire. Probablement l'économie du temps est-elle la raison principale. Le premier article des tarses perd aussi ses longs poils; il devient impropre à se charger de pollen; il n'est plus qu'un instrument de raclage, de nettoyage, par sa face interne: il devient même, chez l'Abeille domestique, une véritable étrille, à rangées régulières de courtes épines. L'appareil collecteur a atteint son plus haut degré de perfection, et l'hyménoptère récoltant le dernier terme de son adaptation.

On voit ainsi, à mesure qu'on s'éloigne des Abeilles inférieures, l'étendue de la brosse se réduire, les poils collecteurs quitter successivement le métathorax, les hanches, les fémurs. Ils diminuent aussi d'autre part sur la face externe du premier article des tarses. En sorte que le perfectionnement de l'Abeille est le résultat d'une tendance manifeste à la localisation des poils collecteurs dans la région moyenne des pattes postérieures, dans le tibia.

Ces gradations permettent de se faire une idée de ce que purent être les premières Abeilles, qui commencèrent à renoncer au procédé primitif et imparfait de récolte conservé par les Prosopis jusqu'à l'époque actuelle, l'ingurgitation. Les formes les plus velues, parmi des espèces à peu près glabres, comme les Prosopis de nos jours, rentraient au nid plus ou moins saupoudrées de poussière pollinique. Après avoir dégorgé la bouillie de pollen et de miel amassée dans son jabot, l'Abeille faisait, comme aujourd'hui, sa toilette au fond du nid, brossait le pollen qui la couvrait et l'embarrassait, à l'entrée de la cellule, et la pâtée s'augmentait d'autant.

Il y eut donc avantage, pour l'espèce, à charger sa toison de pollen. De là naquit l'instinct de le recueillir à l'aide des poils, et non plus seulement par la bouche. Amassé d'abord par n'importe quelle partie du corps, mais surtout par les parties inférieures, les pattes d'une part, la face inférieure de l'abdomen de l'autre, s'adaptèrent, dans deux séries différentes d'Abeilles, à cette fonction nouvelle. Ainsi prirent naissance les Podilégides, dans le sens le moins restreint du mot, et les Gastrilégides.

Dans la première de ces lignées de Récoltants, les pattes postérieures, laissant à d'autres usages les pattes des deux premières paires, restèrent seules chargées, d'abord avec les régions du corps les plus voisines, de la cueillette du pollen. L'appareil collecteur formé, des réductions successives n'avaient qu'à le localiser de plus en plus, jusqu'à la brosse tibiale des Anthophores, jusqu'à la corbeille des Abeilles sociales.

Pendant que l'organe à cueillir le pollen se formait et se perfectionnait, simultanément la lèvre inférieure s'adaptait à l'usage de puiser le nectar au fond des fleurs. Extrêmement courte chez les Abeilles primitives, tout au plus propre à lécher des nectaires facilement accessibles, comme chez les Prosopis et les Collétès, elle s'allongeait graduellement, devenait trompe, et apte à atteindre le liquide sucré dans des fleurs de plus en plus profondes. Les Gastrilégides, au point de vue de cette faculté, ne sont point inférieurs aux Abeilles solitaires ordinaires, et ne cèdent le pas qu'aux sociales. Chez ces dernières, la trompe acquiert le maximum de longueur, de même que la corbeille est l'instrument le plus parfait pour emmagasiner le pollen.

Arrivons aux fleurs maintenant, et passons en revue les étonnants résultats que l'adaptation a produits en elles, tant pour rendre leur visite profitable aux Insectes, que pour procurer aux fleurs mêmes les avantages du croisement.

Nous commencerons par les Orchidées, dont l'organisation, merveilleuse entre toutes, est si bien adaptée aux services que ces plantes reçoivent des Insectes, et particulièrement des Abeilles, que toute fécondation est impossible chez elles sans le secours de ces animaux.

C'est à l'incomparable génie d'observation de Darwin que l'on doit la révélation du mystère de leur fécondation. Dans son immortel ouvrage sur la *Fécondation des Orchidées*, le célèbre naturaliste étudie avec un soin minutieux l'organisation florale des principaux types indigènes et exotiques de la famille, et décrit avec une étonnante sagacité les curieuses dispositions organiques, effets de l'adaptation, qui assurent à ces plantes les bénéfices de la fécondation croisée.

Nous nous contenterons de choisir un de ces types pris parmi les plus communs dans nos contrées, l'*Orchis mascula*.

Dans cette plante, comme dans la très grande majorité des Orchidées, les étamines sont réduites à une seule, et cette unique étamine à son anthère. Celle-ci, considérablement développée, a ses deux loges pollinigères ouvertes, à maturité, par une fente longitudinale. Dans chacune de ces loges se trouve un pollen, non point pulvérulent, comme dans les fleurs ordinaires, mais à gros grains en forme de coin, pris en un seul corps en forme de massue, qu'on appelle une *pollinie* (fig. 118, 5).

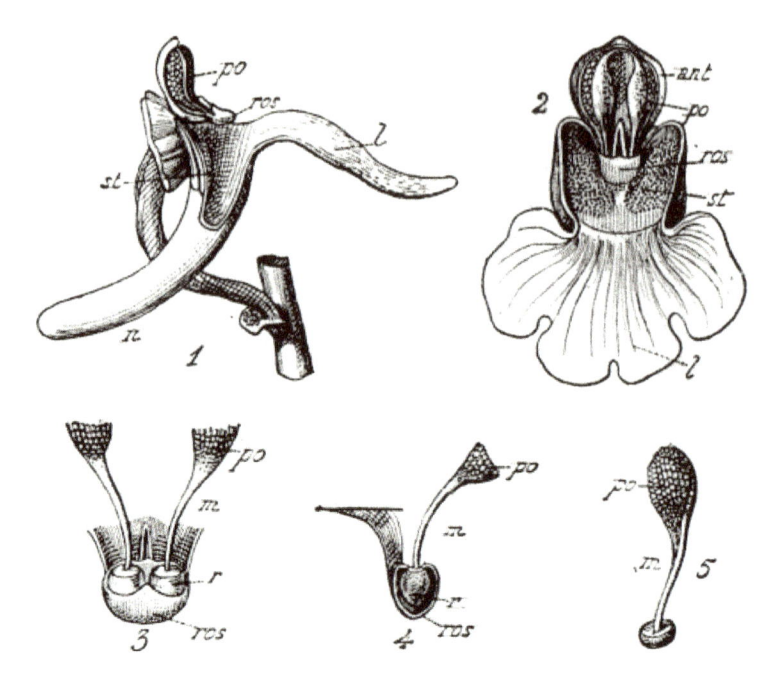

Fig. 118.—Orchis mascula. 1, Fleur vue de profil; 2, vue de face (sépales et pétales enlevés, sauf le labelle); 3, rostellum et pollinies vues de face; 4, id. sectionnés; 5, pollinie; l, labelle; st, stigmate; ros, rostellum; ant, anthère; po, pollinie; n, nectaire; m, caudicule; r, rétinacle.

Chaque pollinie repose, par sa base rétrécie ou *caudicule*, *m*, sur un petit corps visqueux, le *rétinacle*, *r*, lequel est logé dans une sorte de sac appelé *rostellum*, *ros*. Ce dernier organe est revêtu d'une membrane, que le plus léger contact fait éclater suivant une ligne transversale sinueuse; la partie inférieure de la membrane s'abaisse alors comme une lèvre, et les deux rétinacles sont mis à découvert.

Le rostellum fait saillie dans la gorge de la corolle, au-dessus de l'ouverture du tube nectarifère, et au-dessus en même temps de deux saillies, situées du même côté que lui, à la partie supérieure de ce tube. Ces deux saillies sont les stigmates.

Les pollinies ne peuvent pas sortir spontanément de leurs loges. A supposer qu'elles le pussent, jamais elles ne pourraient rencontrer les saillies stigmatiques; elles tomberaient ou hors de la fleur sur le labelle, ou dans le tube nectarifère.

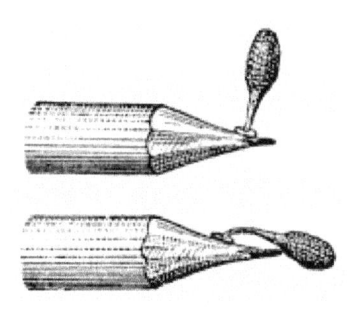

Fig. 119.—Pollinies d'orchidée fixées sur un crayon.

De là la nécessité de l'intervention des Insectes, dont Ch. Darwin a admirablement analysé le mécanisme par ses expériences.

Si l'on introduit dans le tube de la corolle un bout de crayon taillé (fig. 119), afin de simuler un insecte qui vient y puiser le nectar, il est impossible que cet objet ne vienne pas buter contre la saillie du rostellum. La membrane qui l'enveloppe se rompt aussitôt, la lèvre inférieure s'abaisse, les rétinacles sont mis à nu, et l'un d'eux au moins, sinon l'un et l'autre, se colle au crayon qui le touche; le crayon, alors retiré, emporte la pollinie.

L'air a bientôt desséché la matière visqueuse du rétinacle, et la pollinie adhère solidement au support. Si, dès qu'elle vient d'être saisie, on présente de même le crayon à une autre fleur, la petite massue dressée viendrait heurter le rostellum, et rien de nouveau ne se produirait, à moins que le fait déjà observé ne se renouvelât; mais la pollinie en question ne pourrait atteindre le stigmate.

Mais si l'on attend quelques instants, on ne tarde pas à voir la pollinie s'infléchir sur sa base, par un effet de dessiccation de la partie inférieure du caudicule, jusqu'à faire un angle à peu près droit avec sa position première, de manière à se coucher suivant la pointe du crayon. Il faut de trente à cinquante secondes pour que ce mouvement soit effectué.

Si, en l'état, on introduit le crayon dans une autre fleur, la pollinie abaissée ne heurtera plus le rostellum, passera dessous, et ira naturellement buter contre les stigmates; les grains de pollen se détachent alors, et la fécondation se produit.

Si, au lieu du crayon, nous concevons qu'une abeille cherche à introduire sa tête dans la gorge de la corolle, pour allonger sa trompe vers le nectaire, le front, les yeux ou telle autre partie de la face de l'insecte toucheront le rostellum, et l'abeille se retirera, le nectar bu, chargée d'une ou deux pollinies. La première fleur qu'elle ira l'instant d'après visiter, ou la seconde, pourra recevoir les grains de pollen et subir la fécondation croisée.

Il faut noter, dans ce mécanisme ingénieusement compliqué, que le degré d'inclinaison de la pollinie sur sa base est mathématiquement calculé pour que la partie renflée de la massue vienne exactement à la hauteur du stigmate. De plus, cette inflexion se fait et ne peut se faire que d'un côté, pour être efficace; si la pollinie, au lieu de se pencher en avant, tombait à droite, ou à gauche, ou en arrière, elle ne toucherait point le stigmate. Et pour qu'elle ait lieu dans le sens voulu, il faut que la partie rétrécie du caudicule ait la propriété de se raccourcir par la dessiccation seulement d'un côté. C'est donc en vertu de sa structure particulière que le caudicule s'incline, et non, comme on pourrait le croire, par l'effet de la pesanteur. Si l'on répète l'expérience de Darwin, on verra toujours la pollinie se coucher vers la pointe du crayon.

Remarquons enfin la précaution prise pour que la substance adhésive du rétinacle, si prompte à se dessécher à l'air, reste humide jusqu'au moment opportun. Une membrane l'enveloppe dans le rostellum et oppose à l'air extérieur un obstacle infranchissable; et cet obstacle tombe comme par enchantement et découvre le rétinacle, à l'instant précis où cela est nécessaire.

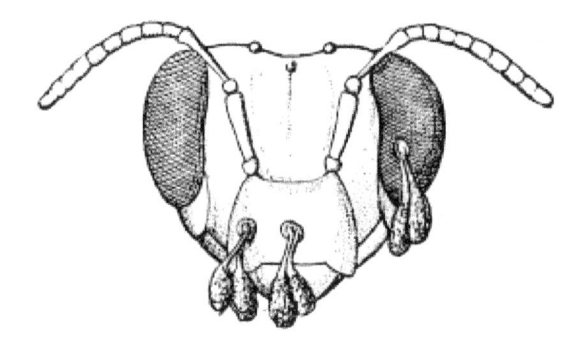

Fig. 120.—Tête d'Anthophore, portant des pollinies d'orchidée.

On rencontre souvent, dans les prairies où fleurissent des Orchidées, des Abeilles, des Papillons, dont la tête porte des pollinies ravies à ces plantes. C'est ordinairement aux yeux qu'elles adhèrent, quelquefois en assez grand nombre pour défigurer l'insecte et, sans doute, gêner sensiblement sa vision (fig. 120).

L'examen d'autres Orchidées nous montrerait des exemples d'une adaptation aussi parfaite que celle de l'*Orchis mâle*, avec d'infinies variétés dans les détails. Nous nous bornerons à signaler quelques curieux procédés propres à certains genres de la famille, pour fixer les pollinies à la tête des insectes.

Chez les *Listera*, le pollen, au lieu d'être pris en masse comme dans les *Orchis*, est pulvérulent. Il ne pourrait adhérer à l'insecte si, au moment où il heurte le rostellum, cet organe ne dardait sur lui, en s'ouvrant, une gouttelette de liquide, qui permet au pollen d'adhérer à la tête du visiteur.

Chez les *Catasetum*, de la tribu des Vandées, du voisinage des stigmates s'élève, à droite et à gauche, une longue antenne recourbée, que l'insecte doit nécessairement toucher. Le caudicule de la pollinie, qui est élastique, est recourbé et maintenu dans cette position, avec une tension assez énergique, par une mince membrane. Au moindre frôlement d'une antenne, ce ressort se détend, et la pollinie est lancée violemment contre la tête de l'insecte, à laquelle il adhère. Telle est la force de projection, en certains cas, que la pollinie est portée à près d'un mètre. Elle est d'ailleurs toujours projetée le rétinacle en avant, de façon qu'elle ne peut jamais manquer le but.

La famille des Asclépiadées nous offre certaines formes dont l'adaptation aux Insectes n'est pas moins merveilleuse que celle des Orchidées.

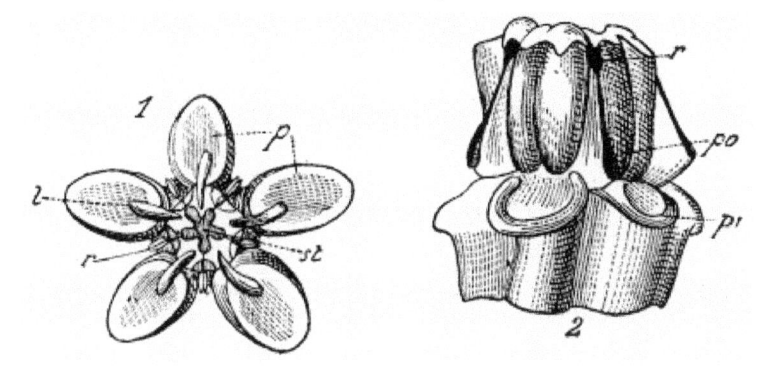

Fig. 121.—Asclepias cornuti. 1, Fleur vue d'en haut (sépales et pétales enlevés); 2, id. vue de côté, les cornets enlevés.—p, cornets; p', base des cornets enlevés; po, pollinies; r, rétinale; st, fentes stigmatiques.

Hildebrandt et H. Müller ont parfaitement étudié la fécondation de l'*Asclepias cornuti*. Les ovaires, dans cette plante, sont surmontés d'une sorte de colonne charnue, représentant les anthères des étamines et les stigmates. Ceux-ci présentent la forme de cinq fentes longitudinales, modérément béantes. Les anthères alternent avec eux et contiennent, dans chacune de leurs deux loges, une pollinie, dont le caudicule se porte sur le côté, à la rencontre, au-dessus d'une fente stigmatique, de la pollinie de l'anthère voisine; deux pollinies concourent ainsi à un petit corps glandulaire, auquel elles se soudent, et qui leur constitue un rétinacle commun (fig. 121).

Quand une abeille ou tout autre insecte vient butiner sur une de ces fleurs, le nectar étant contenu dans des appendices en forme de cornet, portés par les étamines tout autour de la colonne charnue, il faut que l'insecte se pose nécessairement sur le haut de la colonne. Dans ses mouvements pour passer d'un cornet à un autre, il ne peut manquer de poser quelque patte, sinon plusieurs, sur les rétinacles, qui se fixent inévitablement à ses tarses.

Fig. 122.—Patte de Bourdon portant des pollinies d'Asclepias.

Les doubles pollinies, quand elles viennent de se détacher de leurs loges, sont très écartées l'une de l'autre; elles ne peuvent, en cet état, s'engager dans les fentes stigmatiques, trop étroites pour les recevoir, en sorte que la fleur qui vient de livrer ses pollinies ne pourrait être fécondée par son propre pollen. Mais, au bout de quelque temps, les caudicules se contractent, et les deux pollinies se rapprochent, presque à se toucher. Le temps qu'il faut pour que ce mouvement s'effectue est très court, et sensiblement égal au temps qu'il faut à l'insecte pour passer d'une fleur à une autre. Quand il y arrive, les pollinies sont donc en état de pénétrer dans les chambres stigmatiques, et la fécondation se produit. Le croisement est donc ici tout aussi sûrement atteint que chez les Orchidées.

Les Sauges, de la famille des Labiées, sont parfaitement adaptées aussi à la fécondation croisée par l'intermédiaire des Insectes.

Elles diffèrent des Labiées normales en ce qu'elles n'ont que deux étamines au lieu de quatre. De plus, ces étamines ont une conformation bien singulière. Les deux loges de l'anthère, au lieu d'être adossées l'une à l'autre, sont portées à une grande distance, à chaque bout d'un long balancier très arqué, articulé vers son tiers inférieur au sommet du filet. Des deux anthères, la plus bas située est la plus petite, et contient peu ou point de pollen. L'autre, la plus grande et la plus élevée, en contient beaucoup (fig. 124).

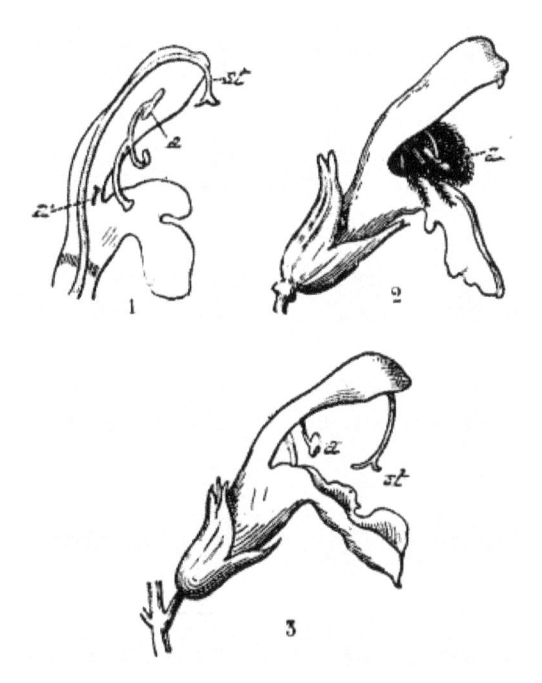

Fig. 123.—Sauge. 1, Section de la fleur; 2, abeille dans la fleur, frappée par les anthères; 3, fleur plus avancée, stigmate accru, a, étamine; a', étamine avortée; st, stigmate.

Quand une Abeille ou un Bourdon vient se poser sur la lèvre inférieure, qui semble s'étaler tout exprès pour recevoir le visiteur, celui-ci, en s'avançant vers l'intérieur de la corolle, ne peut manquer de donner de la tête contre les petites anthères. Le balancier bascule aussitôt, les grandes anthères viennent frapper les flancs de l'animal, et l'aspergent de pollen (fig. 123, 2).

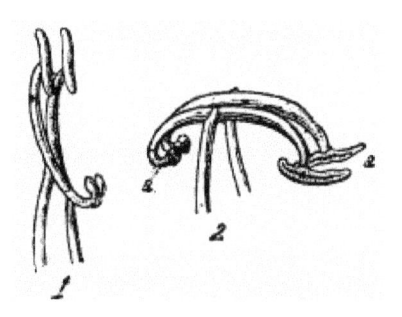

Fig. 124.—Étamines de sauge. 1, avant; 2, après l'abaissement.

La fleur qui vient de livrer ainsi son pollen n'est pas actuellement fécondable. Les étamines sont mûres avant le stigmate, cas très fréquent dans

- 251 -

le règne végétal, et la fleur est dite alors *protérandre*. Le stigmate, au moment où le pollen est mûr, est tout au haut du capuchon formé par la lèvre supérieure de la corolle, au sommet d'un long style. L'insecte que les étamines saupoudrent de pollen ne peut donc toucher le stigmate. Mais à mesure que les étamines vieillissent et se dépouillent de leur pollen, le style s'allonge en se recourbant en bas et en avant, et quand les étamines sont flétries, le stigmate, avec ses deux branches étalées, est arrivé à la place même où les grandes anthères venaient précédemment frapper l'insecte. Le Bourdon, déjà garni de pollen pour avoir fréquenté des fleurs plus jeunes, ne pourra manquer, en entrant dans celle-ci, d'en déposer quelques grains sur son stigmate. Et encore ici la fécondation croisée est seule possible.

L'exemple le plus étonnant peut-être de parfaite adaptation d'une fleur à la fécondation croisée par l'intermédiaire des Insectes, nous est donné par une Scrofularinée, le *Pedicularis sylvatica*. H. Müller a fait une étude complète de cette fleur, et découvert la raison d'être des moindres détails de sa structure ingénieusement compliquée (fig. 125).

La lèvre supérieure de la corolle, en forme d'étroit capuchon, enferme le style et les étamines. Le premier, recourbé à son sommet, laisse saillir le stigmate au dehors. Les anthères, étroitement appliquées, ont leurs ouvertures en regard, se fermant l'une l'autre, de manière à empêcher leur pollen de tomber. Impossibilité absolue, par conséquent, d'autofécondation.

L'entrée de la corolle est fort étrange. Le haut laisse échapper le style au dehors du capuchon. Vient ensuite une fente, assez large dans sa portion supérieure, pour laisser passer la tête d'un Bourdon, rétrécie au-dessous et garnie de denticules sur ses deux bords, qui se contournent vers l'extérieur. Il faut ajouter encore, que la paroi opposée de la corolle porte deux enfoncements ou sillons longitudinaux, dont le fond fait saillie dans l'intérieur de la fleur.

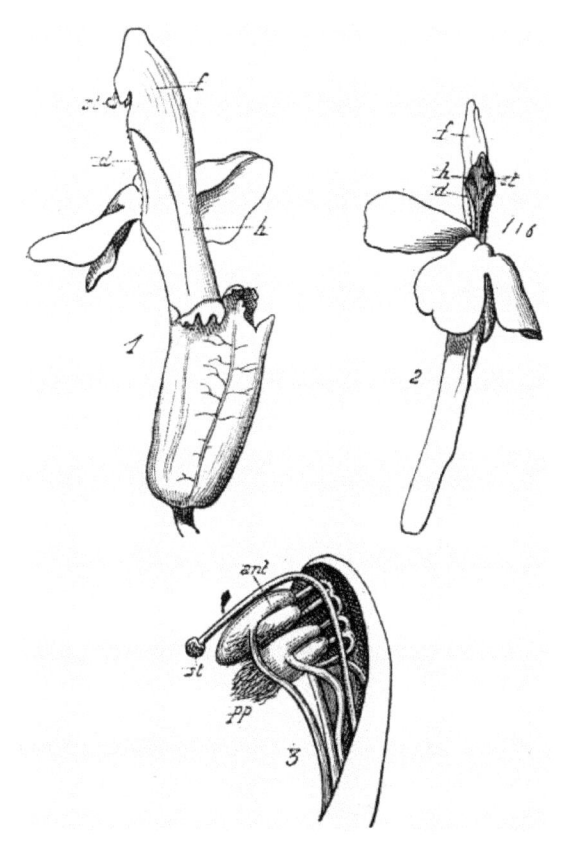

Fig. 125—Pedicularis sylvatica. 1, Fleur vue de dos; 2, vue de face; 3, étamines et pistil; ant, anthères; st, stigmate; f, capuchon de la corolle renfermant les anthères; d, lèvre supérieure denticulée; h, enfoncement du dos de la corolle, faisant saillie en avant.

Voyons maintenant les conséquences et le but de cette complexe et bizarre structure. Un Bourdon se pose sur la plate-forme de la lèvre inférieure, et, pour atteindre le nectar, qui se trouve à la base de l'ovaire, tout au fond du tube de la corolle, il insinue sa tête dans le haut de la fente de la corolle, où elle s'engage sans peine, tandis que l'insecte allonge sa trompe vers le nectaire. Il donne ainsi de la tête contre les saillies internes de la corolle, les écarte l'une de l'autre, distend par suite les bords de la fente, au-dessous de lui. Or, ces bords sont munis, non loin du stigmate, de deux sortes de dents, dont l'usage est de retenir les étamines dans l'intérieur du capuchon. Les étamines pressent, par un effet de ressort, contre cet obstacle. Dès qu'il cède, comme un déclenchement s'opère, les étamines se projettent brusquement au dehors, et s'abattent sur le dos du Bourdon.

Si les étamines frappaient l'insecte en conservant leur disposition relative, pas un grain de pollen n'en sortirait, puisque leurs orifices se bouchent réciproquement. Mais un artifice aussi simple qu'ingénieux vient à bout de la difficulté. La lèvre inférieure de la corolle, au lieu d'être symétrique et horizontale, est irrégulière et oblique, au point qu'un côté est plus haut que l'autre de quelques millimètres. Le Bourdon posé dessus ne peut avoir lui-même qu'une position inclinée. Il en résulte que sa tête ne heurte que l'une après l'autre les saillies de la corolle. C'est donc successivement aussi que se produit le déclenchement des étamines, et, l'une, puis l'autre, viennent frapper l'insecte, leur orifice libre, et l'asperger de poussière fécondante.

Quand le Bourdon passe ensuite à une autre fleur, il la féconde inévitablement, car, détail omis à dessein, ce qu'il rencontre tout d'abord en poussant sa tête à l'entrée de la corolle, c'est le stigmate qui le frôle, juste à l'endroit où il va, l'instant d'après, être atteint par le choc des étamines, l'endroit précisément où l'ont déjà touché les étamines de la fleur qu'il vient de quitter.

Les exemples qui précèdent disent assez quelle est l'intimité des rapports unissant les Fleurs aux Insectes et plus particulièrement aux Abeilles; ils montrent à quel degré de perfection peut atteindre leur adaptation réciproque. Pour avoir été choisis, les faits que nous avons cités ne doivent pas être tenus pour exceptionnels. C'est par milliers que d'autres, tout aussi probants, moins saisissants peut-être dans les détails, enrichissent les livres des Darwin, Hildebrandt, H. Müller, Delpino et bien d'autres. Tous proclament avec non moins d'éloquence la généralité de la grande loi de fécondation croisée, l'intervention impérieusement exigée des Insectes pour la produire.

Telles sont, sans exception, toutes les plantes *diclines*, c'est-à-dire à sexes séparés, chez lesquelles, au lieu de fleurs complètes, pourvues à la fois d'étamines et de pistils, n'existent que des fleurs staminées d'une part, des fleurs pistillées de l'autre. Que les fleurs de même ordre soient portées par le même pied (plantes monoïques), ou par des individus différents (plantes dioïques), en aucun cas il n'y a possibilité d'autofécondation. Sans doute les courants d'air, les vents, peuvent transporter à distance le pollen des fleurs mâles sur les fleurs femelles. Certaines plantes ne sont guère fécondées autrement (plantes *anémophiles*). Mais le plus souvent la fécondation est subordonnée, chez les plantes diclines, à l'action des Insectes; elles sont *entomophiles*.

Les plantes que Sprengel a appelées *dichogames*, celles dans lesquelles les étamines et les pistils ne sont pas mûrs en même temps, réclament encore l'intervention des Insectes. Qu'il s'agisse de fleurs protérandres, dont nous avons déjà vu quelques exemples, ou qu'il s'agisse de fleurs protérogynes, dans les deux cas l'autofécondation est impraticable, et la fécondation par les Insectes seule possible. Aux Hyménoptères, et parmi ceux-ci aux Mellifères, appartient le rôle prépondérant dans le transport du pollen chez ces plantes.

Il est encore un autre type de disposition florale tout aussi favorable que les précédents à la fécondation croisée, et tout aussi exigeante, quant au secours qu'elle exige des Insectes. C'est l'*hétérostylie*, dont les Primevères fournissent un exemple devenu classique, depuis les études de Darwin. Elle consiste en ce que, dans la même espèce, certaines fleurs sont pourvues de longs styles et d'étamines courtes, d'autres fleurs ont au contraire des styles courts et des étamines longues (fig. 126).

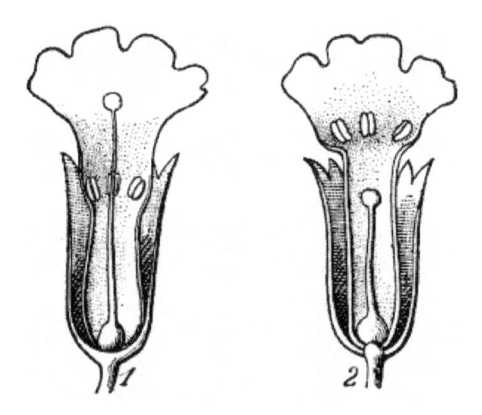

Fig. 126.—Primevères.

Cette disposition, connue de Sprengel, attendait de Darwin sa véritable et seule explication. Elle a pour but de favoriser la fécondation croisée, dont les agents, chez les Primevères, sont surtout les Bourdons. Quand un de ces insectes visite une de ces fleurs à long style, sa trompe, au contact des étamines, se charge de pollen, précisément à la hauteur qui viendra au contact du stigmate, quand il visitera une fleur à style court. Par contre, s'il allait sur une fleur à long style, ce pollen ne pourrait être déposé sur son sommet. Lorsque l'insecte visite une fleur à style court, le pollen s'attache à la trompe plus près de la tête, et à une hauteur correspondante à celle du stigmate d'une fleur à long style (fig. 127).

Les deux dispositions ne sont donc pas seulement inverses; les dimensions des étamines sont de plus calculées de telle façon, que les Insectes ne puissent communiquer le pollen de l'une des formes qu'à la forme opposée, qu'ils n'opèrent en un mot que la fécondation croisée.

Darwin ne s'est pas d'ailleurs contenté de la détermination de ces rapports. Par des expériences nombreuses et précises, il s'est assuré que l'échange du pollen entre les deux formes est favorable aux fleurs; qu'elles donnent un plus grand nombre de graines quand il a lieu, que lorsque le pollen et le pistil d'une même forme agissent l'un sur l'autre, auquel cas elles produisent beaucoup moins, sans rester toutefois infécondes, ainsi que cela s'observe ailleurs.

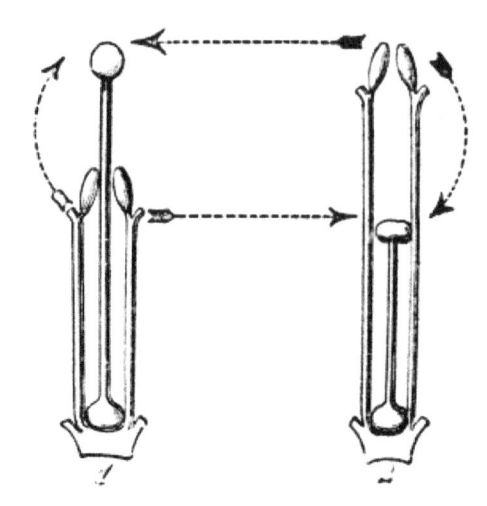

Fig. 127.—Schéma des unions légitimes (sens horizontal) et illégitimes (sens vertical) chez les Primevères.

La Salicaire (*Lythrum salicaria*) nous offre un exemple plus curieux encore que la Primevère, car il existe chez elle trois formes au lieu de deux, trois longueurs de styles et trois longueurs d'étamines; étamines et styles des trois sortes combinés de telle façon dans trois formes de fleurs, qu'il existe les trois systèmes suivants (fig. 127):

Fleurs à pistil long, à étamines moyennes et petites.

Fleurs à pistil moyen, à étamines longues et petites.

Fleurs à pistil court, à étamines longues et moyennes.

Le lecteur peut concevoir, après ce qui a été dit de la Primevère, que, dans chaque forme de fleur, le pistil ne pourra être fécondé que par le pollen d'étamines de même longueur, et par conséquent venant d'une fleur de l'une des deux autres formes. Ainsi que Darwin l'a observé, les étamines de longueur différente n'abandonnent leur pollen que sur des parties différentes du corps de l'Insecte qui les visite. «Quand les Abeilles sucent les fleurs, dit Darwin, les anthères des plus longues étamines pourvues de grains polliniques verdâtres sont portées contre l'abdomen et contre les côtés internes des pattes postérieures, et il en arrive de même au stigmate de la forme à long style. Les anthères des étamines moyennes et le stigmate de la forme à style moyen sont frottés contre la surface inférieure du thorax et entre la paire de pattes antérieures. Enfin, les anthères des plus courtes étamines et le stigmate de la forme à style court sont frottés contre la trompe et le menton.»

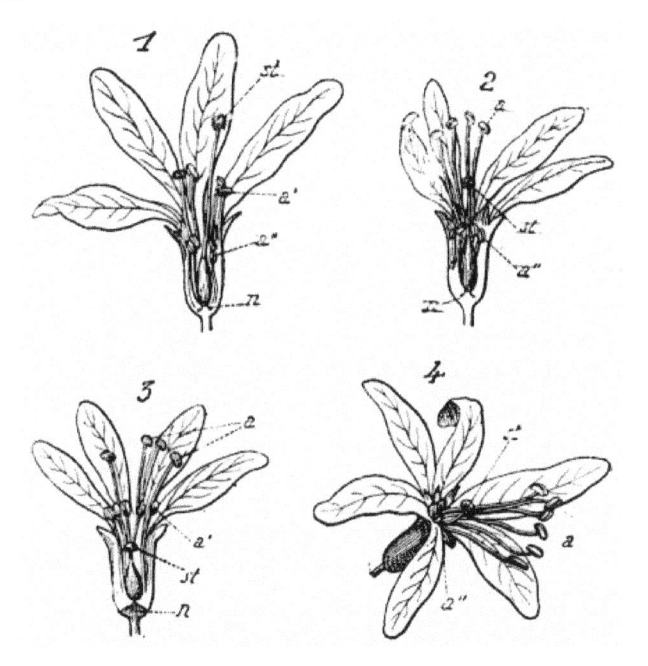

Fig. 128.—Salicaire. a, étamines longues; a', étamines moyennes; a", étamines courtes; st, stigmate.

Après des faits aussi frappants, et qui tous parlent dans le même sens, est-il besoin d'insister sur une foule de données accessoires? Hésitera-t-on, par exemple, à admettre que la grandeur et la coloration des fleurs, qui augmentent leur visibilité, les odeurs, tantôt suaves, tantôt désagréables pour nous, qu'elles répandent et qui révèlent au loin leur présence, aient pour but unique d'attirer les Insectes qui les fécondent? Le rôle de protection pour les organes reproducteurs qu'on a voulu attribuer aux enveloppes florales, serait autrement bien rempli par des feuilles résistantes et vertes comme les autres, plutôt que par ces pétales au tissu délicat, aux brillantes couleurs. A peine la fécondation opérée, pourquoi, ce prétendu appareil protecteur, le voit-on se flétrir et tomber? Son rôle de protection du pistil est-il donc tout à coup devenu inutile? Non, mais son rôle véritable est terminé; le rôle d'*enseigne*, la *fonction vexillaire*,—expression de Delpino,—a fait son temps.

En échange des services rendus par les Insectes, les Fleurs sécrètent pour eux, rien que pour eux, le nectar, car ce liquide n'est d'aucune utilité pour les Fleurs elles-mêmes. C'est là le plus puissant moyen d'attraction que les

Plantes possèdent, et l'effet en est démontré par toutes les observations, par les expériences sans nombre de Ch. Darwin et des savants qui l'ont suivi.

Tout semblable est le rôle du pollen, qui n'est pas moins utile que le nectar aux Insectes, et surtout aux Abeilles. Aussi la poussière fécondante est-elle produite en quantité beaucoup plus considérable qu'il n'est nécessaire à la fécondation des Plantes. Une plus grande part en est donc par avance destinée aux Abeilles.

Concluons, enfin, qu'une admirable harmonie existe entre le monde des Fleurs et le monde des Abeilles. C'est bien justement que ces utiles Insectes ont reçu le nom d'Anthophiles. Les Abeilles ne vivent que par les Fleurs. Aucun insecte n'a, autant qu'elles, son existence étroitement liée à celle des Fleurs. Le Papillon lui-même n'en vit qu'un court instant; il est mangeur de feuilles à son premier âge. L'Abeille vit des Fleurs à tout âge. Différentes comme elles le sont, ces deux sortes de créatures, par l'intimité de leurs relations mutuelles, font une des plus étonnantes merveilles de la nature animée. La structure des Abeilles est admirablement adaptée à tirer le meilleur parti possible des Fleurs. Les Fleurs, d'autre part, présentent une richesse inouïe d'inventions pour les attirer, et elles ne payent pas trop cher leur libéralité, grâce aux avantages qu'elle leur procure. «Cent mille espèces de Plantes, dit Dodel-Port, disparaîtraient rapidement de la surface du globe, si elles cessaient tout à coup de produire des fleurs colorées et nectarifères.» Toutes les espèces d'Abeilles disparaîtraient sans exception, si les Fleurs cessaient d'exister, ou si elles cessaient de produire du nectar et du pollen.

NOTES

[1] Shuckard, *British Bees*.

[2] A. Lefebvre, *Note, sur le sentiment olfactif des antennes. Ann. de la Soc. Entomologique de France*, 1838.

[3] Perris, *Mémoire sur le siège de l'odorat dans les Articulés. Actes de la Soc. Linnéenne de Bordeaux*, 1850.

[4] John Lubbock, *Fourmis, Abeilles et Guêpes*, tome II, p. 49.

[5] Sourbé, *Traité théorique et pratique d'apiculture mobiliste*.

[6] *Origine des espèces*, édition française définitive, p. 296.

[7] Voir plus loin les métamorphoses des *Sitaris*, parasites des Anthophores.

[8] Assmuss, *Die Parasiten der Honigbiene*.

[9] Eduard Hoffer, *Biologische Beobachtungen an Hummeln und Schmarotzerhummeln*.

[10] *Origine des espèces*, 2e édition française, p. 77.

[11] Page. *La Plata, the Argent. Confeder. and Paraguay*, London, 1859.

[12] Shuckard, *British Bees*.

[13] Compagnon assidu de la femelle autour de laquelle, tandis qu'elle suce le nectar des fleurs, il vole joyeusement (traduction "Distributed Proofreaders" du texte latin)

[14] Ch. Horne, *Notes on the habits of some Hymenopterous Insects from the Nord-West Provinces of India*.

[15] Le Chalicodome de Sicile, propre aux îles méditerranéennes et à l'Algérie, ne se trouve point en France. C'est, par erreur que M. Fabre, dans le 1er volume de ses *Souvenirs entomologiques*, désigne sous ce nom les *Ch. pyrenaica* et *rufescens*, qu'il confond en une seule espèce, erreur corrigée dans les *Nouveaux souvenirs*.

[16] proverbe latin: (mot à mot) *L'a fait qui en profite* c'est-à-dire, de façon plus explicite: *celui-là a commis un crime, à qui le crime est utile* (traduction du PG)

[17] Fabre, *Souvenirs*, 3e série.

[18] J. Pérez. *Sur les effets du parasitisme des Stylops sur les Apiaires du genre Andrena*, dans *Actes de la Soc. Linn. de Bordeaux*, t. XL.

[19] J. H. Fabre. *Études sur la parthénogénèse des Halictes*, dans les *Annales des sc. nat.* 9ᵉ série, t. IX.

[20] H. Müller. *Ein Beitrag zur Lebensgeschichte der Dasypoda hirtipes.*

[21] V. Mayet. *Mém. sur les mœurs et les métamorphoses d'une nouvelle espèce de la famille des Vésicants, le* Sitaris Colletis. (*Ann. Soc. entomologique de France*, 1875.)